수학과
사랑에 빠지는
뇌과학적 수업

수학 · 사랑 · 뇌과학이 만났다!

수학과 사랑에 빠지는 뇌과학적 수업

주디 윌리스 지음 | 박경은 옮김 | 이진우 감수

KM 경문사

수학과 사랑에 빠지는 뇌과학적 수업

지은이 주디 윌리스
옮긴이 박경은
감수자 이진우
펴낸이 조경희
펴낸곳 경문사
펴낸날 2021년 5월 1일 1판 1쇄
등 록 1979년 11월 9일 제1979-000023호
주 소 04057, 서울특별시 마포구 와우산로 174
전 화 (02)332-2004 팩스 (02)336-5193
이메일 kyungmoon@kyungmoon.com

값 19,000원

ISBN 979-11-6073-355-6

옮긴이 머리말

초등학생부터 중·고등학생 그리고 대학생과 대학원생 또는 수학이 필요한 누군가에게 수학을 가르치면서 제일 듣고 싶었던 이야기가 무엇이었을까 하는 생각을 해보았습니다. 아마도, 이런 이야기였으면 하는 바람이더라구요.

"수학을 공부했더니 정신이 맑아졌어요."
"수학 문제를 풀면서 머리가 좋아지는 게 느껴져요."
"수학이 저를 점점 천재로 만들어주더라구요."
"수학적으로 생각하다 보니 나이를 거꾸로 먹고 있어요."

하지만 지금껏 이렇게 이야기한 사람은 없었던 것 같습니다. 제 기억으로는요. 그런데, LEARNING TO LOVE MATH의 저자인 주디는 많은 아이들과 부모님 그리고 주변 사람들에게 이런 이야기를 들었고 그렇게 변한것을 보았다고 합니다. 그런 주디가 얼마나 부러웠는지.

제가 처음 LEARNING TO LOVE MATH를 읽게 된 계기는 우리 아이들이 느끼는 수학불안을 해결하는데 도움을 받기 위해서였습니다. 수학 때문에 우리 아이들이 불안하다는데, 수학울렁증이 있다는데, 혹시 이 책에 좋은 해결법이 있지 않을까하는 기대감 때문이었습니다. 그러다가, 이 책을 통해 수학불안이 뇌가 느끼는 반응이었음을 알게 되었습니다. 그리고 수학을 하는 동안 뇌 안에서 엄청난 일들이 일어나고 있다는 것도 알게 되었습니다.

'아, 뇌가 수학을 어떻게 처리하는지 안다면,
뇌가 수학을 사랑할 수 있다면,
내가 원하는 바람을 들을 수 있겠구나!'

하는 희망을 보게 되었습니다. 그러면서 이 책의 저자인 주디가 알려주는 데로, 책을 읽기 시작했습니다. 그런 후에 LEARNING TO LOVE MATH를 저만 읽기보다 저와 같이 수학을 사랑하는 법에 관심이 있는 모든 이들을 위해 번역을 해야겠다고 마음을 먹게 되었습니다. 그리곤 마침내 한 가지 확신을 얻었습니다.

'우리는 누구나 수학과 사랑에 빠질 수 있다.'

는 것을요.

이 책을 소개해주시고 번역의 처음부터 끝까지 꾸준하게 조언해주신 이진우 박사님께 감사함을 표합니다. 그리고 이 책의 출판을 위해 지원을 아끼지 않고 노력해주신 경문사 직원분들과 편집부의 한경수씨에게도 감사의 뜻을 표합니다. 마지막으로 이 책을 번역하는 과정에서 소소한 조언부터 따스한 응원까지 늘 함께해 준 가족들에게 감사의 마음을 전하는 바입니다.

2021년 5월

성균관대학교 명륜당을 바라보며

옮긴이 **박 경 은**

감사말

이 책의 구조와 가독성 둘 다를 제안해 준 편집자, 제이미 그린에게 많은 감사의 말을 전한다. 그리고 스콧 윌리스와 도서 인수팀에게도 감사를 표한다. 내가 필요로 하는 것이 무엇이든 간에, 비록 그것이 도서 인수팀과는 아무런 관계가 없을지라도, 스콧은 한 번도 "그건 제 분야가 아닙니다."라고 말한 적이 없었고, 편도체를 활짝 열고 도파민을 충분히 올려 항상 긍정적인 모습을 보여주었다.

인터넷 기술 전문가인 이토는 선견지명이 있고 사려깊어서 어떤 요구에도 절대 거절하는 법이 없었으며, 팀은 한때 상상만 했던 블로깅, 트위터, 페이스북를 계획할 수 있도록 도와주었다. 또한 사이먼 케이블은 이 책에 대한 온라인 작가 인터뷰를 만들 정도로 집중력과 이해력을 발휘해 읽어주었다. 이토와 팀 그리고 사이먼 케이블에게도 감사를 표한다.

나는 제이 맥타이를 교육자와 학계 정책 입안자들에게 실질적인 전략을 구사하는 교육 선지자로서 가장 존경한다. 제이에게 교육을 받은 전 세계의 교육자들과 행정가들 모두는, 학생을 계획하고 가르치는 것에 대해 제시하고 기록한 그의 접근법과 명확성의 논리에 감탄하고 감사해 한다. 제이가 교육자들과 공유하는 정보는 학생의 두뇌가 고립된 사실을 위한 임시 휴식처가 되는 게 아니라, 개념이 태어나고 풍성해지며, 학생이 시험과 교실 벽을 넘어 지혜를 활용할 수 있는 능동적인 처리 도구를 갖도록 변화시킨다. 나는 제이와의 우정과 지도, 관대함에 대해 영광스럽고 감사하게 생각한다. 그의 지도는 나의 뇌에 문을 열어주었고, 그의 노력은 내가 교육자들과 정보를 공유할 수 있는 범위를 계속 넓혀가도록 기회를 주었다.

내가 산타 바바라 중학교에서 지난 5년 간 교사로 있을 때, 함께 공부해 준 도슨 및 모든 학생에게 감사를 표한다. 특히 도슨은 7학년 대수학 반에서 함께 공부한 학생인데, 5년 후에 도슨의 어머니는 도슨이 대학에 입학했다고 알렸다. 도슨의 성공적인 모습은 학생들이 수학을 어렵고 싫어하는 현실에도 불구하고 수학을 계속 가르칠 수 있다는 희망을 확인시켜 준 자극제였다. 도슨은 "7학년 때 수학 선생님이었던 신경과학자 주디 윌리스 박사님은 제 뇌를 이해하고 제가 공부하는 동안 뇌가 잘 돌아가도록 해 준 첫 번째 선생님이었습니다. 선생님 덕분에 저는 제 마음을 학습의 방해 요인이 아닌 자랑스러워해야 할 자산으로 보기 시작했습니다."라고 썼다. 우리에게 신뢰를 주고 도전을 통해 인내하는 그런 학생들이 없다면 우리 교육자들은 무엇을 할 수 있을까? 우리가 그들을 믿기 때문에, 그들도 우리를 믿으며, 서로의 삶을 바꿔나갈 수 있지 않을까.

물론 나는 남편 폴을 가장 사랑하고, 감사함을 느낀다. 폴은 한 번도 나의 강연 약속에 불만을 보인 적이 없었고, 내 연구 논문과 컴퓨터 작업을 뒤에서 응원하면서 와인 한 잔과 멋진 석양으로 나를 부드럽게 안내했다. 정말, 대학 시절부터 커플이었던 폴과 결혼한 것은 내가 가장 잘한 선택이며, 행운이었다고 본다.

내가 사랑하고 존경하는 어머니 노마 앨러핸드 여사. 어머니는 한 번도 수학을 공부하라고 강요한 적 없었고, 수학의 가치를 높게 강조했던 분이시다. 어머니는 나를 포함한 자녀들에게 타고난 능력보다 더 많은 능력을 갖고 있다고 격려했으며, 수학에서 자신의 최고 수준에 분명히 도달할 수 있다는 확신을 보이셨다. 그리고 사랑하는 두 딸, 말라나와 알라니로부터 지혜를 배웠다. 특히 자녀의 수학 학습을 도우려 했지만 선생님의 방식과 다르기 때문에 자신의 도움을 회피한다고 호소하는 학부모에게도 나의 지지와 자신감이 크게 도움이 된다는 것을, 내가 이해할 수 있도록 응원해주었다.

들어가며

인류의 역사에서 교육과 재앙은 더욱더 경쟁하는 사이가 되고 있다.

_웰스

수학보다 사람의 마음을 답답하게 하는 과목이 있을까? 수학은, 사람들이 좋아하거나 흥미로워하거나 성공적이라고 느끼는 교과목 리스트에서 거의 바닥에 놓여있다. 하지만 학생들에게 강력한 수학 기초를 제공하는 교육 시스템을 구축하는 것이 개인과 사회 모두에게 중요하다는 의견은 점점 더 분명해지고 있다.

오늘날의 세계는 점점 더 많은 양의 정보(예를 들어, 온라인 상에서 넘쳐나는 정보들)를 제공하고 있다. 하지만 이 정보들은 일차적으로 걸러진 정확한 것도 아니고 완전히 적용 가능하다고 평가받은 것도 아니다. 이러한 상황에서 개인·재정·윤리·사회적 의사결정을 타당하게 내릴 수 있기 위해서는 수학적으로 사고하기, 주의 깊게 관찰하기 그리고 타당하게 연역하기 등의 기술이 반드시 필요하다. 그리고 이러한 기술은 두뇌가 추론 기술을 사용하여 정보를 검증하고 해석할 수 있는 능력을 요구한다.

구체적으로 말하자면, 점점 더 복잡해지는 기술을 처리하기 위해 잘 교육된 노동력이 필요하다는 말이다. 고용주가 직원을 채용할 때도, 특정한 수학 지식만을 가진 지원자를 원하지 않는다. 미래의 모습이 빠르게 현실화되면서, 모든 전문직은 어느 정도의 수학적인 사고를 요구하고 있다. 왜냐하면 앞으로는 창의적 해결책이 필요한 예측 불가능한 문제들이 필연적으로 발생할 것이기 때문이다. AI시대가 오면 예측 불가능한 문제들을 기계나 컴퓨터가 해결해주면 되지 않느냐고 질문할 수도 있다. 그러나 기계와 컴퓨터에는 이런 종류의 문제를 해결하는 데 필요한 전이 가능한 개념지식transferable conceptual knowledge이 없다. 인간에게만 있다는 뜻이다. 그래서 인간은 앞으로도 일자리를 구할 수 있을 것으로 본다. 특히, 인간 두뇌의 전전두엽 피질prefrontal cortex, PFC[1]에 대한 지식과 집행기능executive functions[2]을 잘 파악한다면 일자리를 구할 가능성도 커질 것이다.

그런데 두뇌의 전전두엽 피질PFC에서만 작동하는 여러 가지 고차원적 사고 중의 하나가 수학적 사고이다. 전전두엽 피질PFC은 개인적 책임, 감정적 대응 통제, 계획하기, 우선순위 정하기, 만족지연하기, 조직하기, 창의적 문제해결, 비판적 분석, 판단하기, 예측하기, 자기-동기부여 등의 집행기능을 처리한다. 바로 이런 전전두엽 피질의 기능이 21세기 고용주들이 지원자에게 원하는 기술이며, 알려지거나 또는 알려지지 않은 광범위한 문제를 해결하기 위해 세계화된 사회가 요구하는 기술이다. 학생의

1) 전전두엽 피질이란 전두엽의 앞부분을 덮고 있는 대뇌피질로, 행동을 주의 깊게 관찰하고, 감독하고, 방향을 안내하고, 지시하고, 집중하는 걸 담당하는 뇌의 영역이다. 예를 들어 시간관리, 계획수립, 능률적인 시간 이용, 판단, 충동 조절, 조직화, 비판적 사고, 타인과의 의사소통 등을 조절한다. 그리고 행복, 슬픔, 기쁨, 사랑 등의 정서를 느끼고 표현하는 걸 담당한다.

2) 집행기능이란 다른 인지적 기능들을 통제하는 심리적 기능으로, 계획하고 행동의 개시와 종료, 추상적/개념적 사고, 행동 규칙 습득, 부적절한 행동의 통제, 적절한 감각 정보의 선택 등을 모두 포함한다.

발달 과정상, 전전두엽 피질PFC의 집행기능은 발생 초기 단계에 있다. 하지만 교사의 경험과 지도가 덧붙여진다면 학생이 전전두엽 피질PFC의 집행 기능을 효과적으로 개발하고 발전시키는데 도움이 될 것이다.

수학적 역량이 있는 학생들은 추론, 추상화, 패턴과 관계 인식, 개념적 사고와 같은 비판능력을 추가로 갖고 있으며, 이 비판능력은 다양한 맥락에서 지식을 사용하고 적용하는 데 필요한 기술이다(미국 교육부, 2008). 논리-수학적 사고에는 범주화하기, 분류하기, 추론하기, 일반화하기, 계산하기 및 가설 검정 등의 과정이 이용된다. 그리고 논리-수학적 사고에 사용되는 과정은 수학을 넘어 다른 과목으로 전이되는 고차원적인 사고 기술의 기초가 된다. 이러한 뇌의 집행기능은 학생이 내일의 창의적 문제해결자가 될 수 있는 기회를 제공한다. 더불어, 이런 창의적인 문제를 해결할 수 있는 능력을 갖춘 학생은 더 많은 준비와 자신감을 갖고서 21세기를 향해 돌진할 수 있다.

지금보다 더 수학 좋아하기

학생은 수학 배우기를 너무도 어려워하고 싫어한다. 이런 부정적 태도를 긍정적으로 바꿀 수 있는 방법이 있을까? 있다. 수학과 자기 자신을 연결할 수 있는 기회를 가지면 된다. 그 결과, 수학 지식의 습득을 가치롭게 여기게 된다. 신경과학 연구에 따르면, 즐겁게 참여할 수 있는 학습과 장기기억 사이에는 흥미로운 연관성이 있다고 한다. 학생에게 구체적인 개인 목표가 있을 때 그리고 교과목 지식을 완전히 터득하겠다는 동기가 있을 때, 도전하고 더 열심히 공부하고 인내한다는 것이다. 수학에 흥미를 갖고 수학을 지속적으로 기억한다면, 시험에만 국한된 학습을 넘어서 수학을 깊게 이해할 수 있게 된다. 다음은 수학에 대한 학생의 부정적 태도를 극복하는 데 도움이 될 수 있는 개입들이다.

- 학생 스스로가 성취할 수 있는 과제를 도전하도록 계획하기
- 오류줄이기 수학 전략을 이용해 놓친 기본 기능을 완성하기. 이때 오류줄이기 수학이란 예측하기와 추정하기, 단서 이용하기, 미리보기, 계산기 활용하기와 같은 도움을 받는 전략이다.
- 학생의 강점과 관심사를 최대한 반영하여 가르치기
- 노력한 만큼 목표에 달성할 수 있다는 인식 기르기
- 실수에 대한 부정적인 반응을 줄이고(예를 들어, 적절한 반응을 모델링 하기, 자주 하는 실수를 확인하고 줄이는 방법 논의하기 등) 학생의 참여를 높이는 전략 사용하기

우리는 다음 장부터 이러한 각각의 개입을 탐구할 것이다. 하지만 성취가능한 도전achievable challenge이라는 개념은 지금부터 강조해야 할 중요한 기본 원칙이다. 실제로, 이 책의 핵심 목표는 각 학생의 성취가능한 도전 수준에 맞추어 다양하게 접근하는 방법을 보여주는 것이다. 학생 모두는 계산능력, 언어능력, 읽기능력에서의 학습강점, 문화적 영향, 기본 기능 그리고 개념수준 등에 차이가 있다. 예를 들어, 유독 수학 수업에 잘 적응하지 못하는 학생 또는 다른 수업 시스템을 갖춘 학교에 서 전학온 학생이 있다. 이런 상황에서 교사는 학생의 다양한 요구를 성공적으로 충족시키기 위해 교육과정을 다양하게 접근하기 위한 전략을 사용해야 한다. 분명,

쉬운 일은 아니다. 교육과정 내용에 대한 전문성도 개발해야 하고 멘토링이 부족할 수도 있다. 따라서 본 책에서는 이러한 어려움을 해결하기 위해, 학생의 성취가능한 도전 수준을 확인하는 부분도 소개하고 있으니 적극 활용할 수 있을 것이다.

뇌 속으로(Gray Matter)에 대한 참고 사항

교육자들이 전문가 개발 프로그램과 워크숍에서 함께 활동하면서 두뇌가 어떻게 감각 데이터를 지식으로 변환시키는지를 확인할 때, 모두 "아하!"하는 공통된 반응을 보인다. 이처럼 "아하!"하고 반응하는 이유는, 최고의 수업이 어떠한 이유에서 성공하는지를 알기 때문이다. 교육자들은 자신이 성공적으로 지도하는가를 '학생의 신경계가 최대 효율로 작용하는가'와 연결할 수 있기 때문에 (예를 들어, 수업이 진행되는 동안 학생이 모든 문제를 잘 해결하였을 때, 학생의 두뇌에서 무슨 일이 일어나는가와 연결해 본다), 성공적으로 지도하지 못한 수업을 지속적으로 수정하고, 뇌기반 연구의 지침에 따른 새로운 수업을 동료들과 협력한다.

이 책의 뇌 속으로Gray Matter에는 두뇌 구조와 기능에 대한 지식을 얻는데 도움이 되는 배경지식이 소개되어 있다. 그 결과 학생의 학습강점과 요구를 더 잘 이해할 수 있게 된다. 학습을 돕는 각 전략이 어떤 측면에서 신경학적인지를 바르게 알면, 학생과 교육과정의 다양한 요구에 맞게 전략을 수정할 수 있게 된다. 그리고 각 전략이 어떤 이유로 효과적인지를 알면, 더욱 자신의 수업에 자신감이 생기고 전략을 적극적으로 적용하게 된다. 학생도 교사의 자신감과 열정을 인식하게 되고, 그 결과 수학에 대한 부정적 마음을 수학에 대한 자신감으로 바꾸려고 노력하게 된다.

교육자인 교사가 두뇌에 대해 배운 것을 학생과 공유하면, 학생 또한 자신의 두뇌가 어떻게 작동하는지 그리고 어떻게 지능을 높일 수 있는지에 대해 더 많이 알고 싶어할 것이다. 특정한 전략이 왜 그리고 어떻게 작동하는지 이해하면서 생기는 통찰력을 통해 힘을 갖게 된다. 학생이 〈부록 2〉에 소개된 〈두뇌 사용 설명서Brain Owner's Manual〉와 같은 지식을 알고 있을 때, 좀 더 책임감 있게 행동한다. 그리고 그들이 현실세계를 측정하고 수학 문제를 한 가지 이상의 방법으로 해결하고 교실 밖에서도 수학을 적용하면서, 자신의 두뇌가 더 강해지고 효율적인 신경망을 구축하고 더 오랫동안 기억할 수 있음을 이해하게 된다. 더욱이 교사와 학생은 함께 "왜 우리가 수학을 배워야 하나요?"라는 공통 질문에 답을 찾을 지도 모른다. 그 답은 "왜냐하면 우리의 두뇌는 수학을 배우면서 성장하고, 우리는 더 똑똑해지기 때문입니다!"이다.

CONTENTS

차례

CHAPTER

01

수학, 어렵니? 그렇지 않아

나는 모든 부정적 생각과 말을 완전히 털어버릴 수 있는 재능을 가졌다.
특히 긍정적이지 않은 것은 듣지도 않는다.
부정적인 태도를 극복할 수 있다면, 모든 것은 훨씬 쉬워진다.

조지 포어맨

LEARNING TO LOVE MATH

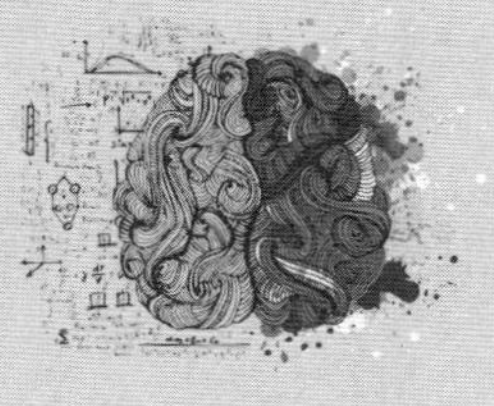

수학을 잘하는 첫걸음은 수학에 대해 긍정적인 태도를 갖는 것이다. 그러나 학생이 수학에 대해 긍정적 태도를 갖기를 기대하는 것은 상당이 어렵다.

대다수의 학생(부모 세대도 그랬듯이)은 수학공부가 재미없다고 생각하고 수업에 참여한다. 2005년 AP-AOL News가 미국의 성인 1,000명을 대상으로 실시한 여론 조사[3]에서 37%가 학교 다닐 때 수학을 싫어했다고 밝혔다. 수학 외의 타 과목을 싫어한다고 답한 사람의 수보다 두 배 이상 많은 사람들이 수학을 싫어한다는 걸 확인했다.

학교 다닐 때 무시했던 수학이라도 졸업 후에 살아가면서 그 가치를 발견하게 될 것이라고 생각해볼 수도 있다. 그러나 미국 성인을 무작위 표본추출하여 수학 능력 평가를 실시한 결과, 71%는 여행 중 갤런당 마일을 계산할 수 없었고, 58%는 점심 계산서의 10% 팁을 계산할 수 없었다. 또한 설문조사에 응답한 사람 중 15%만이 학교에서 수학을 더 배우거나 공부했으면 좋겠다고 응답했다(Phillips, 2007).

3) 국제 여론조사기관 Ipsos가 실시, 표본오차=±3

다음은 주변에서 확인할 수 있는 수학에 대한 속설과 오해이다.

- 수학을 잘하려면 매우 똑똑해야 한다.
- 대부분의 사람이 수학을 못하기 때문에 수학을 못해도 괜찮다.
- 수학이 필요한 특별한 직업 이외에 수학은 그렇게 많이 사용되는 건 아니다.

게다가, 많은 사람들은 "우리 부모님도 수학을 전혀 잘하지 못하셨대요. 그래서 저도 수학을 잘할 거라고 전혀 기대하지 않으세요."라는 반응을 보인다.

왜 수학에 대해서는 부정적인 태도가 이렇게 많은 걸까? 원인은 여러 가지가 있는데, 수학에 대한 과거 경험으로 인한 낮은 기대감, 수학에 대한 부모의 편견, 수학 학습 성공을 위한 기술 부족, 노력 대비 낮은 성취 경험, 실수에 대한 두려움 등이 있다. 교사라면 누구나 잘 알고 있듯이, 수학에 대한 부정적 태도는 다양한 결과를 가져온다. 스트레스, 낮은 동기유발, 참여 수준 감소, 지루함, 도전을 위한 인내력 저하, 수업의 속도 유지 실패, 행동 문제 유발, 상위 수준 수업 참여 회피 등.

뇌 속으로 _ 부모의 영향

현재 학생의 부모 세대는 종이 위에 반복 연습을 하면서 수학을 배웠고, 자신의 아이도 같은 방법으로 수학을 해야 한다고 생각한다. 반복적으로 암기하면서 수학을 익힌 부모는 탐구와 조작 같은 달라진 수학 수업에 이의를 제기할 수도 있다. 부모 중에 자녀의 과제가 낯설어 도울 수 없어서 속상하다는 의견도 있다.

하지만, 자녀는 부모의 학습 방법이나 접근법에 따르지 않을 가능성이 높다. 오늘날 학생 사이에서 가장 많이 확인되는 세 가지 지능은 언어지능, 시각-공간지능 그리고 촉각-운동지능이다. 이 세 가지 지능은 25년 전 대부분의 학생들에게도 똑같이 확인된다. 그러나 지능 활용 비율이 달라졌다. 언어(청각) 학습자의 비율은 떨어졌고, 시각적 학습자가 상당히 우세해졌다. 시각-공간 학습자는 50% 이상이고 촉각-운동 학습자는 35%이며, 15%만이 언어 학습자이다 (Gardner, 2000).

나는 어디에?

학생의 학습 참여에 대한 인식 조사 연구에서(Bishop & Pflaum, 2005), 5학년과 6학년 학생에게 일반적인 학습 경험을 그림으로 그리고 나서, 자신이 좋아하는 학습 경험을 그림으로 그리도록 하였다. 일반적인 학습 경험의 그림에서는 교사와 칠판이 중심에 놓여 있었고 수업에 참여하는 자신은 없었다. 그러나 좋아하는 학습 경험의 그림에서는 자신을 두드러지게 강조하여 그려 넣었다.

이 연구결과는 수학에 대한 부정적 마음과 특히 관련이 있다. 학생은 개념을 확실하게 이해하기보다 사실과 절차를 암기하면서 배울 때 결과적으로는 좌절감을 느낀다. 예를 들어, 학생이 초등학교 초반에 배우는 나눗셈의 세로셈은 도전해서 익히는 내용이다. 하지만, 일반적으로 나눗셈 과정을 암기한 뒤 뺄셈, 덧셈, 곱셈을 통합하는 절차에 따라 배운다.

그 결과, 대부분의 학생이 나머지가 있는 나눗셈 문제해결을 힘겨워한다(예를 들어, 67 ÷ 8 = 8 … 3). 나눗셈 문제해결이 재미있지는 않지만, 충분히 연습을 하고 나눗셈 문제를 해결하는데 필요한 수학 기술을 터득하게 된다. 그러나 이즈음에

"소수나 분수로 나눗셈의 몫을 설명해보세요."

라는 질문을 받거나

- 반올림하여 소수 첫째 자리까지 답을 구하세요.
- 반올림하여 소수점 둘째 자리까지 답을 구하세요.
- 대분수 형태로 답을 쓰세요, 가분수 형태로 답을 쓰세요.

와 같이 문제를 바꾸어 내기도 한다.

대부분의 학생은 왜 소수나 분수로 바꾸어야 하는지를 배운 적이 없다. 그 이유를 배운다고 해도 더 혼란스럽고 헷갈려한다. 내가 기억하기로, 5학년 학생에게 위의 질문처럼 교과서 숙제를 다른 형식으로 바꾸어 제시했을 때, 좀처럼 이해할 수 없다는 반응을 보였다. 어느 교사도 자연수, 분수, 소수 등의 답 중에서 어떤 표현이 가장 적합한지를 설명하지 않는다. 당연히, 언제 표현을 다르게 바꾸어 답해야 하는지도 강조하지 않는다. 다만, 숙제나 시험에 이러한 문제가 계속 나올 뿐이다. 나눗셈의 나머지나 소수 등이 현실세계에서 어떤 의미를 갖는지에 대해서 토론같은 건 하지도 않는다.

예를 들어, 큰 금액의 이자율을 계산할 때, 8.3%와 8.375%의 차이는

돈을 빌린 사람에게만 중요하다. 피자 파티에서 67명의 어린이들이 앉기 위해 8인용 테이블이 얼마나 필요한지 계산할 때, 답이 소수로 나오거나 나머지가 생기는 것은 중요하지 않다. 나머지가 3이든 몫의 소수 부분이 0.375이든 테이블 하나가 더 필요할 뿐이다.

결국, 학생은 수학에 대한 부정적 태도, 좌절, 스트레스를 받을 수밖에 없다. 특히 나눗셈 문제를 평소처럼 암기한 절차대로 풀이하였는데, 작년에 옳다고 배웠던 지식이 더 이상은 아니다라고 배우면서 이에 대한 어떤 설명도 듣지 못할 때는 더 그렇다. 학생이 나눗셈의 나머지를 다른 형태로 표현하는 이유를 알고 싶어도 그런 관심을 해결해주는 부분을 어디에서도 찾을 수 없다.[4)]

인간의 두뇌는 어떤 정보를 가치롭게 여기지 않으면 그 정보를 습득하고 기억하려 하지 않는다는 걸 기억해야 한다. 학생이 자신의 평소 생활에 수학을 적용하고, 자신의 삶에 필요해 반드시 배워야 하는 도구로 경험할 때, 진정으로 수학을 획득하게 된다. 즉, 학생이 교실에서 「책은 몇 권입니까?, 학생의 수는 얼마입니까?」와 같은 문장제 문제를 푼다고 해서, 수학이 필요하니 배우고 싶다는 동기로 이어지진 않는다. 그 대신, 소모둠별로 67개의 이쑤시개와 몇 장의 카드를 나눠주고[5)], 앞에서 제시한 피자 파티 자리 문제를 모델링하도록 질문할 때, 나눗셈의 나머지가 중요하지 않음을 직접 경험하는 현실세계 상황의 경험적 지식을 쌓게 되는 것이다. 파티

---

4) 초등학교에서 67 ÷ 8 = 8 … 3 이렇게 배우다가 67 ÷ 8 = 8.375 = 8 + 0.375 이렇게 표현하면서 왜 다른지 궁금해도 설명해주는 곳이 없다는 뜻이다.

5) 67명의 학생을 이쑤시개로, 탁자를 카드로 대신하기 위해 제공한다.

에서 피자가 남아 나눠야 한다면, 분수나 소수가 피자를 공평하게 나누는 데 가치있는 도구라는 것을 경험하게 된다. 그리고 나머지는 아무도 먹지 않은 피자 조각이 피자 상자 안에 그대로 남아 있다는 의미가 된다.

대부분의 초등학생은 계산 절차를 기계적으로 암기하여 배우고, 주로 기억한 것을 시험 보게 된다. 암기를 잘하지 못하면 정답을 얻지 못하고, 부족함을 느끼며, 수학을 잘할 수 있다는 자신감도 잃는다. 그 결과, 수학 불안, 낮은 자신감, 소외감 그리고 실패가 연속적으로 커지게 된다. 정말 안타깝게도, 학생이 기본 계산법과 곱셈표를 암기할 수 있다고 하더라도 수학 잠재력을 발휘할 수 있는지는 확인할 수 없다. 학생에게 패턴을 인식하는 능력 그리고 기본 수학 지식에 대한 개념을 구성하는 능력이 훨씬 더 중요한데도 말이다.

수학을 시험에 대비하기 위해 배우게 되면, 좋은 성적을 얻은 학생에게도 부정적인 영향을 미친다. 왜냐하면 자신이 성취해야 하는 범위를 시험 대비 지식 습득에 맞추기 때문이다. 만약 수학 교육과정에 학생이 해결하기를 원하는 문제와 배울 필요가 있는 문제를 연결하는 토론이 포함되어 있지 않다면, 학생이 수학에 대한 양가감정ambivalence과 수학으로부터 소외감을 느끼지 않도록 교사가 개입하는 것이 매우 중요하다.

수학에 대한 긍정적 태도 키우기

학생이 수학에 흥미를 갖기 전에, 우선은 수학에 편안해져야 한다. 수학을 배우기 전에, 신체적으로 심리적으로 안전한 환경에 있다고 인식해야 한다. 그러면서 자신의 학문적 강점을 이용해 수학 지식과 전략을 배우고 탄력성과 대응력을 키우게 된다. 이때, 편도체(두뇌의 감정을 걸러내는 필터 역할을 한다.)에서 전전두엽 피질prefrontal cortex, PFC(고차원적 사고력 기술이 집중되어 있다.)로 정보를 전달하는 네트워크를 강화하도록 도움을 주어야 한다. 당신의 안내에 따라 꾸준하게 연습하고 실천하면, 들어오는 정보를 평가하고 수학 문제(다른 교과의 문제까지도)를 창의적으로 해결하기 위해 전전두엽 피질PFC의 최고수준 분석 네트워크를 이용할 수 있게 될 것이다. 따라서 학생이 어떻게 배우는지 더 잘 이해하기 위해, 우선 정보가 어떠한 방법으로 편도체를 통과해 전전두엽 피질PFC로 전달되고 수학에 대한 긍정적 태도를 키우기 시작하는지를 아는 것이 중요하다.

❖ 전략: 가족컨퍼런스[6] 참여하기

학생이 수학에 대한 부모의 기대를 충족시키지 못하면 정서적으로나 신체적으로 고통받게 되는데 이를 원하는 부모는 절대로 없을 것이다. 부모가 자녀에게 높은 기대를 갖고 있다면, 부모는 자녀가 자신보다 수학을 더 잘하는지 확인하고 싶어 한다. 그러나 불행히도, 자녀가 부모의 기대를 마음에 담아두고 충분히 따르지 못할 때, 우울증, 불안, 신체적 질병(만성 스트레스와 관련된 높은 수준의 코티솔은 면역 반응을 떨어뜨린다.) 또는 정신 질환에 걸릴 수 있고, 심지어 자신과 다른 사람에게 신체적 부상을 입힐 수도 있다.

---

6) 미국에는 「가족컨퍼런스」라는 공식 집단이 있다. https://familyconferences.org/about/

이때, 가족컨퍼런스가 도움이 된다. 부모는 가족컨퍼런스에 참여하여 학문적 성공과 스트레스 사이의 관계에 대한 과학적 증거를 배울 수 있다. 그리고 수학 성공의 첫 번째 단계는 수학 과목에 대한 긍정적 태도이지 성적이 아님을 깊이 이해하게 될 것이다.

또한 부모가 먼저 수학을 긍정적으로 인식한다고 제안할 수 있다. 예를 들어 “새롭게 배우는 주제가 가치있어 보이네. 이건 꼭 배워야 해”라고 언급하는 것이다. 부모가 자녀의 취미나 관심사를 현실세계 수학과 통합하는 방법을 찾아보면서 수학 동맹자와 같은 역할을 할 수도 있다. 예를 들어, “지금 3시이고 우리가 보려는 텔레비전 쇼가 5시 30분에 시작하네. 이 쇼가 시작될 때까지 시간이 얼마나 남았니?”라고 질문하여 계산하도록 돕거나, 다양한 할인율을 확인할 수 있는 신문 광고지에서 좋아하는 물건(자전거, 장난감, 컴퓨터 등) 값을 비교하도록 돕는 것이다.

뇌 속으로 _ 스트레스 필터인 편도체

학생이 반복적으로 무력감과 절망감에 스트레스를 받았다면, 수학에 대한 부정적 태도를 바꾸는데 몇 달이 걸릴 수 있다. 학생이 수학 수업 시간에 불안해한다면, 뇌로 들어가는 정보는 전전두엽 피질PFC의 의식적 사고와 장기기억에 도달할 가능성이 떨어져서 학습은 이루어지지 않을 것이다. 스트레스는 반드시 극복해야 할, 1차적으로 걸러져야 하는 방해자이다.

스트레스는 정보가 뇌의 변연계(감정을 조절하는 부분)에 있는 편도체를 통해 전전두엽 피질로 흘러가는 것을 차단하며, 감각입력 정보가 자동적이고 반사적인 하뇌lower brain 쪽으로 방향을 바꾸게 한다. 이때, 하뇌란 몸이 잠재적 위험에 반응하도록 준비하는 무의식적이고 더욱 원시적인 뇌의 네트워크이며, 투쟁fight

–도피flight–경직freeze 반응만을 한다. 스트레스가 많은 상황에서는 감정이 인지보다 강하게 작용하기 때문에, 합리적으로 사고하는 전전두엽 피질은 행동, 집중력, 기억력, 문제해결에 제한적으로 작용한다(Kienast et al., 2008). 또한 이전의 부정적 경험은 기초지식을 사용하여 새로운 관련 정보를 이해하고 새로운 문제를 해결하는 데 필요한 저장된 기억의 흐름(편도체를 통과함)을 방해한다(LeDoux, 1994).

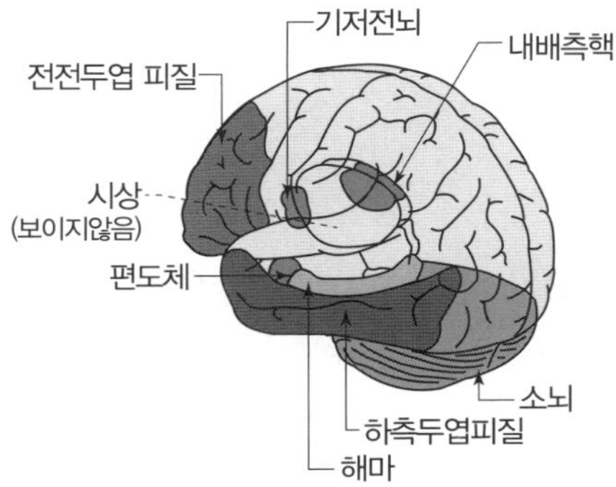

스트레스와 사고력 및 기억 사이의 문제점들이 갖는 의미를 분석한 결과, 신경계의 측면에서 "감정이 인지와 학습을 향상시키기도 하고 저해하기도 한다."고 이해되기 시작하고 있다(Goleman, 1995). 학생은 스트레스를 받으면 자신의 사고력 뇌를 사용할 수 없다. 그러므로 수학 학습에서 성공의 열쇠는 수학과 관련된 스트레스를 감소하는 것이다.

❖ 전략: 스트레스 감소를 위해 재시험보기

모든 학생이 높은 성적을 얻기를 원한다면, 학생 스스로 통제력을 되찾을 수 있는 기회를 갖도록 해야 한다. 그 한 예가 재시험을 보는 것이다. 수학은 기본 지식에 기초하여 성장하기 때문에, 다음 단계로 나아가기 전에 각 주제를 완전히 터득해야 한다. 그리고 학생은 숙달된 주제를 기초로 패턴과 개념에 대한 신경망을 확장한다. 재시험은 자신의 답을 재평가하고 수정할 수 있는 기회이다. 내 경우, 85% 미만으로 점수를 받은 학생에게 재시험을 보게 하여 수학 내용을 완전히 터득하도록 돕는다. 왜냐하면 학생이 충분한 배경지식을 갖고 새로운 지식을 학습할 수 있도록 적절한 내용을 배우게 하는 것이 목표이기 때문이다.

학생이 재시험을 보면서 자신의 성적에 책임감을 갖게 되면, 자립심, 목표 계획하기, 자주적 학습과 관련된 기술을 키우게 된다. 학부모나 관계자는 학생이 두 번째 기회를 갖게 될 것을 미리 알면, 책임감 있게 행동하지 않거나 진지하게 행동하지 않을 수 있다며 걱정할 수도 있다. 그러나 학생은 튜터링[7]에 참여하기, 배운 지식을 복습하기, 문제 유형별 해결책이 확인되는 교과서 예제 찾기 등에 참여하여 자신의 지식을 수정하면서 책임감을 키우게 된다. 학생이 첫 번째 시험 점수와 재시험 점수의 평균을 확인하면, 첫 번째 시험 점수에 책임을 져야 한다는 것도 이해하게 된다.

재시험을 부정행위와 비교할지도 모른다. 그러나 부정행위는 성적 압박 때문에 신뢰감과 자존심을 더욱 떨어뜨리는 잘못된 반응이지만, 재시험은 낮은 성적을 수정하여 책임감과 자존감을 높이는 긍정적인 접근법이므로, 분명히 다르다.

❖ 전략: 수학의 가치를 보여주기

학생은 수학에 대한 자신의 상상력을 확인하면서 수학에 더 큰 흥미를 갖게 된다. 따라서 수학을 고립된 과목으로 생각하지 않도록 돕고, 번뜩이

7) 튜터링(tutoring)이란 선생님이 학생에게 설명, 질문, 코칭, 실습 안내 등을 하는 것이다.

는 영감을 찾으면서 수학의 확장된 가치를 경험하도록 해야 한다. 초등학생을 가르치는 교사라면, 학생이 수학을 사용하여 이득을 얻을 수 있는 방법이나 관심분야에 수학이 어떻게 적용될 수 있는지 등을 보여주는 기회를 하루 동안 가져볼 수 있다. 예를 들어, 수업에 결석한 학생 수를 알아내기 위해 출석한 학생 수를 먼저 세고 나서 전체 학생 수에서 출석한 학생 수를 빼는 거꾸로 세기 방법을 사용하는 것이다.

고학년을 위해 범교과 교육과정cross-curriculum을 계획할 수 있다. 예를 들어, 다가오는 수학여행 비용을 충당하기 위해 자신들이 팔아야 할 티켓의 양과 가격에 대한 문제를 해결해볼 수 있다. 학생이 수학을 더욱 긍정적으로 느끼도록 도와주면, 학생의 두뇌에서 수학차단 필터가 풀리고 장기 기억력이 증진되며 기계적 암기를 넘어 더 큰 이해가 가능해진다.

뇌 속으로 _ 긍정적인 태도가 문제해결력을 향상시키는 방법

통찰력을 갖고 문제를 해결하는 것은 전전두엽 피질PFC 내에 있는 전측대상피질(anterior cingulated cortex, ACC)[8)]의 기능이다. 전측대상피질 또한 자원에 주의집중하고 동기를 조절한다. 최근 연구(Subramaniam, Kounios, Bowden, Parrish, & Jung-Beeman, 2009)에 의하면, 연구대상자가 문제해결법을 생각할 때 전측대상피질에서 신진대사 활동이 증가한다는 결과가 기능성 자기공명영상(Functional magnetic resonance imaging, fMRI) 스캔에서 확인되었으며, 답을 알아차리기 전에 통찰력에 의해 그 다음 내용을 예측할 때도, 전측대상피질이 더 많이 활성화

8) 전측대상피질은 인지적 통제가 요구되는 작업에서 실행상의 실수를 감시하거나 찾아내는 역할을 하며, 충돌하는 정보 중에서 결정을 내릴 때 활성화된다. 또한 안와전두피질, 해마, 편도체와 연결되어 감정을 제어한다.

되었다.

긍정적인 감정 상태일 때, 전측대상피질에서 더 많은 기본 활동이 증가되었고 더욱 성공적인 문제해결이 가능했다. 관련 연구(Fredrickson, Tugade, Waugh, & Larkin, 2003)에 의하면, 긍정적인 감정 상태이거나 창의적인 문제를 해결하는 동안에 주변 시야가 확장되었고, 반면 부정적인 감정일 때 주변 시야가 좁아지고 통찰력이 제한되었다.

❖ 전략: 학생과 수학에 대한 경험을 공유하기

학생이 자신의 관심을 드러내고, 이전의 부정적인 수학 경험을 확인하도록 수학에 대한 경험담 쓰기, 수업 토론 또는 개별적 대화에서 대답할 수 있는 질문 제시하기 등을 이용할 수 있다. 나는 이전 선생님이 도움이 되었거나 그렇지 않았다고 생각한 행동을 수학 자서전math autobiographies에 적어보는 기회를 주곤했다. 예를 들어, "선생님은 우리 반이 상당히 시끄러워도 내버려 두셨어요. 그리고는 더 큰 소리로 설명하곤 하셨죠."와 같이 교사가 수업을 방해한다고 썼다. 또, 낮은 수업참여의 원인과 같은 특정한 상황을 확인할 수도 있었다. 예를 들어 "제가 선생님께 문제 풀이를 도와달라고 질문했었죠. 그런데 선생님은 '그것도 모르니?'라고 말씀하셨고요. 그래서 저는 질문하는 걸 그만두었어요."라고 썼다.

학생이 긍정적인 학교 경험을 기억하도록 그리고 이런 기억을 통해 동기를 활성화하도록 돕는 방법을 찾아보아야 한다. 모든 학생은 최소한 학교에 대한 긍정적 경험을 한 가지쯤은 기억할 수 있다. 다음과 같은 질문을 이용해 이러한 긍정적인 기억을 떠올릴 수 있도록 해보자.

- 학교에서 무언가에 대해 흥미진진했던 때가 기억나나요? 유치원을 다니기 시작했을 때 "난 이제 다 컸어."라고 느낀 적이 있었나요? 손도장 찍기, 멋진 놀이동산에서 놀기, 학용품 사기, 새로운 것 배우기, 매일 친구들과 만나기 등 즐거운 경험을 꿈꾼 적이 있었나요?
- 질문에 대답하는 것이 자랑스러웠던 때가 있었나요? 열심히 공부한 후에 좋은 성적을 받은 적이 있었나요?
- 수업 중에 친구가 이해할 수 없었던 것을 이해하도록 도와주거나, 짝이 없는 친구를 자신의 모둠에 참여하도록 초대해 본 적이 있었나요?

이렇게 긍정적인 경험에 대해 이야기를 나눈 후에, 수학에 대한 태도가 어떻게, 왜 부정적으로 바뀌었는지 이야기해보자. 자신의 느낌이 친구들의 경험과 유사하다는 것을 듣게 되면서 서로를 응원하는 학급 공동체를 세우기 시작한다. 수학에 대한 부정적 경험을 함께 이야기하도록 다음 질문을 제시해볼 수 있다.

- 처음으로, 아침에 일어나서 학교에 가고 싶지 않았거나 주말이었으면 하고 바랐던 때가 언제였나요?
- 선생님이 어떤 행동을 했을 때 학교에 가기 싫어졌나요? 또는 수학이 재미없어졌나요?
- 새로운 걸 배우지 않아 재미없다고 생각해본 적이 있었나요? 모두가 이해한다고 생각하는 것을 자신만 이해하지 못해서 흥미를 잃은 적이 있었나요?

교사가 경험했던 수학에 대한 어려움을 함께 이야기해보는 것도 필요하다. 학생과 수학에 대한 부정적 마음을 공유하면 교사와 학생 사이에 유대감이 높아질 것이다. 도전하기에 너무 버겁다고 느꼈거나, 거의 포기할 뻔 했을 때를 생각해보자. 그 당시 어떤 느낌이 들었는가? 대부분, 그때 느낀 감정과 학생이 느끼는 여러 감정이 비슷할 것이다. 학생과 이러한 경험을 공유해보고, "선생님도 수학이 너무 어렵고 힘들었는데, 이런 방법을 이용해서 극복했어요."라면서 자신의 부정적 태도를 다루고 극복하는 데 도움이 되었던 방법이나 해결책도 함께 나누어보자.

❖ 전략: 학생들이 교사를 평가하기

때론 성적표와 등수는 강한 부정적인 기억으로 남아 높은 스트레스 경험을 남긴다. 이런 경우, 열심히 노력하여 문제를 해결할 경우 부분 점수를 받게 되고, 숙제를 수정한 경우에도 점수를 받는다고 학생들에게 명확히 설명해야 한다. 또한 질문을 단순히 옮겨 쓰는 것만으로도 수학 두뇌를 키우는 데 도움이 될 수 있음을 강조한다. 그리고 숙제를 복습한 후에 이전에 풀었던 문제를 해결해야 할 때 더 많은 성공을 거둘 수 있다고 강조하자.

나는, 학생이 교사인 나를 평가하도록 평가 항목을 만들고 선택하는 기회를 제공한다. 그러면 학생은 나를 평가하고 성적표도 전달한다. 최근 중학교 1학년 수업에서 친절, 조직, 공정성, 친근감, 편애, 내용을 잘 앎, 재치, 주의 깊게 들음, 내용을 잘 설명함을 평가 항목으로 선택했다.

내가 받은 첫 번째 성적표에 친절, 친근함, 공정성, 편애, 내용을 잘 앎

이 높게 나왔다. 하지만 많은 학생들이 *주의 깊게 들음*과 *내용을 잘 설명함*이 부족하다고 반응했다. 당연히 그 당시에 나는 주의 깊게 들었고 내용도 잘 설명해 왔다고 생각했기 때문에 크게 실망했었다. 그래서 학생들에게 나의 구체적인 모습을 요청했고, 내가 전혀 인식하지 못했던 의미 있는 피드백도 받았다. 또한 동료에게 내 수업을 몇 번 참관하여 이 두 가지를 집중적으로 관찰해 주기를 부탁했다. 그 결과 나는 더욱 주의 깊게 듣고, 더 잘 설명하는 모습으로 변하기 시작했다. 이 경험은 내게 아주 소중한 것이었기에, 학생이 나를 평가할 때마다 "여러분의 의견은 정말 소중합니다."라는 표현을 계속해서 언급해 주었다. 나는 학생이 교사의 피드백에 적절하게 반응하듯이, 모든 교사도 학생의 피드백에 잘 반응할 수 있어야 한다고 생각한다.

학생이 수학에 대해 긍정적인 태도를 가지면, 수학 내용에 깊은 관심을 갖게 된다. 더불어 수학을 가치롭게 여겨, 수학을 잘하고 싶은 동기를 얻는다. 학생이 자신의 주변을 측정하고, 질문하고, 분석하는 경험과 기회를 가질 때, 자신이 선택한 목표를 달성하는 데 필요한 지식과 수학적 도구를 얻고 싶어 할 것이다. 교사부터 부정적 마음으로 닫혀버린 수학의 문을 다시 연다면, 학생도 이 세상을 이해하고 설명하고 통제하는 데 도움이 되고 접근할 수 있는 값진 도구가 수학이라는 것을 알게 될 것이다.

CHAPTER

02

나에게 맞는 도전이 있을까?

복잡하고 어려운 과제 해결의 그 첫 번째 비밀은,
작은 과제로 쪼갠 뒤, 첫 과제부터 시작하는 것이다.
마크 트웨인

LEARNING TO LOVE MATH

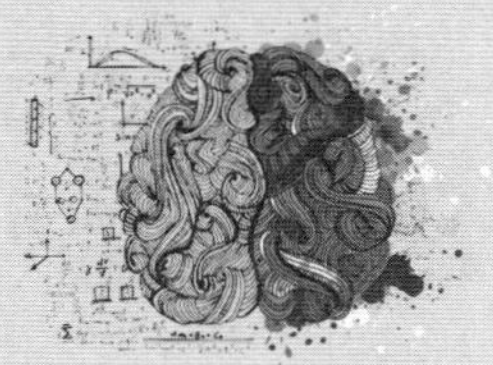

다음 상황을 읽고 당신이라면 어떻게 반응할지 상상해보자.

- 당신은 초보자용 코스에서만 스키를 타본 적이 있다. 그런데 스키 리조트의 가장 가파른 꼭대기에서 내려와야 한다.
- 당신은 스키전문가이다. 그런데 초보자용 코스에서 하루를 보내야 한다.
- 당신은 다트Dart를 던지는 게임을 하고 있다. 그런데 던지는 거리가 60cm이다.
- 당신은 다트를 던지는 게임을 하고 있다. 그런데 던지는 거리가 60m이다.
- 당신은 초등학교 3학년 학생이다. 그런데 전문가용 십자 낱말 퍼즐을 풀려고 노력하고 있다.
- 당신은 35살의 성인이다. 그런데 어린이용 십자 낱말 퍼즐을 풀려고 노력하고 있다.

위의 상황 모두는 당신에게 상당히 극단적이기에 자신의 성취가능한 도전 수준이 어떠냐에 따라 자신의 감정이 좌절하거나 지루해할 것임을 잠시라도 깊이 느껴보았다. 그래서 기본 배경지식이 없는 학생이 새로운 주제를 이해해야 할 때 또는 수업 내용을 이미 알고 있는 학생이 새로운 지식이 전혀 제시되지 않아 수업이 지루할 때 어떤 기분인지 이해할 수 있을 것이다.

수학 수업은 교육과정을 엄격하게 따라 전개되므로, 학생이 이전 개념이나 선행조건을 어느 정도 알고 있는지 고려되지 않을 때가 많다. 수학에 대해 부정적 태도를 갖고 있지 않은 학생도 자신이 잘 알고 있는 내용을 수업 시간에 반복하면 지루해한다. 마찬가지로, 수업에 필요한 배경지식이 없는 학생이나 지시사항을 따르는 게 어려운 학생은 좌절감을 느낀다.

도전을 상황과 통합하기

학생이 학습에 참여하기 위해서는 성취가능한 도전이 필요하다. 여기서 성취가능한 도전 과제achievable-challenge tasks란 관심을 유지할 만큼은 어렵지만 그렇다고 좌절하면서 포기할 정도로 너무 어렵지 않는 과제이다. 이런 균형이 갖추어진 성취가능한 도전 과제에 오랫동안 집중하는 것은 진짜 즐거운 일이다.

초등학교 5학년 학생이 한 자릿수 덧셈을 시험본다고 해보자. 자신이 잘 알고 있는 내용이기에 수학이 싫다거나 배우기 어려운 과목이라고 느끼지는 않을 것이다. 시험도 잘 볼 것이다. 하지만 자신의 도전이 성취된 것으로 느끼지 않기 때문에, 성공에 대해 내적 만족을 느끼지는 못한다.

학생은 노력과 인내를 통해 의미 있고 성공적인 과제를 해결하는 도전 상황에서 엄청나게 동기부여가 된다. 1장에서도 이미 설명했지만, 학생이 스트레스를 받거나 좌절을 느끼거나 압도당했을 때 편도체의 필터로 정보가 흘러 들어가지 않는다. 따라서 개인의 수준에 맞는 성취가능한 도전이 포함된 상황이야말로 가장 의미있는 학습 상황이 된다. 성취가능한 도전을 통해 성공을 경험하게 되면, 도파민dopamine이라고 불리는 신경전달물질의 수치가 증가된다. 이때, 도파민은 쾌락 감각을 동반하고, 수학을 비롯한 각종 스트레스 요인에 반응하여 불안감을 줄여준다(Kienast et al., 2008). 따라서 학생이 도전적인 과제를 해결하여 강력한 내적 보상[9]을 얻으면, 쾌감을 느끼고 이후에 유사한 행동을 지속적으로 하게 된다.

학생은 자신의 수준에 맞는 도전을 성취하면서 능력, 노력, 인내의 보상을 함께 경험하며, 수학에 대한 부정적 마음은 줄고 회복탄력성[10]은 쌓이게 된다. 자신감, 호기심, 유연성, 끈기, 흥미, 독창성이 신장되면서 자신을 수학 학습자이자 발명가로 보게 된다. 만일 학생이 수학을 부정적으로 생각한다면, 교사는 학생 수준에 맞는 접근법을 사용하여 성공의 기회를 제공하고 실패하지 않도록 도와야 한다. (3장에는 학생의 수준에 맞는 다양한 접근법이 설명되어 있다.)

9) 내적 보상(intrinsic reward)이란 목적달성 그 자체에 내적으로 만족감, 성취감을 가지는 것이다.
외적 보상(extrinsic reward)이란 목적달성에 대해 타인이 주는 금전, 음식, 특권을 받는 것이다.

10) 회복탄력성(resilience)이란 실패나 부정적인 상황을 극복하고 원래의 안정된 심리적 상태를 되찾는 성질이나 능력을 의미한다.

뇌 속으로 _ 도파민-보상 회로

도파민은 즐거운 감정, 동기유발, 기억력, 집중력 등과 관련된 학습-친화적 신경전달물질이다. 중격측좌핵nucleus accumbens, NAc이 도파민의 분비와 억제를 제어한다. 인간은 본능적으로 과거의 도파민 분비 및 쾌락과 연관된 행동이나 생각에 긍정적인 가치를 둔다. 즉, 뇌는 더 많은 도파민을 분비하는 행동을 선호하고 반복하며, 인간은 여러 대안들 중에서 도파민을 분비하는 쪽으로 결정을 내린다.

도파민은 옳은 선택을 해야 하는 상황에서 분비된다. 뇌는 노력없이 쉽게 해결되는 질문이나 문제보다 도전적인 질문이나 문제를 해결해야 할 때 좀 더 옳게 반응하려 한다. 따라서 정보를 학습하는 방법으로 옳은 선택에 대한 만족도에 따라 도파민 수치가 높아지기도 하고 낮아지기도 하는 것을 이용할 수 있다.

도파민은 즐거운 느낌을 주며 불안감을 감소시키고 기억력을 증가시킨다. 쥐를 대상으로 한 연구에 의하면, 도파민이 분비되면 해마에서 신경세포들 사이의 시냅스가 활성화되어 더 강하게 연결되고 장기기억 저장소로 연장된다(Li, Cullen, Anwyl, & Rowan, 2003). 그러므로 우리가 옳은 결정을 내리면 도파민 보상은 그 기억을 강화시킨다. 편도체의 도파민 수치가 높아지면, 편도체에서 문제해결과 관련된 전전두엽 피질prefrontal cortex, PFC의 일부인 전측대상피질anterior cingulated cortex, ACC로 더 많은 통신을 보낸다는 것이 불안 테스트에서 낮은 점수를 받은 대상자에 대한 연구에서 확인되었다. 즉, 도파민 분비량이 많아지면 스트레스를 받는 사건에 덜 영향을 받는다는 것이다(Kienast et al., 2008).

학생이 학업적으로 계속해서 성장하면, 도파민 보상 주기 또한 계속해서 즐거운 감정을 생성한다. 따라서 학생의 즐거움이 커지면 인내심도 함께 늘어나며 실수를 인정하고 받아들일 수 있는 여유도 생긴다.

컴퓨터 게임에서 배우기

성취가능한 도전의 가장 적절한 예시가 게임이다. 왜냐하면 게임은 학생이 원하는 목표를 반드시 성취하도록 자극하기 때문이다. 게임에서 학생이 희망하는 목표는 상이나 돈을 받거나 누군가의 인정을 얻는 게 아니다. 그 대신 시간 단축하기, 보물찾기, 퍼즐풀기, 상대 영역 정복하기 등의 여러 기술을 익혀서 게임에 승리한다. 이처럼 학생이 희망하는 목표, 성취하고자 하는 목표를 수학 지도에 변형하여 활용할 수 있다. 이를 위해, 학생의 수준에 맞추어 성취가능한 도전을 정하고 교사의 교육 목표를 학생의 개인 목표 및 흥미에 연결한다. 또한 게임에서 도전의 양이 점차 늘어나는 특징을 활용할 수 있다. 이를 위해, 학생의 능력 수준에 적절하면서도 만족스럽고, 동기부여가 가능하며, 숙련도를 쌓기 위해 전략적으로 설계된 수업을 준비해야 한다.

게임이 사람들에게 매력적인 이유가 무엇인가에 대한 연구에 의하면, 다양한 능력에 따라 도전할 수 있는 콘텐츠가 갖추어져 있다는 것, 즉 능력-기반 도전이 핵심 요소였다. 가장 인기 있는 게임은 게이머가 점점 능숙해짐에 따라 성취가능한 단계로 나아가도록 설계되어 있다. 게이머의 기술이 향상되면, 다음 목표에 도달하기 위해 새로운 기술을 연습하며, 인내심을 갖고 숙달해야 한다는 동기가 생긴다. 가장 동기부여가 강한 게임에는 특징이 있는데, 게이머가 처음에는 목표의 약 80% 정도까지 도달할 수 있지만, 다음 단계로 이동하려면 100%까지 성장해야 가능하다. 이때 게이머는 게임을 계속하려는 강한 도전을 느끼며 내적 보상을 받게 된다

(Malone, 1982).

흥미롭게도, 어떤 게임은 게이머가 긍정적인 태도를 키우고 전문지식도 쌓을 수 있도록 설계되어 있어서, 지속적인 집중력, 창의적인 문제해결, 인내심을 신장시키기도 한다. 게다가, 팀워크, 데이터 분석, 의사결정, 디지털 사용능력 등과 같은 학교 교육과정에 포함되어 있지 않은 기술도 가르친다(Gee, 2003).

따라서, 어차피 현대기술 속에 함께 살아가야 한다면, 성취가능한 도전을 제공하는 게임의 긍정적 반응과 수행력을 활용하는 쪽으로 관심을 가져보면 어떨까? 즉, 게임으로부터 얻을 수 있는 기술을 매우 설득력 있게 적용하여 학교 수업을 발전시켜보는 것이다. 그 중 하나가 학생 수준을 고려한 개별화된 현실적 도전에 기초하여 경험을 제공하고 목표를 개발하는 전략이다. 개별화된 현실적 도전은 학생의 관심을 반영하기 때문에, 학생에게 동기부여가 되고, 희망하는 목표와 긍정적인 내적 강화가 가능하도록 도우며, 개별학습의 강점과 숙달 수준을 맞추게 된다. 동시에 좌절과 권태감 등의 부정적인 측면을 피하는 게 가능해진다. 만약에 좌절이나 권태감과 같은 정서적 스트레스 요인을 피하지 못하면, 스트레스 요인이 전전두엽 피질PFC로 들어가는 정보의 흐름을 차단하고 투쟁–도피–경직 반응[11]이 작동하게 될 것이다. 특히 개별화된 현실적 도전은 수학에서 더욱 중요한데, 수학은 배경지식으로부터 새로운 지식이 성장하는 과목이기에 전전두엽 피질PFC과 메모리 저장 네트워크 사이가 완전히 연결되어야 하기 때문이다. 따라서 학생의 관심과 주의집중을 극대화하고 수학에 대한 부정적 태도를 긍정적으로 바꿀 수 있는 수업과 숙제를 제공하여 학생의 두뇌가 저스트레스, 높은 참여 수준에서 활동하도록 도와야 한다.

노력 기울이기

학생이 수학 교육과정의 내용을 성공적이면서 장기적으로 배우고 긍정적인 태도를 신장하도록 안내하기 위해서, 다양한 수준에 맞는 성취가능한 도전achievable challenge과 학습 강점에 주목해야 한다. 그 결과 학생은 다음 수준으로 발전하는 데 필요한 기술을 습득하기 위해 적극적으로 수업에 참여하게 된다. 개별화된 성취가능한 도전은 학생이 높은 수준의 기대와 의사소통하면서, 높은 목표를 성취할 수 있는 능력을 갖고 있는지 확

11) 스트레스에 대한 투쟁–도피–경직(Fight, Flight or Freeze) 반응

① 투쟁 혹은 도피 반응이란 싸워서 이길 가능성이 있거나 도망갈 기회가 있을 때 보이는 반응이다.

② 경직 반응이란 공격자에게 압도당하고 생존에 대한 어떠한 희망도 없을 때 나타나는 반응이다.

③ 두 종류의 자율신경계(ANS)

교감신경	부교감신경
– 투쟁 혹은 도피 반응을 관장 – 심장이 더 빠르게 뛰고, 근육이 더 긴장하며, 동공이 확대되고, 점막이 마르도록 함 – 싸우거나 도망칠 때 더 잘 보고, 더 쉽게 호흡하게 함 – 반응이 단 $\frac{1}{20}$초, 곧 심장이 채 두 번 뛰기 전에 일어남	– 경직 반응을 관장 – 긴장을 완화하는 역할을 함 – 우리 몸에 이제는 긴장을 풀어도 된다고 알려줌 – 위기가 지나갔으니 경계를 늦추어도 된다고 알려줌 – 하품하고 기지개 켜기, 운동 후에 근육을 이완시킴, 밤에 불을 끈 뒤 잠들게 하는 것

* 자율신경계는 우리 뇌와 신체 기관, 근육을 조절한다.

인하면서 그리고 목표 성취를 위해 필요한 도구와 도움을 이용하는 방법을 알아가면서 지식을 이해하게 돕는다. 성취가능한 도전을 사용하면, 학생에게 맞는 수준에서 수업이 진행되며, 학생이 자신의 강점과 배경지식을 효과적으로 사용할 수 있도록 돕게 된다. 학생이 수업 시간에 여러 번의 성공을 경험하면서, 지식도 늘고 감사함이 증가하면, 수학에 대한 부정적 마음이 줄고 긍정적 힘을 갖게 된다(Dweck, 2000).

학생이 자신의 수준에 맞게 도전하고, 목표지향적인 과정을 거치며, 두뇌를 최대로 활용할 수 있는 개별화된 계획을 세우는 데에는 시간이 많이 걸린다. 교사는 학생이 이미 배운 지식을 기억하도록 돕고, 서로 인정할 수 있는 목표를 협력하여 결정하며, 필요에 따라 직접 가르치는 지원을 제공할 수 있다. 수업 전략으로는 다학문적으로 협력하기, 학생의 자기평가와 반성을 장려하기, 구체적이고 시기적절한 피드백을 제공하기와 같은 것이 포함된다.

즉, 이렇게 계획을 세우려면 추가적인 시간과 노력이 필요하다. 하지만 학생의 성공과 향상된 자신감과 태도 그리고 시험에 대한 높은 성취 등 더 큰 보상을 얻게 된다. 더불어 교실에서 학생의 행동을 관리하는 데 필요한 시간이 단축되는 혜택을 경험할 수 있다.

성취한 도전을 축하하기

학생은 자신이 새롭게 성취한 도전을 전산화하여 확인할 수는 없지만,

자신의 도전을 인식하는 것만으로도 연결된 도파민–쾌감 반응을 강화할 수 있다. 즉, 성취했던 즐거운 기억을 갖고 있으면, 도파민–보상 체계에 의해 또 다른 성취가능한 도전에 참여하게 된다. 특히 수학을 다시 부정적으로 느낀다면, 이를 바로 잡기 위해 성공했던 기억이 중요하게 활용될 수 있다.

칙센트미하이(Csikszentmihalyi, 1991)는 문제가 적절히 어렵고 도전적일 때 문제해결에 수반되는 즐거운 상태인 흐름flow에 대해 소개한다. 즉, 자신이 계획한 대로 잘 진행된다면, 즐거운 상태의 흐름(또는 도파민 쾌락)은 동기유발을 가져오고 자기–유지 보상으로 작용될 수 있다.

다음은 학생이 자신의 긍정적인 기억과 지식을 기념하고 유지하는 방법들이다.

- 새로운 기술을 다른 사람에게 가르치기
- 성취 목록을 수학일지나 벽보에 계속 기록하기
- (쉽게 해결된 수학 문제처럼 간단한 것일지라도) 최종 성과를 사진으로 찍어 두기
- 부모에게 자신의 성공을 글로 남기고, 교사의 의견을 추가하기
- 새로운 기술을 새로운 상황에 적용할 수 있는 기회 갖기(이를 「기념하고 굳히기」라 부름).
- 성취결과를 자신의 성장 과정의 한 부분으로 통합하기

균형 잡기와 구조 세우기

성취가능한 도전은 두 가지 단어 「저울의 균형 잡기」와 「구조 세우기」로 비유될 수 있다. 저울 위에서 균형을 잡는 것처럼, 부정적인 태도 쪽으로 기울어진 저울은 성취가능한 도전의 기술 쌓기와 자신감 쌓기 연습을 통해 긍정적인 태도 쪽을 추가하여 균형을 잡는 것이다. 또한, 건물을 지을 때, 기초가 튼튼해야 하는 것처럼, 성취가능한 도전에서 학습 강점과 배경지식(또는 기술)을 뼈대로 다져 학문의 길을 따라 나아갈 수 있는 교육적 구조를 세우게 되는 것이다. 성취가능한 도전을 통해 자신감을 키우고 지속적으로 성공을 경험하게 되면, 수학 쪽으로 균형이 잡히고 긍정적인 감정이 돋아나며, 수학에 대해 새로운 시각을 얻고, 수학 수업에서 포로가 아닌 주인처럼 느끼게 될 것이다. 수학에 대한 투쟁-도피-경직 반응을 더 이상 보이지 않게 되며, 전전두엽 피질PFC이 활성화되고, 편도체가 활짝 열리며, 도파민이 가득 찬 상태에서 앞으로 나아갈 준비를 하며 과감하게 도전할 것이다.

성취가능한 도전 계획하기

학생 각자의 다양한 학습 강점, 배경지식과 숙련도 그리고 성취가능한 도전 수준을 연결하여 최고의 계획을 세워야 한다. 멀지 않은 미래에는, 신경 영상과 잘 정리된 인지검사를 이용해 개인에게 가장 적합한 최적의 도전 수준과 최고의 전략을 선택할 수 있게 될 것이다. 컴퓨터를 이용하여 가르치는 기술들이 발전하면서 디지털, 비디오, 오디오 미디어, 심지어 가상현실 아바타를 이용한 개별학습의 기회가 증가할 것이다.

하지만 지금은 학생에게 교사의 도움이 절실히 필요하다. 즉, 교사는 모둠별 학습, 교실 수업, 숙제, 멀티미디어 지원, 동기부여, 수업 외 활동, 수업 전략 등을 조정하고 각 학생이 최대 수준의 성취가능한 도전에서 활동할 수 있도록 학생의 학습 수준, 관심, 기술, 강점에 대한 지식을 끊임없이 탐색해야 한다.

학습 강점: 지도판독가와 탐험가

학생을 수학에 대한 학습 강점에 따라 지도판독가형Map Readers과 탐험가형Explorers으로 구분할 수 있다. 이 두 가지 명칭으로 학생을 낙인찍는 건 의미가 없으며, 부모가 자녀를 성적으로 판단하느라 스트레스 받을 필요도 없다. 두 가지 범주는 학생의 시험 결과로 구분되는 게 아니라 여러 가지 증거를 모아서 배치된 것이다.

지도판독가형 학생은 혼자서 행동하는 것을 좋아하며, 구체적인 지시나 절차를 따를 때 편안해한다. 더 많은 시간을 갖고 신중하게 행동하며, 수업 시간이나 모둠활동에서 숙제에 대한 모든 풀이 단계를 보여주거나 자세하게 필기를 한다. 탐험가형 학생은 세부적인 지시사항을 건너뛰고 시행착오를 통해 바로 판단한다. 문제를 보자마자 즉각 답을 얻고 싶어 하기 때문에 숙제할 때도 신중하게 계산하지 않는 편이지만, 계산 순서를 말해보거나 모든 풀이 단계를 적어보라고 하면 정확하게 그 문제를 해결할 수 있으며, 개념에 맞는 적절한 예를 이해하고 잘 찾는 편이다. 단, 한 번에 한 가지씩만 집중해야 실수를 줄일 수 있다는 것을 늘 마음에 새겨야 한다.

지도판독가형 학생은 가드너의 다중지능이론 중에서 언어지능과 논리-수학지능의 특징을 보이며, 청각적, 순차적 및 분석적 학습 스타일을 보인다. 지도판독가형 학생의 성격과 선호도는 다음과 같다.

지도판독가형 학생은

- 명확한 답변과 절차에 따라 해결되는 문제를 선호한다.
- 교사가 시범을 보인 새로운 기술을 선호한다.
- 학습 활동을 순차적 단계로 세분화하여 부분에서 전체로 정보를 처리한다.
- 논리적이고 질서정연하며 체계적인 접근 방식을 편안해한다.
- 정보를 이해하고 전달하기 위해 글을 사용하는 데 능숙하며, 구술 반응보다 쓰기를 더 선호할 수 있다.
- 자신의 생각이나 답변을 공유하기 전에 연습하기를 원한다.
- 즉각적이고 자주 피드백을 받거나 코칭 시간을 갖는 것에 고마워한다.
- 절차적 이해를 키우는 데 필요한 단계를 보여주는 설명에서, 인과관계, 부호, 순서, 안내된 패턴 인식 등에 반응한다.

• 혼자 활동하는 것을 좋아하고 이질적으로 구성된 모둠에 잘 적응하지 못한다.
• 일기를 쓰거나 메모하는 걸 즐긴다.

지도판독가형 학생은 노트에 개인적으로 공감한 것, 느낌, 관련된 정보를 적는다. 한 페이지를 반으로 접어, 왼쪽에는 수학 지식이나 공식적인 필기를 채우고 오른쪽에는 자신이 왼쪽에 필기한 정보를 생각할 때 개인적으로 느끼는 바를 쓴다. 예를 들어,

• 곱셈은 계속해서 더하는 것이니까, 나눗셈도 계속해서 빼나가는 것과 같다고 봐야 한다.
• 분수에서 분자를 분모로 나누면 소수를 구할 수 있는데 이 소수는 분수와 같은 값일 것이고, 그렇다면 분수가 나눗셈 문제인 것 같다.

또는 질문이나 궁금한 사항도 남길 수 있다. 예를 들어,

• 나는 왜 이렇게 되는지 정말 모르겠다. 나는 정확한 답을 얻었지만 여전히 헷갈린다.
• 어떤 문제는 소수 둘째 자리에서 반올림하고 어떤 건 소수 첫째 자리에서 반올림을 하는 이유가 무얼까? 너무 멋대로여서 귀찮다.

반면에 탐험가형 학생은 가드너의 다중지능이론 중에서 공간지능과 신체-운동지능의 특징을 보인다. 그리고 전체적인 큰 그림을 그리며 탐구적인 학습스타일을 보인다. 탐험가형 학생의 성격과 선호도는 다음과 같다.

탐험가형 학생은

- 상상하기를 좋아하고, 자세한 지시 사항을 읽거나 듣기 전에 무언가를 이미 시도한다.
- 교사의 수업이나 시범 이전에 독립적으로 연구 주제를 자유롭게 실험, 작성, 구성 및 탐구할 수 있는 발견적이고 탐험적인 학습을 선호한다.
- 주제가 큰 그림으로 소개된 뒤에 부분들로 나누어져서 제시될 때 정보를 가장 잘 처리한다.
- 시각적인 암기 전략을 사용한다.
- 새로운 변화를 위한 선택과 기회를 좋아한다.
- 새로운 수학적 정보를 이해하기 위해, 도표를 그리고 그래픽 오거나이저[12)]를 사용하거나 또는 모델을 만들어 자신만의 정교함을 추가하는 것이 도움이 된다고 생각한다.
- 우선 패턴을 인식하고 나서 주제를 찾고 다른 교과와 연결한다.
- 개방적인 프로젝트 조사를 더욱 선호한다.
- 정보를 연결하고 문제를 해결하며 아이디어를 전달하기 위해 자신의 신체를 움직인다.
- 여러 모둠에 참여하여 활동하는 걸 잘한다.
- 직업이나 취미에 수학을 사용하는 사람들과 함께 활동하는 걸 좋아

12) 그래픽 오거나이저(Graphic Organizer)란 텍스트와 그림을 결합시켜 개념, 지식, 정보를 구조화하여 제시하는 시각적인 체계로, 도식 조직자 또는 도해 조직자로도 불린다. 글의 중요한 개념과 이를 설명하고 있는 요소를 그림으로 나타내어 중요 개념과 용어를 지도할 때 유용하다.

한다.

- 수업이 전개되는 데 도움이 되는 모델이나 조작을 잘 적용한다.
- 이전의 학습과 새로운 지식을 연결하기 위해 정신적 패턴을 구성한다.

학생의 학습 강점 이용하기

교육과정이 획일화되면서 표준화된 시험이나 몇 개의 졸업시험 과목만으로는 학생의 재능과 관심을 확인할 수 없으며, 이를 발견하고 강화하며 활용할 수 있는 기회마저 제한되고 있다. 특히, 수업 시간이 주로 시험을 치르는 핵심 과목에만 집중되면, 스포츠, 드라마, 음악 또는 예술 등으로부터 신장되는 지능과 학습 강점을 발견할 수 있는 기회는 더욱 제한된다.

이를 해결하기 위해, 학생이 지도판독가형인지 탐험가형인지 확인하고, 각자에게 맞는 활동을 제공하여 새로운 단원을 도입할 수 있다. 우선 학생이 흥미를 갖고 성공적으로 참여할 수 있는 학습 강점 유형을 관찰해야 한다. 면담과 관찰기록지에 학생이 가장 좋아하는 활동, 관심 그리고 미래의 희망에 대한 정보를 수집할 수 있다.

일단 학생의 학습 강점을 점검하면, 학생이 자신의 강점에 대해 말하기, 전략 목록을 유지하기, 강점과 흥미에 맞추어 유연한 모둠을 구성하고 협력적 모둠 만들기, 성취가능한 도전 수업과 숙제를 적절하게 계획하기 등 학습 강점을 적용할 수 있는 방법을 생각해보아야 한다.

학생에 대한 정보를 수집한 후, 성공적인 전략과 수업 성취결과물, 강점, 도전 등에 대한 기록 등을 비교하기 위해 여러 학문분야의 교사들로 구성된 모임을 생각해볼 수 있다. 예를 들어, 초등학교에서는 자원 전문가, 과목별 교사, 도서관 사서, 클럽 감독 코치 및 운동 코치 등이 함께 모임을 가질 수 있다. 여러 교사들이 학생을 함께 돌보고 교육하면, 학생이 과도하게 스트레스를 받지 않고 충분히 수면을 취할 수 있도록 시험 날짜를 조정하거나 과제 제출 날짜를 맞추어 도울 수도 있다.

❖ 전략: 다중 감각입력 이용하기

대부분의 교사는 칠판에 필기를 하면서 설명하는 수업에 익숙하다. 그러나 감각입력[13)]을 다양하게 바꾸어 수업을 하면, 학생의 여러 학습 강점에 접근할 수 있다. 수업 중에 악기를 연주하면서 새로운 무언가를 소개하거나, 가르치는 내용을 연극으로 표현해보면서 한 번도 들어본 적이 없는 개념을 도입하거나 강조하면 뉴런 회로에 또 다른 감각 기억을 제공하게 된다. 다양한 감각입력을 위해 도표, 그래프, 간단한 그림 그리기도 좋다. 관련있는 사진이나 비디오 클립으로 과정을 보여주고, 나는-지금here-

---

13) 신경계(nervous system)는 상호 연결된 3가지 기능을 갖는다.

(1) 감각입력(sensory input): 내외부 환경을 감각(보기, 듣기, 만지기, 냄새 맡기, 맛보기 등)을 통해 감지한다.

(2) 통합(integrative): 감지된 정보를 처리하고 적절한 반응을 하도록 결정한다.

(3) 운동출력(motor output): 결정된 반응을 행동(쓰기, 말하기, 읽기 등)으로 발현한다.

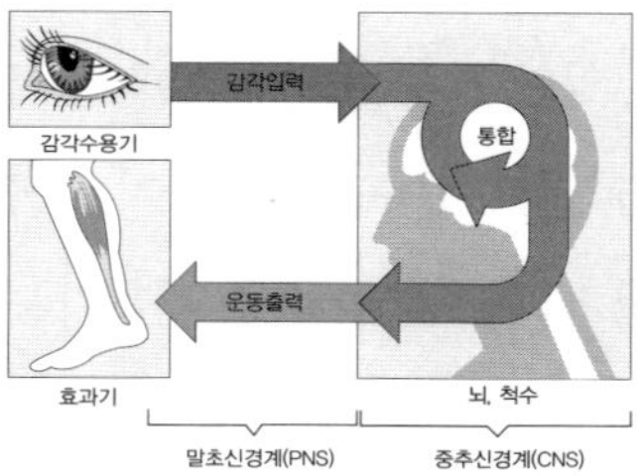

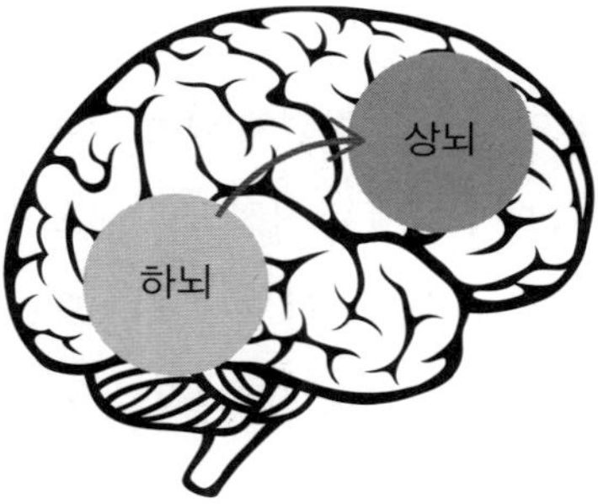

me-now 활동을 추가할 수도 있다.

뇌가 가치있다고 판단하여 더 빠르게 만족스러워하도록 접근하는 방식이 나는-지금here-me-now 활동이다. 학생은 순간적 만족에만 반응하기보다 만족을 지속할 수 있는 능력을 개발해야 한다. 하지만, 우선은 자신의 지식을 확장하는 과정에 참여해야 한다. 당연히 두뇌는 이런 과정을 본질적으로 즐거워하지 않는다. 왜냐하면 위험으로부터 살아남도록 그리고 잠재적 쾌락에 대한 호기심을 탐구하도록 프로그램화되어 있기 때문이다. 학생이 알고 있는 지식보다 좀 더 높게 지식을 확장하면서 뇌가 스트레스를 받도록 질문할 때면, "마음을 편안히 하세요."라고 동시에 요청한다. 그 이유는 하뇌의 작용 때문이다. 인간의 하뇌는 감각입력이 상뇌에 접속하도록 결정하는데, 즐거움을 이미 경험해 본 적이 있고 만족이나 기대했던 결과가 새로운 도전과 직접적으로 연결될 것이라고 인식하면 하뇌는 새로운 입력에 주의를 집중한다. 학생이 무언가를 새롭게 구축하거나, 수학조사를 하기 위해 외부로 나가거나, 스포츠 통계와 관련 있는 정보를 사용하는 등 좋아하는 것을 하기 위해 지식을 즉시 사용할 수 있도록 새로운 주제를 시작하면, 쾌락을 추구하는 하뇌가 그 수업에 참여할 수 있게 동기유발을 일으킨다.

교사는 학생의 여러 가지 학습 강점에 맞는 더욱 다양한 감각입력을 제공해볼 수 있다. 즉, 학생이 실제로 직접 조작해보거나, 교실을 돌아다니며 개념을 설명하거나, 소모둠을 만들고 오버헤드 슬라이드(OHT)나 대형 화이트보드를 사용해 학급 친구에게 예시를 공유하면서 새로운 정보를 설명해보도록 할 수 있다.

저학년은 집중력이 훨씬 짧기 때문에, 같은 시간 내에 정보의 표현을 다양하게 변화시켜 여러 가지 감각을 자극해야 한다. 예를 들어, 중요한 구절을 리듬감 있게 말하거나 운(韻)을 맞추거나 랩으로 노래할 수 있다(사과 몇 개, 오렌지 몇 개, 하지만 사과와 오렌지는 다른 과일이므로 모두 합할 수 없다네). 또한 그림, 실물교구, 손짓으로 수학적 절차(예를 들어 +, −, ×, ÷, =)를 흉내 내기 등을 함께 이용할 수 있다.

❖ 전략: 유연한 모둠 구성하기

미국 수학 자문회의 최종보고서(미국교육부, 2008년)에 의하면, 700명 이상의 〈대수학 I〉 교사들에게 가장 극복해야 하는 것을 질문했을 때 한 교실에서 다양한 수준을 지도해야 하는 것이라는 답이 가장 많았다(p. 9). 대다수의 교사는 다양한 수준이 함께 모여서 수업을 받아야 하는 것을 심각한 문제로 여기고 있었다. 특히 학생을 점수에 따라 모둠별로 세분화하는 것에 반대하면서, 유사한 성취 수준의 학생을 모아 유연하게 모둠을 구성해야 한다고 결론 내렸다. 즉, 학생의 수학적 배경, 학습 강점, 읽기 기술, 언어 능력이 다양하므로, 학생마다 여러 수학 주제에 맞는 다양한 성취가능한 도전 수준에 맞추어 모둠을 유연하게 구성하는 것이 중요하다고 강조하였다.

유연한 모둠 구성은 학생이 특정한 수학 주제를 완전히 익혔느냐에 따라 모둠 사이에서 쉽게 이동할 수 있도록 설계되어야 한다. 학생은 자신의 모둠원들과 유사한 활동을 공유할 수 있고, 적합한 수준의 도전 질문과 토론에 참여할 수 있다. 교사에게는 학생의 수업 참여를 관찰하면서 다음 해의 수업과 모둠 구성을 계획 세우는 데에도 도움이 된다. 특히, 유연한 모둠 구성은 학생의 성취 수준을 고려하여 다양하게 지도하기, 특정 학생에게 가장 적합한 접근법 사용하기, 학생마다 보이는 요구사항과 강점을 조절하기 등에 관심이 있는 예비 교사라면 더욱 유용하게 활용할 수 있을 것이다.

❖ 전략: 성취가능한 도전을 위한 비계[14]설정하기

비계를 이용하는 수업은 내용, 자료 또는 교사 지침에서 일련의 안내도움이나 중간과정을 지원함으로써 학생의 성취가능한 도전 수준에 맞는 학습을 용이하게 한다. 예를 들어, 받아내림이 있는 뺄셈을 연습할 때 한 자

14) 공사 현장에서 인부들은 '비계(scaffold)'를 통해 건축 자재를 실어 나르기도 하고 또 비계 덕분에 높은 곳에서 일하는 인부들이 안전하고 편리하게 일한다. 이후 건물이 완성되면 비계는 철거된다. 즉 비계는 어디까지나 임시적으로 건물을 완성하는데 도움을 주기 위해 존재하는 것이다. 교육 현장에서도 비계의 의미는 유사하다. 즉, 선생님이나 부모가 학생이 어떤 과제를 잘할 수 있도록 처음에는 여러 모로 도움을 주고 가르침을 주지만, 점차적으로 학생이 스스로 과제를 해 나가도록 점점 도움을 줄여서 마침내는 학생이 과제를 혼자서도 할 수 있게 한다는 뜻으로 사용하고 있다. 즉 비계의 핵심은 도움을 일시적으로 주고 시간이 지날수록 학생 스스로 할 수 있게 유도하는 교수법이다.

리 수 뺄셈은 반드시 필요한데, 어떤 학생이 한 자릿수 뺄셈을 바로바로 계산하지 못한다고 해보자. 이때, 즉, 교사는 "24 − 19는 받아내림으로 해결해야 하는 문제인가요?"와 같이 받아내림이 필요한 문제인지 아닌지를 구별하는 질문을 비계로 제공할 수 있다. 만약 학생이 자신의 지식수준을 초과하는 학습으로 스트레스를 받아 두뇌가 활발하게 작동하지 않는다면, 비계를 이용하여 두뇌가 학습하도록 돕고 문제에 답하거나 값을 예상해 보도록 안내할 수 있다. 앞에 질문에 대해 한 자릿수 뺄셈을 잘 하지 못하는 학생은 지금 당장 문제를 해결하지 않아도 되므로 안심하게 되며, 기본 뺄셈을 더 연습한 후에 문제 풀이를 완료할 수 있게 될 것이다. 단, 교사는 "반 친구들과 함께 새로운 받아 내림 절차를 배울 수 있어요."라고 확신을 보여주면서 받아 내림이 오늘 수업의 학습목표임을 확인해준다. 이러한 접근방식은 학생의 스트레스를 낮출 수 있으며, 따라서 학생이 개념을 더 잘 이해하고 뒤처지지 않도록 돕게 된다.

비계를 제공하여 학생의 어려움을 돕는 또 다른 예로는 평균을 계산하도록 연습하는 상황이다. 학생은 각자의 배경지식에 따라 학습이 가능한데, 어떤 학생은 자연수에 대한 문제만을 계산할 수 있는가 하면, 다른 학생은 소수와 분수가 포함된 문제도 계산할 수 있다. 학생 모두가 평균 계산 과정을 배우게 되므로, 자연수 계산만을 할 수 있는 학생도 평균에 대한 기본 지식을 배우면서 분수와 소수로도 평균을 구할 수 있도록 도울 수 있다.

❖ 전략: 영어가 모국어가 아닌 학생과 읽기 부진 학생 돕기

비영어권 학생으로 현재 영어도 함께 배워야 하는 학생은 수학 학습에서 적절한 배경지식을 갖고 있으며 개념이 잘 발달되고 있어도 문장제 문제를 잘 이해하지 못해서, 수업에 꾸준히 참여하여 공부하는 걸 어려워한다. 이런 어려움은 읽기부진 학생들도 마찬가지이다. 이런 학생이 관련 자료에 접근하도록 돕기 위해 읽기, 언어, 암기 전략이 필요하다. 예를 들어 문장제 문제를 큰 소리로 읽어보는 등의 방법을 이용하는 것이다. 또한 학생을 즉시 도와줄 수 있는 간단한 몇 가지 전략이 있다. 예를 들어, 수학 어휘 단어를 이용하는 것이다. 이때, 수학 어휘 단어를 그림과 짝지은 카드를 준비하거나, 수학 어휘 단어 리스트 종이를 만들어 수업 시간과 문제 해결 동안 사용할 수 있다. 매년 수학 어휘에 대한 자료를 조금씩 만들면, 점차 더 많은 자료들이 쌓이게 된다. 또는 다른 교사들과 협력하여 수학 어휘 도서관을 구축할 수도 있다.

인터넷도 다양한 전략을 만들어 사용할 수 있는 강력한 도구이다. 다양한 수준의 성취가능한 도전을 제공하는 수많은 웹 사이트(부록 1 참고)가 있다. 예를 들어, 영어가 외국어인 학생은 애니메이션 수학에 영어(또는 모국어) 캡션을 추가하여 도움을 받을 수 있다. 탐험가형 학생은 시각적으로 접근한 지식을 더 잘 기억할 것이고, 지도판독가형 학생은 순차적 방식에 따른 과정에 관심을 가질 것이다. 또한 웹 사이트에는 다양한 학생의 배경지식과 관심을 반영한 프로젝트가 포함되어 있다. 따라서 학생은 특정 주제에 대한 더 깊은 지식을 얻기 위해 성취가능한 도전 수준에서 수학을 학습하고 문제를 해결할 수 있다.

시력이 낮은 학생은 교과서와 워크시트의 온라인 버전에서 글자 크기, 색상, 글꼴을 변환하여 도움을 받을 수 있다. 더불어, 많은 컴퓨터에는 글자를 영어나 외국어로 읽어주는 프로그램이 장착되어 있어, 학생은 컴퓨터-기반 템플릿으로 계산과 답을 번역하여 이해할 수 있다. 그리고 학생의 모든 학습 과정이 기록되어 있어 추가적으로 제공해야 하는 수업을 점검할 수도 있다. 공학의 발달로 교사는 번역가나 지식 분배자로서보다 촉진자가 되고 있으며 학생의 흥미와 학습 강점을 염두에 두고 수학을 개별화할 수 있는 기회가 증가하고 있다.

❖ 전략: 지루함 피하기

지루함은 전전두엽 피질PFC로의 정보 입력을 차단하고 반응적 뇌의 투쟁-도피-경직 반응이 뒤따르는 스트레스의 원인이 된다. 따라서 지루함을 피하기 위해 각 학생마다 확실히 아는 지식을 과도하게 반복하지 않도록 해야 한다. 만약 학생이 수업 활동을 빠르고, 쉽고, 정확하게 완료했다면, 좀 더 도전적이고 높은 수준의 개념적 문제를 준비해야 한다. 그래야만, 동료들이 연습하는 동일한 주제에 대해 자신의 성취가능한 도전 수준에 맞추어 계속해서 학습할 수 있게 된다.

마찬가지로, 숙제를 할 때 이미 잘 아는 절차를 계속해서 반복하는 것도 스트레스 요인이 된다. 학생이 숙제를 완성하지 않았거나 문제 풀이 단계를 완전히 기록하지 않으면, 관련 지식을 모르거나 게으르다고 생각할 수 있다. 이러한 부정적인 생각을 피하기 위해, 학생이 숙제를 하면서 들인 시간을 기록해오도록 한다. 또는 학생이 숙제를 하는데 들인 시간을 고려해 그리고 학생의 정확성을 반영하여 다양한 도전 수준에 맞춘 과제를 개별화하여 제공하는 것도 좋다. 수학 수준이 높은 학생은 해결한 문제를 새로운 방법으로 풀어보도록 하거나 교과서의 도전 문제를 숙제로 대신 제공하여 두뇌에 수학 근육을 키우도록 기회를 준다. 대부분의 수학 교과서 뒤쪽에는 교과서 문제의 해답이 제공되어 있고, 교과서의 웹 사이트마다 수업 이후에 추가로 연습할 수 있는 문제도 있다. 학생은 자신이 푼 도전 문제의 답을 확인하고, 그 문제의 정답 포인트를 점검해보는 기회를 갖는 것이 좋다.

❖ 전략: 수학 영재 학생의 도전을 돕기

수학 영재 학생은 자신이 암산하면서 바로 글로 적을 수 없어 좌절하기도 한다. 또한 개념을 너무 잘 알기 때문에 절차를 스스로 만들고 자동적으로 적용할 수는 있지만, 그 과정을 설명할 수 없는 경우도 있다. 상위 수준 학생은 작업기억[15]에서 의식하지 못하는 중간 단계의 수학을 계산해야 하는 수업을 못 마땅하게 여기거나 완전히 관심을 갖지 않기도 한다. 그 결과, 수학에 대한 열정을 잃을 수도 있으므로 더욱 성취가능한 문제를 제공해주려 노력해야 한다. 이때, 암산으로 계산하기에 수가 너무 크거나 자동적으로 답을 얻기에 과정이 상당히 복잡한 문제를 제공하면, 풀이 과정을 글로 적어보려고 시도하게 된다. 그 과정에서 학생은 좀 더 도전적인 문제의 풀이 과정을 글로 적으면서 수학적 의사소통 능력도 쌓게 되고, 교

---

15) 작업기억(working memory)이란 감각 기억을 직접 처리하는 기억 영역으로, 뇌의 메모장 또는 마음의 칠판으로 비유할 수 있다. 앨런 배들리(Alan Baddeley)는 작업기억을 언어 이해, 학습, 추론의 인지적 활동을 위해 필요한 정보를 일시적으로 저장하거나 조작하는 시스템이라 파악했으며, 다양한 인지 활동을 필요로 하는 과제의 요구에 대처할 수 있는 기능을 지니고 있다고 설명했다(오이시, 2013).

사는 학생의 오개념이나 다른 학생과의 격차를 확인할 수 있게 된다. 그리고 수학 영재 학생은 자신의 문제 풀이나 수학결과물을 누군가 요구해서가 아니라 자신에게 도움이 되기 때문에 글로 적어보고 직접 확인해보는 것의 가치를 이해하게 될 것이다.

만약에 가르치는 수학 교과서의 가장 어려운 문제가 몇몇 학생의 성취 가능한 도전 수준보다 쉽다면, 다음 학년의 수학 교과서를 참고할 수 있다. 왜냐하면 수학의 계통적인 특성에 따라 대부분의 수학 주제는 좀 더 높은 수준의 개념이나 절차가 추가되면서 반복되기 때문에, 다음 학년 교과서에는 수학 영재 학생의 수학 학습을 돕는 적절한 문제가 포함되어 있다. 이를 이용하면 각 주제에 맞는 새로운 문제를 만들어 준비하는 부담이 줄게 된다. 또는 초·중등 수학 올림피아드[16]와 같은 웹 사이트를 확인해 수학 영재 학생에 맞는 적절한 수준의 도전 문제를 찾을 수 있다. 좀 더 높은 수학 수준의 학생은 3학년이나 4학년 때부터 올림피아드 문제를 해결할 수 있다.

교사는 학생의 다양한 수준에 맞추어 지도하는 것이 가능한지를 확인해봐야 한다. 처음에는 한두 명의 학생 또는 한 단원으로 시작하며 점차 모든 학생이 자신의 다양한 학습 강점을 통해 수학에 관심을 가질 수 있도록 한다. 학생의 성취, 행동, 태도에 맞게 다양한 접근을 시도하고, 그 성공을 축하해보자. 그리고 학생의 다양한 수준에 맞춘 지도가 잘 진행되었을 때 기분이 어떠할지 깊이 느껴보자. 성취가능한 도전을 위해 다양하게 접근하도록 계획하고 실천하면서 (교사) 자신의 뉴런 네트워크를 자극하고 강화시킬 수 있다. 그리고 이러한 접근은 점점 더 익숙해질 것이다.

16) https://mo.math1.org

CHAPTER

03

나에게 맞는 도전들이 있었네

많은 것을 아는 것과 똑똑한 것은 분명히 다르다. 지능은 정보력과
정보를 수집하고 사용하는 방식인 판단력 모두를 포함한다.

칼 세이건

LEARNING TO LOVE MATH

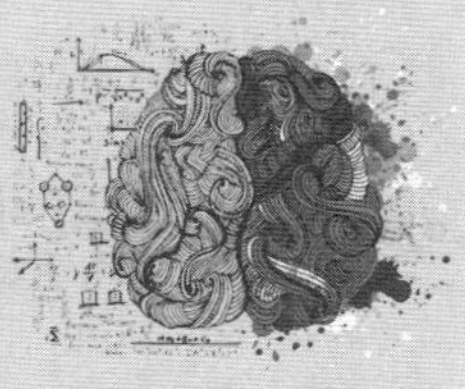

본 장에서는 학생이 다양한 수준의 성취가능한 도전 achievable challenge에 참여하는 활동과 수업을 어떻게 계획할 것인가를 설명하기 위한 몇 가지 특별한 접근을 검토하고자 한다. 이후에 소개되는 예시들에서, 학생이 성공을 극대화하고 좌절감과 무능함을 최소화하기 위해 동일한 개념을 다양한 수준에서 어떻게 배우는지 주목해봐야 한다.

도형 그리기

본 활동은 「내 그림 그리기」라고 불리며, 특히 지도판독가형 학생이 재미있어 한다. 그리고 탐험가형 학생과 도형 지식을 잘 알고 있는 학생에게 의사소통의 중요성을 알려준다. 이 활동은 다음 단계에 따른다.

1. 도형을 구분하고 이름을 부를 수 있는 능력이 유사한 두 명의 학생이 서로 짝을 이룬다. (또는 도형을 잘 알고 있지만 낮은 의사소통 기술을 가진 학생과 도형을 잘 알지 못하지만 높은 의사소통 기술을 가진 학생이 짝을 짓는다.)

2. 각 짝에게 다양한 도형 조작교구 세트(실물도형, 그림, 종이 오리기)를 제공한다.
3. 상대방이 무엇을 하는지 볼 수 없도록 칸막이를 세우고 서로 마주보며 앉게 한다.
4. 한 학생은 도형을 선택하고 상대 학생이 이 도형을 그리도록 구두로 설명한다. 예를 들어, 한 학생이 상대 학생에게 "긴 삼각형의 뾰족한 끝이 아래로 향하게 그리고 나서 삼각형의 평평한 꼭대기에 반원을 그려 봐."고 지시할 수 있다(아이스크림 콘).
5. 고학년 학생의 경우, 언어적으로 설명할 때 수업 중에 사용하는 직각, 이등변삼각형, 대각선, 닮은 변과 같은 어휘를 포함할 수 있다.

두 학생이 함께 최종 그림을 확인할 때, 설명하는 학생이 언어적으로 의사소통을 잘 했는지 그리고 듣고 그림을 그리는 학생은 그 설명에 따라 주의 깊게 도형을 그렸는지 즉시 확인할 수 있다. 설명하는 학생은 정확한 의사소통에 만족을 느끼고, 도형을 그리는 학생은 설명의 세부사항에 집중한 것을 자랑스럽게 느끼게 된다. 그런 다음 가장 도움이 되었던 것과 언어적 지시 사항에서 혼란스러웠던 것에 대해 논의한 후, 서로의 역할을 바꾸어 위 과정을 다시 반복한다.

부피 어림하기

학생은 성취가능한 도전 수준의 모둠에서 부피를 어림하게 된다. 이 활동의 목표는 어림하기·예측하기 기술, 새로운 증거에 적응하는 능력, 수학 의사소통 기술, 수감각 기술 그리고 개념적 인식을 쌓는 것이다.

모둠유형	성취가능한 도전 수준	특징
1모둠	낮은 복잡성	낮은 숙달과 부족한 배경지식을 가진 학생들
2모둠	중간 복잡성	보통의 숙달과 어느 정도 배경지식을 가진 학생들
3모둠	높은 복잡성	높은 숙달과 더 많은 배경지식을 가진 학생들

1모둠 — 낮은 복잡성

각 모둠에게 색깔 물이 담긴 큰 주전자를 하나씩 나눠주고 "중간 크기의 종이컵에 주전자의 물을 가득 채우고, 다양한 지름의 깨끗한 물병(예를 들어, 빈 음료수 병이나 주스 병 또는 크기가 다른 계량 컵 등)에 물을 옮겨 부어 높이가 얼마나 되는지 어림할게요."라고 설명한다. 모둠 내에서 물의 높이가 얼마일지 합의를 하고, 예측한 높이를 사인펜을 이용해 표시한다. 그리고 나서 준비한 물병에 색깔 물을 붓고 그 결과를 논의한다. (또는 모둠 내의 학생도 각자의 어림을 표시하기 위해 다른 색깔 마커를 사용할 수 있다.) 그 과정에서 모둠원은 다음 질문을 논의할 수 있다.

- 자신이 어림한 것보다 실제 높이가 더 낮은/높은 이유는 무엇일까요?

- 두 번째 물 한 컵을 추가하면 병의 높이가 어떻게 될지 예상할 수 있나요? (이 질문에 학생은 물의 높이를 예측하고, 물을 직접 부어보고, 그 결과를 논의한다.)
- 준비된 빈 병을 끝까지 채우는 데 얼마나 많은 컵이 필요한지 예상할 수 있나요? (이 질문에 학생은 컵의 수를 예상하고, 물을 직접 부어보고 그 결과를 논의한다.)

학생들은 도표, 차트, 오버헤드 투명지, 그래프, 그래픽 오거나이저graphic organizer, 모둠 토론 등의 형태로 결과를 발표한다.

2모둠 – 중간 복잡성

2모둠의 학생도 1모둠의 학생과 유사한 활동을 한다. 그러나 학생 스스로 실험을 설계해야 한다. 본 수업의 목표도 1모둠과 같이 학생이 어림값을 예측해보는 것이지만, 2모둠의 학생에게는 자료(색깔 물이 담긴 주전자 한 통, 다양한 지름의 깨끗한 병, 중간 크기의 종이컵)만 제공되며 단계별 과정을 설명하지는 않는다. 학생은 각각의 빈 병을 물로 채우기 위해 종이컵이 몇 개 필요한지 예측을 하고나서, 종이컵의 개수를 어림하기 위한 증거를 어떻게 수집할 수 있는지 방법을 토론한다. 모둠별(또는 개인별)로 예측하기/결과확인하기/설명하기를 계속해서 기록한다. 학생은 앞서 나열한 질문에 답하고, 자신의 예측을 수정하는 이유를 설명하며, 심지어 자신의 활동에 적용된다고 생각하는 규칙(아이디어나 개념)을 이끌어내는 것에 도전해야 한다. 떠올린 규칙으로는 빈 병의 지름이 클수록, 물의 높이는 작아진다는 것 또는 좀 더 구체적으로 만약 빈 병의 지름이 앞서 물을 채운 병보다 두 배 길다면, 물의 높이는 정확히 $\frac{1}{4}$이 될 것이라는 것 등이 가능하다. 좀 더 도전해보고 싶은 상위 수준의 학생에게는 부피를 어림하는 다른 종류의 실험과 문제해결을 찾아보도록 권장한다.

학생에게 주전자의 물을 종이컵에 붓고, 종이컵의 물을 병에 붓는 실험을 하게 한다. 이때, 학생은 종이컵과 병에 담긴 물의 양에 대한 어림값을 기록한다. 만약 학생이 자신의 예측을 수정한다면, 왜 그렇게 수정했는지를 설명해본다. 실험 결과를 계속해서 기록하거나 도표를 작성하게 한다. (이때, $\frac{1}{2}$, $\frac{1}{4}$ 또는 퍼센트와 같은 용어를 사용하도록 권장한다.)

3모둠 – 높은 복잡성

3모둠의 학생은 미터법 변환을 통합하게 되고 단위 표시가 있는 측량컵을 이용하게 된다. 우선 자신이 설계한 실험을 직접 해본다. 그 후, 종이컵의 물을 리터표시가 되어 있는 측량 컵에 붓고, 2모둠의 절차를 똑같이 따르면서, 추가로 컵, 리터, 온스, 밀리리터의 관계에 대한 상관성을 분석, 예측, 테스트, 조정 및 개발한다. 그런 다음 각각의 단위를 비교하기 위한 변환 계수를 찾는 방법을 논의할 수 있고 (예를 들어, 1리터당 컵의 수) 변환 계수가 어떻게 밀리리터나 온스에도 적용되는지 확인할 수 있다.

세 모둠 모두 실험을 마친 뒤 자신의 경험과 결과를 수업에서 공유하는 시간을 갖는다. 1모둠 학생이 가장 먼저 발표하게 되는데, 왜냐하면 새로운 증거를 토대로 예측을 바꾼 경험이 발표할 수 있는 유일한 정보이기 때문이다. 그러면 이후 각 모둠에서 이전 모둠의 발견에 새로운 정보를 추가하여 발표한다. 또한 수업에서 얻은 정보를 차트나 여러 그래픽 오거나이저에 기록한다. 그런 다음 수집된 데이터로부터 추가적으로 예측을 하고, 변환 계수를 테스트하며, 공식 변환표에서 이러한 계수를 확인할 수 있다.

궁극적으로, 모든 학생은 「부피 어림하기」라는 실험만을 경험하기보다 정보가 어떻게 전달될 수 있는지 (예를 들어, 병 모양을 다르게 디자인하면 부피가 더 커 보이는 착각을 일으키는지 또는 대용량 용기에 품목을 넣어 판매하는 것이 비용과 생태학적 측면을 결정하는데 중요한지) 등을 깊이 생각하면서 이 활동에 참여할 수 있다. 다양한 수준의 성취가능한 도전을 고려하기 위해 학생 각자의 수준에 맞는 숙제를 제공할 수 있다. 예를 들어, 1모둠의 학생은 여러 회사가 용기의 크기나 디자인에 따라 소비자가 제품을 구입하도록 설득하는 방법을 확인하기 위해 슈퍼마켓 전단지나 신문광고를 찾아볼 수 있다. 반면 3모둠의 학생은 비용과 용량이라는 측면에서 어떤 것이 더 나은 가치를 갖는지 결정하게 할 수 있다. 예를 들어, 12온스 음료수 캔 6팩 또는 1리터 병에 담긴 음료수의 가격이 같다면 무엇을 선택할 것인지 결정해보게 할 수 있다. 더 좋은 접근법으로는 학생이 확인하고 싶은 질문을 스스로 만들어보는 것이며, 그 결과 주인 의식과 의미를 갖는 기회가 된다.

수직선 탐구하기

수직선은 탐험가형 학생과 지도판독가형 학생 모두에게 유용하다. 탐험가형 학생은 수직선을 이리저리 이동하면서 활동할 수 있고, 지도판독가형 학생은 수직선 위의 정확한 값과 값의 규칙을 확인하고 값을 직접 구해볼 수 있다. 이때, 학생은 K.W.L. 차트 사용을 경험할 수 있다. K.W.L. 차트에 3가지, 즉 내가 이미 알고 있는 것(K), 내가 알고 싶은 것(W), 내가 배운 것(L)을 작성한다. 첫 번째로, 학생은 특정 주제에 대해 이미 알고 있는 것을 확인하여 차트에 기록하면서 자신의 사전지식을 활성화한다. 그런 다음 자신이 배우고 싶은 것을 명확하게 구체화하여 목표로 세운다. 학습과정이 끝날 즘, 자신이 배운 내용을 토의하고 차트에 기록하며, 자신이 잘못 알고 있었던 지식을 수정한다. 학생이 K.W.L. 차트를 만들면서 자신이 성취하고자 하는 목표를 스스로 세울 수 있게 되고, 더 나아가 이후의 학습과 관련이 있는지에 대해서도 알고 싶어 하게 된다.

K. W. L. 차트

주제 ______________________

K 내가 이미 알고 있는 것	W 내가 알고 싶은 것	L 내가 배운 것

우선 수직선 전략에 대한 예비 활동으로, 모든 학생이 자유롭게 수직선을 탐색하는 시간을 갖는다. 교실 바닥에 큰 종이를 펼쳐놓고 여러 개의 수직선을 그려보거나, 좀 더 지속적으로 수직선을 활용하기 위해 종이테이프[17]를 붙일 수도 있다. 여러 가지 수직선을 탐색한 후, 학생들은 즉석해서 모둠을 만들고, 모둠별 K.W.L. 차트의 K 부분과 W 부분을 채워 서로의 아이디어를 공유한다. 그리고 교사는 교실을 순회하면서 학생들이 서로 나누는 아이디어를 주의 깊게 듣고 학생 각자의 배경지식을 확인한다. 그 과정에서 학생 각자의 수준을 확인할 수 있게 된다. 또한, 학생의 배경지식에 따라 균형있는 모둠(낮은, 중간, 높은)으로 구분하기 위해 모둠별 K.W.L. 차트를 확인해보는 것도 도움이 된다.

다음 수업 시간에, 지금까지 관찰한 학생의 참여도와 이해력에 근거하여 학생을 성취가능한 도전 수준별로 모둠을 만들 수 있다. 학생이 자신의 성취가능한 도전 수준에 맞는 모둠에 배치되면, 활동의 연장선 상에서 더 성장하도록 안내가 가능해진다. 예를 들어, 높은 배경지식 수준의 학생은 수직선에서 정수integer의 의미를 개념적으로 분석하는 것도 가능하다.

기초 수준에서 학습하는 모둠의 경우, 자신의 성취가능한 도전 수준에 맞게 활동에 참여하면서도 다른 높은 수준에서 이루어지고 있는 활동에 자극을 받게 된다. 다른 모둠에서 즐겁게 활동하는 모습을 지켜보면서, 더 높은 수준이 되어 이런 즐거운 활동에 참여하고 싶다고 생각하게 되고 자신의 탐색과 논의를 지속하려는 의욕을 갖게 된다.

17) 약점착 타입의 종이(washi) 테이프로, 간단하게 손으로 찢을 수 있어 다양한 연출이 가능하다.

다음은 「수직선 탐구하기」 활동을 세 수준(낮은, 중간, 높은)의 성취가능한 도전에 따라 모둠으로 구분하여 요약한 것이다.

1모둠 — 낮은 복잡성

교사가 시범을 보이고 학생이 따라해 본다. 교사가 먼저 0부터 5까지 적힌 수직선을 걸어가면서 큰 소리로 숫자를 세어본다. 이번에는 학생도 수직선을 따라 걸으면서 숫자를 큰 소리로 세어본다. 자신이 선택한 숫자에 멈춰 그 수를 발표한다. 모둠의 나머지 학생은 보행자가 서 있는 수를 확인한다. 각 학생이 수직선 위를 모두 걸어보았다면, 무엇을 알았는지 모둠원이 논의하도록 한다. 그런 다음, 자신의 노트에 또는 모둠 차트에 결론을 기록하거나 스케치한다.

2모둠 – 중간 복잡성

2모둠은 수직선을 이미 잘 알고 있는 학생이 모였고, 다음 단원의 내용이나 정수의 덧셈과 뺄셈을 배울 수 있는 정도이다. 한 학생이 수직선 위를 걷다가 멈추면, 모둠에서 이 학생에게 한 걸음 더 이동한 새로운 수를 말해보라고 질문할 수 있다. 이 학생은 숫자를 직접 보면서 답해도 되고 답을 확인하기 전에 예측하는 것도 가능하다.

앞의 활동을 확장하여, 보행자가 한 걸음, 두 걸음 또는 세 걸음을 더 옮겨간다면 어디 쯤에 서 있게 되는지 예측해보는 질문을 해보자. 그러면 보행자 역할을 하는 학생이 걸음을 직접 걸어 모둠원이 예측값을 확인할 수 있게 된다. 또한 보행자도 걸음을 옮기기 전에 자신이 이동할 자리의 수를 예측해보고 자신의 예측을 확인해볼 수 있다.

모둠 내 학생 모두가 보행자가 되는 기회를 가진 뒤, 자신이 관찰한 결과를 도표나 차트로 바꿀 수 있다. 그러고 나서 보행자의 행동을 설명하기 위해 자신의 단어를 사용해야 한다. 어떤 학생은 "3에서 세 칸을 움직여 여섯 칸에 도착했다." 또는 "3에서 세 칸을 더 전진하니(오른쪽으로 이동하니) 6이었다."와 같이 덧셈을 나타내는 단어를 사용할 수 있다. 칠판에 학생이 설명에 사용하는 관련 수학 용어 목록을 모아보자.

학생이 앞으로 나아가는 것 또는 오른쪽으로 움직이는 것을 발표할 때 사용한 단어를 계속 확인해본다. *더했다*는 단어를 사용할 수도 있지만, 덧셈의 과정을 이해하고 예측 가능한 결과를 설명하고 있는지 확인하는 것이 더 중요하다. 그 과정에서 학생은 덧셈의 과정을 발견하게 되며 결과적으로 덧셈 과정의 의미를 이해한 후에 *더했다*라는 용어를 사용하게 될 것이다. 다음 학생이 수직선을 걷게 되면, *더했다*라는 단어를 사용하여 자신의 결과를 "내가 7에 있었는데 3을 더하여 10이 되었다."와 같은 문장으로 쓰도록 격려한다.

이제 학생은 본능적으로 반대 방향의 움직임을 탐색하기 시작하며, 수직선을 따라 뺄셈의 개념을 발견할 것이다. 이때, 뺄셈이라는 새로운 지식을 전달하는 데 도움이 되는 다양한 선택들을 활용할 수 있다. 예를 들어 학생이 물건 수집을 계획하면서 적절한 어휘로 문장을 작성하는 등 덧셈과 뺄셈의 다른 표현을 경험해볼 수 있다.

또한 이어서 수직선-걷기 게임을 할 수 있다. 예를 들어, 보행자가 숫자 9에서부터 시작하여 왼쪽으로 다섯 칸을 이동하도록 요청할 수 있다.

학생들은 보행자 역할을 하는 학생이 수직선 위를 움직이기 전에 결과를 예측해본다. 그러나 그 예측이 빗나간다면, 보행자가 왼쪽으로 한두 걸음만 움직이면 어디에 있을지 예측해보도록 질문을 한다. 그런 다음 원래의 질문(왼쪽으로 다섯 칸 이동)에 대해 새롭게 예측하면, 보행자가 그 수에 맞추어 이동해본다. 만약에 여전히 학생의 예측이 틀렸다면, 자신이 관찰한 과정을 다시 생각해보고 더 정확하게 예측할 수 있는 방법이 무엇인지 상의한다. 필요하면, 수직선의 수를 확인하면서 수를 직접 세어볼 수 있다. 보행자는 숫자 9에서 시작한다. 처음에는 그 어떤 것도 예측하지 않는다. 학생들은 보행자가 수직선을 따라 왼쪽으로 다섯 걸음 이동하면 숫자 1에서 5까지 큰 소리로 세어보고, "9에서 시작했고, 5까지 뒤로 걸어갔고 지금은 4에 있어요."와 같이 소리내어 읽어보도록 격려한다.

학생이 예측하면서 오류를 범한다면, 교사가 도움을 주겠다고 격려한다. 이러한 격려는 학생이 지지적인 수업에 더욱 익숙해지는 기회가 될 것이다. 그리고 답하기 어려워하는 자신을 질타하지 않아도 되고 보행자의 위치를 몰래 확인하면서 답하지 않아도 된다. 보행자와 모둠 학생들 모두 지지적인 협업에 만족해하고 친절, 낙천성, 내적 만족, 관대함 그리고 긍정적인 동료 상호작용으로부터 도파민이 증가하면서 더욱 즐거워하게 될 것이다. 스트레스는 낮아질 것이고, 긍정적인 경험을 기대하면서 자신의 도파민-쾌락 회로가 활성화된 덕분에 긍정적인 기분으로 수직선 활동을 다시 시도할 것이다.

나는 학생들이 이 활동에 참여하는 것을 여러 번 경험했다. 자신의 예측 중에서 어떤 건 옳고 어떤 건 옳지 않은지 그 이유를 논의하면서 열렬

한 의사소통이 이루어졌으며 일방적으로 주장하는 모습은 거의 없었다. 서로 아이디어를 나누는 것에 편안함을 느꼈고 끈기 있게 의사소통하는 공동의 책임감도 느끼면서 모둠은 계속해서 함께 지식을 탐구하고 쌓아갔다.

이때, 덧셈이나 뺄셈이라는 단어나 기호 +, −를 강요하지 않는다면, 학생은 추상적인 공식을 암기하는 대신에 자신이 스스로 개념을 구성할 수 있는 가치있는 경험을 하게 될 것이다. 개념을 먼저 이해한 후에 단어와 기호를 학습하면, 이 단어와 기호를 정확하고 오래 유지할 수 있는 신경통로를 만들게 된다. 그리고 학생 스스로 개념을 만들고 자신이 가치롭게 여기는 도전을 성취하는 내적 보상을 경험했기 때문에 그 개념은 학생에게 상당히 확실한 의미로 남게 될 것이다.

3모둠 – 높은 복잡성

중간수준의 복잡성 활동을 완전히 이해한 학생이라면 자신의 성취가능한 수준을 뛰어넘는 경험으로 3모둠의 활동이 더욱 적절하다. 3모둠에서 학생은 수직선으로 할 수 있는 활동을 친구들과 브레인스토밍brainstorming하고 이 활동을 직접 실천하거나 교사의 안내에 따라 배수와 곱셈 개념을 학습할 수도 있다. 예를 들어, "보행자 역할을 하는 학생이 한 번에 두 칸씩 걷는다면, 무슨 일이 일어날지 그리고 보행자가 어디에 있을지 예측할 수 있는 방법을 찾을 수 있을까요?"라고 질문할 수 있다.

마침내 학생이 수직선에서 뺄셈을 익히면, 0 아래나 왼쪽에 놓인 음의 정수를 어떻게 쓰는지 또는 기호를 붙이는지를 알게 된다. 수직선에서 0

의 왼쪽에 테이프나 종이를 더 추가하여(또는 교사가 다음 수학 수업 전에 미리 추가해놓을 수도 있다.) 음의 정수를 탐색하도록 안내할 수 있다. 교사가 직접 가르친 부분에 대해 논의하고, 예측하고 질문하면서(학생은 자신이 무엇을 배우고 싶어하는지 궁금해진다.) 학생은 자신의 실수나 장애물을 통해 학습에 동기유발되고 인내심의 의미를 이해하는 의미 있는 상황을 경험하게 된다. 우선, 수를 예측하여 자신이 이해한 것을 확인하도록 한다. "7에서 시작해서 왼쪽으로 일곱 걸음, 아홉 걸음, 열한 걸음을 간다면, 보행자는 어디에 있을까요?"라고 질문한다. 학생 한 명씩 수직선의 숫자 위에 직접 서보고 자신이 직접 움직이기 전에 왼쪽으로 다양한 수만큼 걸으면 어디에 있을지 예측해본다.

이즈음, 계속적으로 예측하면서 이해한 것을 확인하면 수학적 추론능력이 신장된다. 그리고 종이와 연필로 기계적으로 반복하는 연습보다 더욱 편안해하면서 재미있게(왜냐하면 신체적 움직임, 도파민 분비, 친구들과 함께 등을 모두 경험하기 때문이다.) 연습하게 된다. 이런 접근 방식이 훨씬 적절하다. 왜냐하면 학생이 과제를 해결할 때 음수 또는 뺄셈과 같은 추상적인 기호를 사용하지 않아도 되기 때문이다. 그리고 이후에 이 기호를 음수나 뺄셈개념과 연결하면서 이해하게 된다. 이렇게 음수와 뺄셈 개념을 구조화하여 배우면, *음의 기호* −와 *뺄셈 기호* −의 차이점을 혼동하지 않을 수 있다.

학생 스스로 음수가 무엇을 의미하는지 설명할 수 있는 단어를 찾도록 격려해보자. 학생은 "1에서 3을 줄여요." 또는 "0의 반대편에 3이 있어요."와 같이 대답할지도 모른다. 이처럼 학생이 단어를 만들면서 스스로 자신의 이해력을 신장시키게 되므로, 학생이 직접 창조한 단어는 자신의 개념이 된다. 이제 학생은 음수와 관련된 다음 개념을 정신적으로 조작하고 강화하기 위한 귀중한 도구를 가지게 되었다.

수업 도중에, 학생이 수직선 위를 어떻게 걷는지 관찰하고, 학생의 생각을 설명해보도록 질문할 수 있다. 탐험가형 학생은 먼저 수직선 위를 이리저리 옮겨 다녀본 다음에 음수에 대해 자신이 이해한 통일된 규칙이나 개념을 개발한다는 특징을 확인할 수 있다. 또한 지도판독가형 학생은 음수에 대한 통일된 개념을 생각하기 전에 작은 수직선을 직접 만들거나 자신의 걸음을 순서적으로 말하면서 도표를 그리거나 필기를 하는 특징을 확인할 수 있다.

3모둠 학생이 수직선 위의 움직임을 이해하면, 다음 단계는 3과 4의 합은 7임(이후에 7에서 3을 빼면 4이다.)을 성공적으로 증명하기 위해 구체적인 대상을 직접 조작해보는 것이다. 이때, 학생에게 자신의 단어를 써서 생각한 것을 큰 소리로 설명해보도록 한다. 모둠원은 발표자의 발표가 끝난 후에야 발표자의 설명에 반대나 동의를 추가할 수 있다는 기본적인 원칙을 지켜야 한다. 교사는 학생이 서로 논의하는 모습을 주의 깊게 듣고, 더 높은 성취가능한 도전 수준으로 이동할 준비가 된 학생의 이름 옆에 체크 표시를 하면서 정보를 기록하여 형성평가로 활용할 수 있다.

학생이 새로운 과정이나 절차를 명확히 이해하기 전에 또는 공식적 설명에 사용된 단어로 개념을 단순화하고 통합하려고 준비하기 전에, 학생마다 예측하기, 수정하기, 연습하기, 관찰하기를 하는 데 필요한 시간이 다양하다. 학생이 신체적 활동의 의미를 충분히 이해했고 자신이 이해한 것을 서로 의사소통할 수 있게 되면, 숫자, 기호, 연산부호, 공식, 방정식 등의 모델을 이용해 더 높은 수준의 개념과 추상적인 수학표현을 이해할 준비가 될 것이다. 이런 모델을 이용하는 중간 연결 단계가 없다면, 학생은 정답을 얻을 수는 있어도 개념 이해 없이, 즉 수학 지식을 이해하는 데 필요한 신경망을 구축하지 못한 상태에서 답을 기계적으로 암기하게 된다.

대부분의 협력학습처럼, 학생이 새로운 데이터 수집을 마무리하기 몇 분 전에 자신이 알게 된 것을 서로 논의하는 시간을 갖는다. 특히 자신이 알게 된 것을 발표하는데 참석할 기회가 없었던 학생이 주축이 되도록 한다. 이후, 자신의 결론을 개별적으로 쓰거나 스케치한 다음 모둠 차트에 기록해야 한다. 그러나 학생이 자신의 결과를 발표하기 전에, 모둠의 발표 자료를 검토하여 다른 학급 친구들이 정보를 경청하기에 적절한 시기인지 확인해야 한다. 발표하는 내용이 다른 학생의 이해 수준을 넘어설 수도 있기 때문이다.

만약에 이런 상황이 되면, 교사는 학급 모둠에게 지금이 발표를 하는 적절한 시간인지 아닌지를 설명하고, 모둠별로 준비한 자료에 오류가 있는지 다시 한번 검토해보도록 안내하며, 시간이 더 필요한 모둠에게는 추가로 도움을 준다. 그리고 개념을 이해하기 시작한 학생에게는 학급 전체에 발표할 내용을 더욱 명료하게 준비할 수 있게 격려한다. 이해의 깊이를 쌓고 의사소통 기술을 구축하는 한 가지 방법이 있는데 학생이 여러 가지 방법으로 발표를 준비하는 것이다. 예를 들어 시각적, 청각적으로 발표를 준비하거나 단계적으로 시범을 보이는 식으로 준비하는 등 다양한 감각입력 방식을 포함하여 발표를 준비할 수 있다. 그 결과 학생의 학습 강점, 즉 탐험가형과 지도판독가형과도 연결이 된다.

나눗셈 이해하기

학생과 서로 인사하고 학습목표와 관련 있는 선수지식을 평가하고 나서, 동기유발 단계에서 교구를 이용하는 다음 활동을 보여준다. 이 활동의 목표는 학생이 나눗셈 개념을 더 많은 양을 정해진 분량으로 나누는 수단이라 이해하고, 나눗셈 과정을 전체의 수와 분배할 묶음의 수를 알 때 한 묶음의 개수가 얼마인지를 아는 과정(등분제), 또는 전체의 수와 한 묶음의 개수를 알 때 분배할 묶음의 수가 몇인지를 아는 과정(포함제)을 예측하는 도구로 인식하는 것이다.

이 활동에서는 나눗셈 과정을 구체적으로 확인하기 위해 교구를 사용한다. 학생의 선수 지식을 확인하기 위해 교구를 이용해 몇 가지 예시를 설명하고 더 작은 묶음의 수를 세어보게 하며, 이후 다른 문제에 대한 답을 예측하여 종이 위에 또는 개인용 화이트보드에 적어보게 한다. 선수 지식 점검으로부터 학생의 모습을 확인하면서 다음 활동에 참여할 모둠을 유연하게 계획할 수 있게 될 것이다.

1모둠 — 낮은 복잡성

1모둠의 학생은 교사가 활동하는 과정을 직접 보여준 뒤에도 거의 모든 예측이 틀리거나, 초기 질문에 정확히 답해주었어도 계속해서 예측이 정확하지 않을 수 있다. 따라서 나누어주는 게임을 하면서 또는 나눠 갖기 활동을 하면서 나눈다는 것이 무엇인지 이해하도록 도울 수 있다. 먼저 작은 큐브와 같은 10개의 교구를 모둠에 나눠주고, "모둠원이 이 큐브를 어떻게 나눠 가질 수 있을까요?"라고 질문한다. 학생은 자신의 학습 강점, 즉 지도판독가형인지 탐험가형인지에 따라 반응할 수 있고, 개인적으로 또는 짝을 지어서 참여할 수 있다. 지도판독가형 학생은 먼저 생각하고 나서 자신의 생각을 토의한 다음에 큐브를 분배하는 활동을 하고 싶어할 것이다. 탐험가형 학생은 자신의 생각을 서로 공유하기 전에 직접 조작하는 것을 좋아하기 때문에, 먼저 큐브를 직접 분배하는 활동을 하고나서 자신의 생각을 토의할 것이다. 모둠원이 자신의 의견을 이야기할 때는, 왜 이렇게 나눠주었는지를 설명하도록 안내한다.

다음으로 15개의 큐브를 이용하여 "큐브를 균등하게 나눠 가지려 합니다. 모둠에서 한 학생이 몇 개의 큐브를 가질 수 있을까요?"라고 질문을 던져 학생들이 예측하도록 한다. 학생은 자신의 예측이 옳은지 큐브를 직접 나눠보면서 확인한다. 여러 개의 큐브를 사용하여 큐브 나눠 갖기를 여러 번 시도해보고, 모둠원의 수도 다르게 바꾸어 활동해본다. 학생은 자신이 얻은 값을 기록하고, 결과를 토론하며, 자신의 설명을 요약하거나 도표에 그려볼 수 있다.

2모둠 – 중간 복잡성

2모둠의 학생은 교사가 약간만 피드백을 제공하여 수정을 도와주면 올바르게 예측할 수 있다. 따라서 교사가 전체 학급 학생에게 교구를 이용한 나눗셈 방법을 시범 보여주는 동안 자신의 추론을 설명할 수 있고, 자기 스스로가 교구를 이용해 활동을 시작할 수 있으며, 더 큰 도전으로 나아갈 준비를 바로 할 것이다.

예를 들어, 5명의 학생으로 구성된 모둠에 진짜 동전이나 또는 플라스틱 동전을 준비하고 "100개의 동전을 균등하게 분배할 경우, 5명의 모둠원 각각이 얼마나 많은 10센트 연필을 구입할 수 있을까요?"라고 질문한다. 이후 10센트, 20센트 하는 물건을 각 모둠원이 얼마나 구입할 수 있는지 결정하는 문제를 계속해서 제공한다. 학생은 자신이 선호하는 방법(예를 들어, 말로 설명하기, 그래픽 오거나이저 그리기)을 사용하여 10센트 또는 20센트짜리 물품을 성공적으로 분배한 결과를 소개한 후에, 모든 모둠원이 정확히 같은 수의 물품을 얻어야 한다는 규칙에 따라 15센트짜리 물품을 구입하는 도전을 시도할 수 있다.

"모둠 내 모든 학생은 자신의 모둠이 무엇을 하고 있는지, 왜 그것을 하고 있는지, 활동이 성공적인지 등을 설명할 수 있어야 한다."와 같은 모둠 활동 규칙을 공유하는 준비가 이루어져야 한다.

3모둠 – 높은 복잡성

3모둠의 학생은 이미 나머지가 있는 나눗셈을 어떻게 계산하는지 알 수도 있다. 이때, 2모둠 학생 중에서 더 높은 수준의 성취가능한 도전이 필요한 학생을 확인하고 이들을 모아 하나의 모둠을 형성할 수도 있다. 또는 수업 초반부터 3모둠에 학생을 효과적으로 배치하기 위해 관련 배경지식을 확인하는 사전평가를 할 수도 있다.

3모둠의 학생은 진짜 동전이나 플라스틱 동전을 사용하여 10센트, 20센트 하는 구매 품목(예를 들어, 작은 블록을 10센트로, 큰 블록을 20센트로 책정)에 대한 질문에 답할 수 있다. 그런 다음 여러 개의 작은 블록의 가격을 계산하고, 그 다음으로 큰 블록의 가격을, 그 다음에는 혼합 블록의 가격을 계산한다. 결국 동전을 균등하게 분배하게 되고, 블록의 개수가 동전을 묶은 개수라는 걸 알게 된다.

곧, 교사는 몇몇 모둠원이 적절한 수학 기호를 사용하여 계산을 기록하기 시작한다는 것을 발견할 수 있다. 또 30센트를 나타낼 때, 작은 블록 한 개와 큰 블록 한 개를 사용하므로 남은 동전이 없음을 표현하기 위해 나머지라는 용어를 사용할 수 있고, 블록을 이용하면 모든 모둠원이 똑같은 값을 얻어야 한다고 조언할 수도 있다.

이번에는 더 많은 옵션을 제공하는 것이 가능하다. 10센트와 20센트 블록만으로 공평하게 나눌 수 없는 물건을 제공하고 블록과 동전을 모두 이용해서 몫을 구해보도록 한다. 학생은 자신의 단어를 사용하여 나머지의 개념을 논의할 수 있다. 그리고 나눗셈의 나머지를 주인공처럼 설정하여 이야기나 연극 대본을 작성할 수도 있는데, 이런 이야기는 나눗셈의 나머지에 대한 이후 수업 내용으로 또는 나눗셈 문제를 분수로 답해야 하는 수업 내용으로 활용 가능하다. 학생이 즉흥적으로 만든 상황극을 내년 수업에 사용하기 위해 비디오로 녹화할 수 있다.

또 다른 선택으로, 신문 광고나 슈퍼마켓 전단지의 물건 값을 비교하는 것이다. 예를 들어, 어떤 물건을 구입하려는데, 한 광고지에는 하나에 0.5

달러이며 다른 광고지에는 3개에 1달러였을 때, 어느 물건을 살 것인지 결정해보는 것이다. 학생은 자신이 좋아하는 물건이 포함된 광고지를 자르고, 그 품목 각각의 가격이 얼마인지 계산하고, 반 학생 각각이 하나씩 구입하려면 돈이 얼마나 필요한지 방법을 탐색해본다. 그러고 나서 광고지를 붙이고 교사가 제시한 문제해결 아이디어를 기록하면서 포스터를 만들 수 있다. 학생이 완성한 포스터는 이런 종류의 계산을 배워야 하는 학생을 위한 수업 자료로도 사용될 수 있다. 이 경험은 학생의 성취가능한 도전 수준에서 이루어지고, 창의적인 활동이며, 학생의 다양한 학습 강점을 살릴 수 있고 또한 미래 수업을 위해서도 유용한 가치가 있으므로 학생에게 상당한 동기부여가 될 수 있다.

전체교실 활동

지금까지 성취가능한 도전 수준의 활동을 통해 학생은 나머지에 대한 자신만의 아이디어를 개발하고, 공정함이 중요하다는 사회적 교훈을 경험하며, 선택하는 방법은 달랐지만 그 결과는 모두 옳다는 것을 확인하는 기회도 갖게 된다.

한 모둠을 3명으로 구성하고, 7개의 큰 블록을 각 모둠원이 똑같이 나눠 가지려면 어떻게 해야 하는지 질문해보자. 한 명이 2개씩 나눠 갖고 남은 하나의 블록을 조각조각 자르는 시늉을 하는 재미있고 창의적인 해결책도 있다. 모둠원이 나머지를 가진 나눗셈을 배경지식으로 갖고 이 활동을 한다고 해도, 스스로 기록하고, 그려보고, 공연한 개념이야말로 다음 수업에서 분수라는 단어를 사용하지 않고도 분수를 배울 수 있다는 광고로서 학생에게 동기를 부여하게 된다.

학생이 사용하는 단어와 표현은 기억을 연결하고 모둠원과 함께 블록 문제를 탐구하는 동안 도파민이 강화되면서 긍정적인 느낌을 갖게 되고 재미를 느낀다. 그 결과, 이후 분수 단원에서 새로운 학습을 연결할 수 있는 견고한 신경망이 준비될 것이며 학생은 보다 낙관적이고 탄력적인 방법으로 분수를 이해하게 될 것이다.

나는 학생이 블록과 관련한 문제를 추가로 탐구하는 동안 모둠별로 단어 목록을 작성하거나 노트를 만들어 이후 학습에 이 블록 활동을 다시 연결시킬 수 있도록 했다. 학생도 블록을 톱으로 자르기, 블록을 버리기, 다른 모둠으로부터 추가 블록 사기, 다른 모둠과 나눠 갖기 등의 창의적인 다양한 아이디어를 끌어내면서 빌려주기, 빌리기, 나누기, 깨기, 자르기, 똑같은 부분, 조각, 전체, $\frac{1}{2}$, $\frac{1}{4}$과 같은 단어를 노트에 신나게 기록했다. 나는 이후에 이 단어를 수업 차트에 통합하고, 분수 단원을 새롭게 시작할 때 이 차트와 학생의 노트를 소개했다. 분수 단원을 지도할 때, 학생이 처음에 만들었던 차트와 노트를 각 모둠에게 돌려주었다. 1모둠과 2모둠에게는 초기에 기록한 단어 아래에 좀 더 공식적인 수학 용어를 기록하도록 했으며, 3모둠에게는 학생 스스로 적절하다고 믿는 용어나 기호를 쓰도록 했다.

하루가 끝날 즈음, 교사인 당신이 하루를 성공적으로 보냈음을 두뇌가 인정할 수 있는 기회를 만들어야 한다.

- 오늘 하루도 학생의 수학에 대한 부정적 태도가 줄었나요?
- 학생 개개인의 성취가능한 도전 수준에 맞추어 한 명의 학생이라도 참여시켰나요?
- 학생이 수학에 대해 가치로워하거나 즐거워할만한 무언가를 보여주었나요?
- 수학을 싫어하는 학생이 수업에 참여하는 것을 편안하게 느꼈나요? 그리고 실수를 했지만 편안함을 느꼈나요?

이와 같이 노력했다면, 학생은 좀 더 긍정적인 수학적 태도와 그 이상으로 변했을 것이다. 만약에 학생이 자신의 성취가능한 도전 범위에서 성장의 낙관성을 경험했다면, 그러한 긍정적인 경험이 학생의 신경 네트워크 중 하나를 강화시키게 된다. 그러면 그 날은 성공한 것이다. 왜냐하면 학생의 신경회로가 더욱 강해지고 기본 회로가 되고 있기 때문이다. 즉 학생이 회복탄력성을 가지고 새로운 도전에 접근할 때, 학생의 두뇌는 회복될 것이기 때문이다.

아주 잘 했다!

CHAPTER

04

실수할 수 있어. 불안해하지마

전 수학 선생님과 정말 관계가 안좋았어요.
제가 질문을 하면 수학 선생님은 대답을 해주시기보다
“선생님의 말을 잘 들었어야지.”라고 말하시는 거에요.
당연히 저는 선생님의 설명을 잘 들었지요.
단… 그 설명이 썩 좋지는 않았어요.

야스민, 7학년

LEARNING TO LOVE MATH

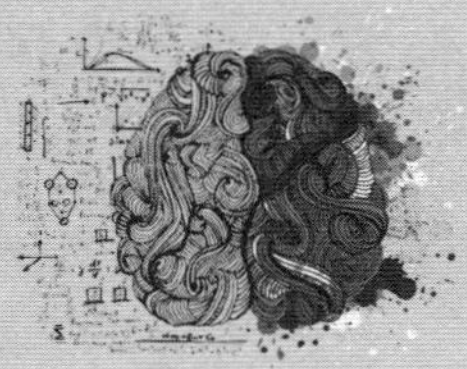

학생이 부주의해서 범한 실수나 정확하게 계산하지 않아서 저지른 실수를 제외하고, 수학에서 범하는 오류에는 공통점이 있다. 기계적으로 암기한 알고리즘이나 과정을 잘못 적용한 것이 가장 흔하다. 이 오류는 학생이 개념을 이해하면서 함께 수반되는 수학적 추론을 개발하지 않았기 때문에 발생한 것이다. 따라서 기계적 암기로만 배운 지식과 과정은 새로운 상황에 성공적으로 적용될 수 없다.

학생은 수학뿐만 아니라 다른 교과에서도 오개념을 갖고 있다. 오개념은 반복적으로 활성화되는 신경망에 강하게 자리잡고 있어 학생의 학습과정을 방해한다. 따라서 학생은 자신의 오개념을 제거하기 위해 이를 직접 하는 경험을 해야한다.

수학적 오개념을 제거하는 것은 어렵다. 그렇다고 내용을 단순히 반복하거나 추가 시간을 들여 연습을 하는 것으로 오개념이 제거되는 건 아니다. 더 효과적인 접근법은 자신과 동료가 공통으로 갖고 있는 오류나 오개념을 직접 확인하고, 이런 오류가 드러나는 잘 갖춰진 대표 문제를 검토할 수 있도록 돕는 것이다. 그 결과, 학생은 기본 지식을 탄탄하게 강화할 수 있게 된다.

많이 보이는 오류 찾기

두 자릿수 덧셈

덧셈을 할 때 54 + 37 = 811이라고 계산하는데, 이 오류는 5 + 3 = 8 그리고 4 + 7 = 11로 계산한 것이다.

두 자릿수 뺄셈

뺄셈을 할 때 많이 확인되는 오류는, 큰 숫자에서 작은 숫자를 빼는 것이다. 예를 들어, 42 − 29 = 27이라고 계산한 경우, 4 − 2 = 2 그리고 9 − 2 = 7로 계산을 하였기 때문이다. 이후에, 이러한 뺄셈의 오류는 음의 정수에서 반복되면서, 45 − 55 = 10이라고 답을 하게 된다.

동류항[18] 계산

동류항의 덧셈과 뺄셈은 같은 종류의 물건, 같은 측정 단위 등을 묶어 보는 경험을 하면서 학습하는데, 동류항 개념을 완전히 이해하지 못하면, 대수식을 간단히 하는 학습에서 계속 혼란스러워 하게 된다. 예를 들어 2a + 2 = 4a와 같은 오류를 보인다.

소수의 덧셈과 뺄셈

소수점에 맞추어 소수를 정렬하는 대신, 자연수의 계산 법칙에 따라 오른

18) 동류항(同類項, like terms, similar terms)이란 동일한 변수와 지수를 가진 두 개 혹은 그 이상의 항이다.

쪽 끝에 맞추어 수를 정렬하여 계산한다. 예를 들어, 학생은 123.4 − 4.593 을 계산할 때,

$$\begin{array}{l} 123.4 \\ -\ 4.593 \\ \hline \end{array}$$

대신에

$$\begin{array}{r} 123.4 \\ -\ 4.593 \\ \hline \end{array}$$

라고 쓴다.

소수의 자릿값을 표시하는 0

0이 갖는 자릿값place value[19]의 의미를 일찍부터 이해하고 있어야 소수의 자릿값 0과 자리를 표시하는 0을 혼돈하지 않게 된다. 소수는 0.1, 1.5 등과 같이 일의 자리보다 작은 자릿값을 가진 수이며, 소수점을 기준으로 오른쪽으로 한 자리씩 이동할 때마다 자릿값이 10분의 1(0.1)배씩 작아진다. 이때, 학생은 3.04 = 3.4, 3.40 〈 3.400과 같은 오류를 자주 보인다.

---

19) 343는 100의 자리가 3, 10의 자리가 4, 1의 자리가 3인 수이다.

자리	백의 자리	십의 자리	일의 자리
자릿값	100	10	1
보이는 수	3	4	3
중간 과정	100이 3개	10이 4개	1이 3개
실제값	300	40	3

3.04에서 0은 소수 첫째 자릿값이 0임을 나타내므로 삭제하여 3.4로 바꾸면 다른 수가 된다. 그러나 3.400에서 0은 소수 셋째자리를 표시하기 위해 추가한 0이므로 소수 3.4나 3.40과 같은 수이다. 또는 $1.2 \times 10 = 1.20$과 같이 소수에 10을 곱한 결과로 단지 0을 추가하는 잘못된 개념으로 이어진다. 정수를 정의할 때 양의 정수와 음의 정수에 0을 추가하라고 배우는데, 0을 추가하는 방법은 소수와 분수에 적용되지 않는다.

분수의 덧셈과 곱셈

가장 많이 확인할 수 있는 오류는 분수의 덧셈에서 분모를 통분하지 않고 분모끼리 그리고 분자끼리 더하여 계산하는 것으로, $\frac{2}{3} + \frac{4}{5}$에서 분자끼리 더하고($2 + 4 = 6$) 분모끼리 더하여($3 + 5 = 8$) 결과를 $\frac{2}{3} + \frac{4}{5} = \frac{6}{8}$이라고 계산한다.

학생이 분수의 곱셈을 개념적으로 이해하지 않고서 분자끼리 곱하고 분모끼리 곱한다고 배우면, 분수의 덧셈에서는 분자끼리 더하고 분모끼리 더하면 안된다고 배웠기 때문에 더욱 혼란스러워 한다. 분수의 덧셈과 곱셈 사이의 오개념을 제거하는 가장 좋은 방법은 처음 분수를 배울 때 수학 교구를 이용하는 것이다. 수학 교구를 이용하면 분수의 곱셈에서 분모와

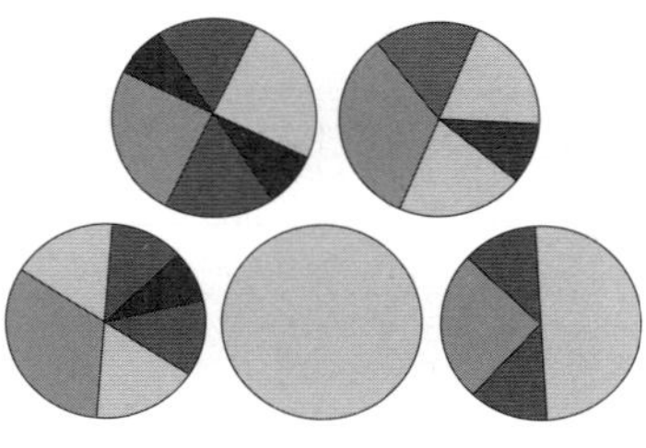

분자를 기본 부분으로 나누어 시각화할 수 있게 된다. 또한 덧셈과 곱셈의 교환법칙, 결합법칙, 분배법칙을 뺄셈과 나눗셈에 적용하는 오류를 보이기도 한다.

곱한 결과는 항상 더 커진다.

이 문장은 자연수에서는 참이지만, 분수와 음의 정수에서는 참이 아니다. 즉, 자연수에 대한 초기 경험 때문에 어떤 수에서도 곱한 결과가 항상 더 커진다고 강하게 믿는 것이다. 그렇다면 $\frac{1}{2}\times 8$을 $\frac{1}{2}$ *곱하기* 8 대신 *8의* $\frac{1}{2}$이라고 읽어본다. 그러면 학생은 "8의 절반, 즉 8보다 작은 결과 값이 답이 될 수 있구나, 분수와 정수를 곱하면 그 값이 작아지는구나."라고 이해할 수 있다.

비ratio와 비율rate[20]

비와 비율은 수 사이의 관계이지 수가 아니다. 하지만 2 : 2를 1이라고

---

20) 비(ratio)와 비율(rate)

비(比, ratio)	비율(比率, rate, non-dimensionless ratio)
- 두 수의 단순 비교 - 단위가 같은 두 양 비교(분자와 분모의 단위가 같음) 예) 철수는 사과 10개, 영희는 사과 5개일 때, 영희에 대한 철수의 사과 개수의 비는? 10 : 5, 2배가 됨 - 1보다 클 수도 작을 수도 있음	- 속도, 급여, 가격 등 처음 시간, 면적, 무게 등 어떤 기준 양을 놓고 그에 대한 상대 양의 비, 분자와 분모의 단위가 다름 - 전체 값에 대하여 특정 그룹이 차지하는 정도를 나타냄 예) 분당 100회, 초당 25회, 주당 3일, 3일에 한번 예) 철수는 사과 10개, 영희는 사과 5개가 있다. 철수의 전체 사과에 대한 비율은? $\frac{10}{15}$이 됨 - 비율은 분자가 분모에 포함되기 때문에 그 값이 1보다 클 수 없음

표기하면, 다른 단위의 두 값을 비교하는 비율 개념을 놓치게 된다. 또, 어떤 이유에서 정수나 대분수[21]가 비교 상황을 표시하는 데에 사용할 수 없는지 그리고 비율이 될 수 없는지를 이해하지 못하게 된다.

저학년 학생을 위한 환경 만들기

뇌에 대한 정보에 의하면, 저학년 학생에게 적합한 학습 환경이 고학년 학생과 다르다고 한다. 왜냐하면 저학년 학생은 실수하는 걸 편안해하고 선천적으로 호기심을 갖고 있기 때문이다.

연구에 따르면, 어린 아이는 실수하는 것에 대해 움츠리거나 두려워하기보다 편안해하며, 8세 미만 어린이의 경우 인지 조절을 담당하는 뇌는 긍정적인 피드백에 강하게 활성화되고 스트레스 반응 영역은 부정적인 피드백에 활성화되지 않는다(Crone, Donohue, Honomichl, Wendelken, & Bunge, 2006; Van Duijvenvoorde, Zanolie, Rombouts, Raijmakers, & Crone, 2008)고 한다. 저학년 학생은 도전을 하면서 지식을 쌓게 되므로 저학년 학생을 가르치는 선생님이라면, 충분한 도전 없이 수학적 두뇌가 자라지 않는다는 것을 깊이 염두해야 한다. 그러므로 학생이 자신의 실수를 편안하게 느껴 앞으로 몇 년 동안 스스로 도전할 수 있도록 도와야 한다.

---

21) 대분수란 $2\frac{1}{3}$의 경우처럼 정수 2와 진분수 $\frac{1}{3}$을 합한 형태이다.

뇌 속으로 _ 시행착오

우리는 이전 경험으로부터 기억 속에 저장된 정보를 뇌가 해석하는 것에 따라 행동하고 말을 한다. 기억이 안내하는 대로 무의식적으로 예측하면서 결정을 한다. 이때, 예측하면서 느낀 즐거움이나 불쾌감도 함께 기억한다. 이전의 경험이 쌓이면서, 뇌에 저장된 자료는 네트워크를 형성한다. 그 결과, 우리는 새로운 입력에 더욱 정확하게 반응하게 된다.

뇌는 호기심, 시행착오, 올바른 반응에 따른 즐거움, 잘못된 반응에 따른 부정적 감정 등을 통해 환경을 더 잘 해석할 수 있게 된다. 즉, 어떤 행동이나 질문이 옳은지 더 정확하게 예측하고, 즐거울지 그렇지 않을지를 더욱 정확하게 예상한다. 그리고 이러한 예측은 행동, 말이나 질문에 대한 반응을 조절하도록 뇌의 각 부분에 신호를 보낸다. 아이가 자라면서 더 많은 경험을 하고 더 많이 생각할 수 있게 되면서, 전전두엽 피질prefrontal cortex, PFC은 하뇌의 감정적 반응을 조절할 수 있게 된다. 뇌는 시행착오, 실수, 옳은 선택을 하면서, 보상행동을 유지하고 반복하기 위해 신경회로를 만들기 시작한다. 즉, 학생 또는 누구든 어떤 질문에 틀린 예측(답변)을 한 후 그 질문을 다음에 다시 받게 되면, 신경회로의 잘못된 정보가 바뀌었기 때문에 더욱 정확히 예측하게 된다.

인간은 선천적인 호기심을 갖고 태어나며, 어린 아이는 상당한 호기심을 갖고 있다. 어린 두뇌는 유아기부터 살아남기 위해 스스로 주변 세계를 이해해야 하므로, 타고난 호기심으로 주변 세계를 탐색하고 그 후 익숙해지면서 무의식적으로 행동한다. 그 결과, 점차적으로 규칙이나 스키마schema와 같은 범주의 신경망이 성장하며, 탐색과 경험이 계속되면서 신경망은 더 자세한 것을 수용하기 위해 확장된다. 학생이 감각적으로 경험한 것과 예측한 것을 보다 정확하게 연결할 때, 신경망은 기존 정보에 근거한 부정확한 예측, 즉 실수에 반응하면서 수정된다. 이 과정은 무의식적으로도 계속 진행된다.

저학년 학생의 뇌는 오류에 민감하게 반응하기보다 호기심에 더 많이 반응하여 활성화된다. 그러므로 학생이 자발적으로 대답하기를 원하지 않을지라도 "누가 한번 발표해볼래요?"라고 질문하면서 적극적으로 참여하도록 도울 수 있다. 단, 어린 학생의 뇌는 주의력을 잘 조절하지 못하기 때문에, "누가 발표해볼래요?"라고 하면서 지속적으로 적극 참여하도록 자주 안내해야 한다. 그리고 수업 중에 "○○(이)가 참 잘 설명해 주었어요."와 같이 학생의 이름을 직접 부르면서 대답하도록 안내하는 방식으로 수업에 참여시킬 수 있다.

뇌 속으로 _ 연령에 따른 변화

아이가 8세나 9세가 될 때까지 중격측좌핵nucleus accumben, NAc의 도파민-조절 보상센터는 긍정적 피드백(전전두엽 피질PFC을 활성화하면서)에 강하게 반응하고 부정적 피드백에 최소로 반응한다. 아이가 자라서 고학년이 되어도, 긍정적 피드백에 반응하여 도파민이 분비되면(특히 옳은 답/예측에 대한 반응으로) 전전두엽 피질은 여전히 활성화된다. 그러나 연령에 따른 가장 큰 변화는 중격측좌핵이 부정적 피드백에 더 많이 반응하고 그에 따라 도파민이 감소하며, 즐거움도 감소하고 편도체 필터를 통과하여 전전두엽 피질로 이동하는 입력 정보도 감소한다는 것이다. 중격측좌핵은 10대 동안 감정에 반응하는 데 집중하게 되고, 성인이 되면서 급작스럽고 변덕스런 감정 변화는 줄어드는 패턴이 된다(Crone et al., 2006).

어린 아이의 뇌는 세상을 계속 탐구하고 이해하기 위한 동기가 필요하기 때문에 신경학적으로 긍정적 피드백에 강하게 반응한다. 그러다 초등학교 고학년이 되면 상황이 변하기 시작하는데, 대략 6학년부터 고등학생까지 실수를 인식하면서 중격측좌핵이 부정적으로 반응하여 도파민 분비가 감소하는 쪽으로 전전두엽 피질이 더 활성화된다. 그 결과 긍정적 피드백보다 부정적 피드백에 더 많은 영향을 받는다. 실수는 높은 스트레스 경험이다. 실수하는 위험, 특히 반 친구들 앞에서 실수한 학생은 배울 기회를 스스로 제한하게 된다.

실수에 대한 부정적 태도 줄이기

다음은 (시험에서 보이는 오류를 줄이기 위해서가 아니라) 반 친구들 앞에서 보이는 실수에 대한 부정적 태도를 줄이기 위해 적용 가능한 전략들이다. 우선 적극적인 수업 참여를 부추기고 주의력을 높이기 위한 몇 가지 일반적인 전략을 먼저 소개하고, 실수에 대한 교사의 반응을 개선하기 위한 전략, 참여를 높이는 전략, 실수를 이용해 스트레스를 낮추는 전략을 이어서 소개한다.

❖ 전략: 대기 시간 가지기

학생이 수업에 참여하도록 계획을 세울 때, 특히 수업 참여가 적은 학생을 고려하려면, 질문을 한 후에 대기 시간wait time을 반드시 가져야 한다. 이때, 대답을 외치고 싶은 학생도 함께 기다려야 한다. 대기 시간 갖기 전략을 실행하기 위해 다음과 같이 해보자. 학생에게 "생각만 해보세요."로 말하고는, "특정 숫자(5의 배수예요, 오늘 날짜보다 큰 숫자예요 등)를 말할 때까지 여러분은 답을 외치거나 답을 말하겠다고 손을 들 수 없어요."라고 언급한다. 학생이 규칙을 따르지 않고 답을 외치거나 손을 들어 답하려 한다면, 무시해야 한다. 그러면 학생은 자신이 규칙을 위반했으며, 모든 규칙을 주의 깊게 듣고 잘 따르지 않으면 인정받지 못한다는 것을 깨닫게 되고, 대답하기 전에 교사가 전달하는 단서를 기다려야 한다는 것도 이해하게 된다.

❖ 전략: 여러 학생에게 기회주기

여러 명의 학생이 동일한 질문에 대답할 수 있는 기회를 가질 때, 관심을 더 많이 갖게 된다고 한다. 이때, 교사는 학생의 답이 맞았는지 틀렸는지 말하지 않아야 한다. 생각하는 학생만이 배운다는 것을 알고 있을 것이다. 학생이 같은 반 친구의 답에 교사가 옳다고 판단하는 것을 듣게 되면 더 이상 스스로 정보를 평가하려고 노력하지 않는다. 그러나 학생 모두가 질문에 답하기 위해 노력해야 하는 책임이 있음을 아는 분위기라면 다르다. 왜냐하면 교사가 정답을 인정하기 전에 여러 학생이 답을 말해보도록 질문을 할 것이기 때문이다. 따라서 문제에 대한 답을 누구도 말하지 않기 때문에, 학생은 그 문제를 계속해서 풀어나가게 된다.

자신의 답을 말해볼 지원자를 몇 명 선택한 후, 전체 학급에 투표를 요청한다. 지원하지 않은 학생도 자신의 답에 책임이 있음을 안다면, 적극적으로 답을 예측했기 때문에 문제해결을 위해 계속해서 고민할 것이며, 자신의 답이 옳은지 틀린지를 알고 싶어 할 것이다. 이런 과정은 미래에 해법을 올바르게 찾는데 동기부여가 된다.

이때, 교사가 "어림하면 얼마나 될까요?"라고 질문하면 학생이 초기 제안보다 좀 더 높거나 좀 더 낮은 어림값을 선택할 수 있다. 동시에 같은 반 친구가 답한 것을 단순히 반복하기보다 친구가 대답하는 동안에도 계속해서 문제의 답을 어림하게 된다.

❖ 전략: 즉시 끼어들기

학생이 틀린 반응을 할 때, 그 스트레스를 즉시 줄여주는 것이 중요하다. 특히 수업에 잘 참여하지 않는 학생과 달래서라도 대답하도록 부추겨야 하는 학생인 경우, 스트레스 관리가 더욱 중요하다. 이때, 교사가 신속하게 개입하면 학생의 스트레스를 줄일 수 있다. 학생이 친구들 앞에서 질문에 답을 한다는 것은 스스로를 희생한 것이므로, 교사는 자원해서 답을 하는 학생의 어떠한 반응에 대해서라도 고마워해야 한다. 예를 들어 "정말 어려운 질문이었는데, 아주 잘 대답해주었어요."라고 말한다. 학생의 답이 틀렸을 경우라도 그 안에 옳은 제안이 있는지 확인하고, 그 반응에 맞도록 다시 질문을 해볼 수 있다.

또는 "아주 비슷하게 답했어요. 다른 학생의 생각도 들어보고 이 답을 어떻게 수정할 수 있는지 고민해봅시다."라고 말하면서, 답한 학생에게 다시 기회를 줄 수 있다. 이 학생이 답하기에 좀 더 쉬운 질문을 바로 제공해 보거나 또는 다른 학생의 제안을 듣고 고민할 시간을 충분히 가졌다고 느낀다면 초기 문제를 다시 질문해 본다.

교사는 학생이 계산 때문에 답을 틀렸는지(예를 들어, 덧셈이 부정확했다.), 계산 절차에서 실수를 했는지(예를 들어, 뺄셈 문제에서 더하기를 했다.) 알 수 있을 것이다. 만약 계산에 오류가 있다면, 학생이 이미 알고 있어야 하는 기본 계산 지식에 근거해서 덧셈과 뺄셈을 옳게 계산할 수 있는지 확인할 수 있다. 만약 절차에서 오류가 확인된다면, 어떤 절차를 사용해야 하는지 몰랐기 때문에 발생한 오류인지를 확인해야 한다. 학생마다 오류가 다르고 오류를 갖게 된 이유가 다를 수 있는데, 교사는 학생을 위해 실수의 원인을 즉시 탐색해보는 것이 중요하다.

교사는 긍정적인 표정을 지으면서 "○○(이)가 답해줘서 정말 기뻐요. 그런데 선생님이 차different라는 단어가 빼라는 의미임을 충분히 설명하지 못했다는 생각이 들어요. 선생님이 질문한 문제는요, 15와 5의 차는 무엇인지What is the difference between 15 and 5? 였는데요. ○○(이)가 20이라고 답했지요. 15와 5를 더했네요. 15나 5가 아닌 다른different 수를 구한거죠. 뺄셈에 대한 단어 목록을 수정합시다."라고 말할 수 있다. 이후에 개인적으로 유사한 연습 문제를 해결하도록 한다.

만약 학생이 답을 틀린 이유가 기계적으로 암기하여 수준 이하로 숙달하였기 때문임을 확인했다면, 가르칠 목적으로 오류를 이용하는 것은 의미가 없다. 실수하면서 받는 스트레스를 줄여주기 위해, 우선 학생에게 정답을 제공하고 학생의 반응이 옳은 답이 되는 다른 질문을 즉시 제공하는 것을 권한다. 예를 들어 "○○(이)는 5 곱하기 7이 30이라고 답했네요. 그런데 5 곱하기 7은 35이죠. 그러나 5에 7과 가까운 어떤 수를 곱하면 30이 되는데요. 어떤 수인지 친구들에게 말해줄래요?"

만약 학생이 수업 시간에 이미 배운 개념적 또는 절차적인 주제에 대해 오류를 갖고 있다면, "선생님은 그 대답이 마음에 들어요. 왜냐하면 이후 수업에 질문하려고 계획한 거였거든요."라고 말할 수 있다. 학생의 반응을 교사 자신의 말로 적어놓고, 다음 시간에 적용할 수 있도록 「도약점 taking-off point」이라고 추가로 기록해놓는다. 예를 들면, "○○(이)는 $\frac{1}{5}$이 $\frac{1}{3}$보다 더 크다고 답했는데요, 분수의 나눗셈에 대한 주제로 딱 좋네요. 선생님이 분수의 나눗셈이라고 노트에 적어놓을게요. 그리고 다음 시간에 배울 분수의 나눗셈 단원에서 ○○(이)의 훌륭한 예를 사용해봅시다."

이후 며칠 동안, 이 학생에게 추가적으로 도움을 주고 분모에 대한 연습을 제공하여 학급 수준으로 끌어올릴 수 있다. 분수의 나눗셈을 지도할 때, 노트에 표시해놓은 「도약점」의 활용을 기억하여 "나누면 초깃값보다 더 큰 값을 얻게 될까?"라고 질문을 한다. 이 질문을 받은 학생은 수업에 호기심이 생기면서 약간의 인지부조화[22]를 경험한다. 토론이 끝난 후, 이 학생이 실수했을 때 적어 놓았던 분수($\frac{1}{5}$, $\frac{1}{3}$)를 이용해 수업을 진행한다.

칠판에 $\frac{1}{5} \div \frac{1}{3}$이라 적고 "$\frac{1}{5}$을 $\frac{1}{3}$로 나누면 어떻게 되죠?"라고 질문한다. $\frac{3}{5}$이라고 답을 적고, 분모에 동그라미를 표시한 뒤, 그 학생에게 다음과 같이 다시 질문한다. "이제 우리는 분수에서 분모가 큰 분수가 더 작다는 것을 알았어요. 선생님이 지난 시간에 했던 질문으로 돌아가 볼게요.

22) 인지부조화(Cognitive dissonance)란 개인의 신념, 지식, 태도 등이 서로 맞지 않는 상태를 의미한다. 자신의 마음속에 양립 불가능한 생각이 대립할 때, 자신의 믿음이나 신념, 태도에 맞추어 행동을 바꾸기보다 행동에 따라 믿음을 조절하여 합리화하게 된다.

이 질문에 대해 우리가 알게 된 것을 목록으로 만들어봅시다. 여기 게시판에 계속 추가하고 있었죠. 분수끼리 나누면, 그 몫이 나누기 전 수보다 큰 이유가 무엇일까요?"

❖ 전략: 참여를 높이기 위해 어림과 예측 사용하기

고학년 학생은 오류에 대해 부정적인 감정을 더 많이 가지고 있으므로, 수업에 참여하도록 유도하는 좋은 방법은 실수-확인 질문을 하는 것이다. 실수-확인 질문도 학생의 수준에 맞춘 기회이다. 왜냐하면 이 질문은 절차나 지식을 이미 알고 있는 학생이 자신의 개념적 이해 수준에서 반응할 수 있는 선택사항을 포함하고 있기 때문이다. 실제로 답을 계산하는 것이 아니라 어떻게 문제를 풀 것인지에 대해 묻거나, 어림하기Estimation나 예측하기Prediction를 묻는 열린 질문을 할 수 있다. 학생을 2인 1조로 짝을 짓거나 모둠활동을 하면 실수에 대한 부정성을 감소시킬 수 있다.

학생이 자신의 강점을 갖고 수업에 참여하도록 안내하는 가장 좋은 방법은 「… 을 어떻게 하면 알 수 있을까요?」라는 형식으로 변형하여 토론을 시작하는 것이다. 이 질문은 또한 학생이 여러 가지 접근법을 듣고 자신이 가장 이해할 수 있는 접근법을 선택할 수 있게 해준다. 예를 들어, "여기 모인 모든 사람에게 이 가방 안에 들어있는 건포도를 똑같은 개수만큼 나눠주고 싶다면, 무엇을 해야 할까요?" 건포도가 너무 많이 들어있어서 직접 셀 수 없는 큰 가방을 들어 올리면, 학생은 특정한 답을 구하는 게 아님을 알게 된다.

이때, 개념과 과정에 초점을 맞추어 학생에게 질문을 한다. 문제해결에 대한 접근법이나 상황을 판단하는 방법을 찾고 있기 때문에, 학생도 특정한 수가 주어지지 않는다는 것을 알고 있다. 수학 토론에서 “왜 자신의 제안이 효과적이라고 생각하나요?”라는 질문을 학생에게 던져본다. 그리고 학생이 제시한 제안 중에 세 가지 정도를 칠판에 적고, 어떤 것이 효과적일 수 있는지 판단하게 한다. 학생은 각각의 제안이 적힌 교실 모퉁이 쪽으로 이동할 수 있으며, 어떤 제안에도 찬성하지 않는 학생들은 네 번째 모퉁이로 이동할 수 있다. 각 모퉁이에 모인 학생은 서로 협력하여 증거와 예를 만들거나 다른 유사한 절차와 연관시킬 수 있다.

어림하기

학생은 자신의 답을 어림하거나 확인하는 기회를 거의 가진 적이 없다. 그래서 어림하라고 하면 먼저 문제를 풀고 어림값으로 가장 비슷한 값을 쓸 것이다. 어림하기Estimation에 대한 나는–지금here–me–now을 경험해본 적이 없기 때문에 이와 같은 반응을 보이는 것이다.

학생이 수학의 여러 측면에서 값을 찾으면서 어림하도록 격려할 수 있는데, 숙제나 퀴즈 등에 어림하기 부분을 표시해놓고, 타당한 이유를 들어 어림하면 부분 점수를 제공한다. 만약 정답을 이미 알고 있다면, 답의 범위와 자신이 어림한 범위에 대한 논리적 이유를 적도록 안내하는 것도 좋다. 특히 혼자 숙제를 하기 전에 반 친구들과 자신의 어림값을 공유하면서 자신의 어림값을 검토할 수도 있다. 그러고 나서 자신이 목표를 달성했는지 또는 문제를 다시 생각해봐야 하는지 알아보기 위해 교사로부터 정확한 어림값을 받아 자신이 작성한 어림값과 비교한다.

예측하기

예측하기Prediction도 어림하기와 마찬가지로, 위험감수 행동[23]에 안전하다. 이때, 위험감수 행동은 도파민–쾌감 반응을 자극하고, 두려움을 느끼는 학생이나 완벽주의 학생이 틀렸다는 불안감(편도체 스트레스) 없이 모험을 시도할 수 있도록 부추길 수 있다. 예측하기에서는 정확하게 값을 예측할 필요가 없으며 수학을 가장 잘하는 똑똑한 학생도 부정확하게 예측할 수 있음을 강조한다.

모든 사람이 옳게 예측(또는 어림)하는 건 아님을 확인하는 예로, 동전의 앞뒤 맞추기를 활용할 수 있다. 교사가 동전을 던지면 학생이 앞면인지 뒷면인지를 적는다고 설명하고, 동전을 던진 다음, 학생에게 “자신의 예측이 틀린 것 같다면 지금 예측하지 않아도 돼요.”라고 안내한다. 그러면 학생은 주위를 둘러보고 똑똑한 학생도 틀린 예측을 했다는 것을 확인할 수 있다.

동전의 앞뒤 맞추기와 같은 예측하기 경험은 수학 수업에 전혀 관심이 없는 학생도 “내가 지식이 없어서 잘못 예측한 게 아니구나.”라고 인식하도록 돕는다. 그 결과, “예측하기는 두뇌가 무언가를 시험해보고, 실제적 결과를 얻으며, 더 정확하게 미래를 예측하기 위해 정보를 사용할 수 있는 기회입니다.”라는 교사의 설명에 더 자신감을 갖게 될 것이다.

탐험가형 학생은 현실세계 상황에서 어림하기를 직접 경험해 보는 것을 즐거워하며, 지도판독가형 학생은 목표를 확인할 수 있는 기회와 자신

23) 위험감수 행동(risk taking behavior)이란 위험을 알고도 이를 시도함으로써 위험을 감행하는 행동이며, 위험을 인지하면 보통은 피하기 마련이지만 이를 알면서도 도전하는 행동이다.

이 성공할 수 있는 순차적 단계를 좋아한다. 따라서 학생이 자신의 강점을 갖고 수업에 참여할 수 있도록 가능한 한 언제든지 학생에게 선택권을 제공한다. 수업을 시작할 때에는 서면의 지시사항이나 설명을 제공할 수 있는데, 특히 지도판독가형 학생에게는 이런 안내가 반드시 제공되어야 한다. 그리고 수업이 끝날 때에는 학생이 자신의 경험을 설명하면서 그 과정을 기록으로 남길 수 있어야 하며, 탐험가형 학생인 경우 반드시 기록하도록 안내해야 한다. 모든 학생은 평가와 수업 공유를 위해 자신이 최종적으로 발견한 결과를 나타내는 방식을 선택할 수 있다.

정확하게 어림하는 것이 중요함을 입증하기 위해 신기하고 놀랍고 불일치한 사건을 사용할 수 있다. 다음이 그에 대한 예이다.

- 물잔에 물을 붓다가 넘쳐서 학생들이 크게 웃으면, “계획했던 게 아니었는데, 유리컵에 물이 얼마나 채워지는지 그리고 물 채우기를 언제 멈출지 어림하거나 예측하지 못했어요.”라며 무엇이 잘못된 건지 물어본다.
- 교실에 1분정도 늦게 도착한 뒤에 “새 주차장(또는 다른 장소)에서 교실까지 걸어오는 데 걸리는 시간을 예측하지 못했어요.”라고 말한다.
- 작은 가방에 조그맣고 쪼개지지 않는 사탕 10여 개를 넣어 수업 시간에 가져와 학생들에게 보여주고, 미소를 지으며, 학생 한 명에게 한 조각씩 나눠주겠다고 말한다. 학생은 교사가 사탕을 충분히 가져오지 않았다는 것을 알기에, 의아한 표정을 지을 것이다. 이때, “정확히 세어보지 않았는데, 몇 개인지 어떻게 알죠? 필요한 만큼 가져오기

위해 어떻게 했어야 했나요?"라고 말할 수 있다. 그러면서 학생 수만큼 사탕 수를 어림했어야 한다고 답하도록 안내한다. 당연히 또 다른 가방에 사탕을 넉넉하게 담아온다!

❖ 전략: 어림값 만들기

질량

다양한 크기의 물건을 담을 수 있는 같은 크기의 용기를 교실에 보관할 곳을 만든다. 값 구하기 활동을 확장하기 위해, 용기에 몇 개의 물건이 담겨 있는지 어림값을 적어보게 할 수 있다. 예를 들어, 작은 컵에 연필 몇 자루를 담고, 몇 개의 연필이 담겨 있는지 어림해보는 것이다. 필요하다면 며칠 동안 규칙적으로 어림값을 확인하고 수정하도록 안내하고, 몇 명의 학생에게 자신의 어림값을 읽어보게 한다. 물건의 개수가 밝혀지면, 자신의 어림값이 더 많았는지 또는 적었는지, 그 이유가 무엇인지에 대해 수학일지에 기록하도록 한다. 그 기간 동안 용기에 여기 종류의 물건을 채우고 이 활동을 다시 시도하면서 어림값을 만들고 변경해 본다.

무게

기본적인 계산 능력과 어림하기 기술을 신장하기 위해, 무게를 잴 물품과 저울이 필요하다. 준비할 물품은 같은 크기와 무게를 가진 수학 교구이거나 골프공과 같은 물건일 수 있다. 먼저 학생은 1파운드 짜리 물건을 들어서 무게를 느낀 다음, 직접 무게를 확인하기 위해 저울에 올려본다. 이후 표시된 물품 중에서 1파운드[24] 물건이 몇 개인지 어림한다. 학생은 1파운드 물품을 봉지에 넣고 한 손으로 그 무게를 들어보거나 무게의 느낌을 기억하는 것과 같은 방법으로 그 무게를 어림할 수 있다. 그러고 나서 봉지를 저울에 재어보고 1파운드 무게가 될 때까지 다른 물품들을 추가하거나 제거한다. 학생은 계속해서 기록하고 다른 물품으로도 이 어림하기 활동을 반복한다. 학생이 2, 3파운드를 어림하거나 테니스와 골프공과 같은 물건을 섞고 맞추면서 어림하기 활동을 확장할 수 있다.

비교

2kg와 4kg 정도가 되는 상자 2개나 통조림 2개를 준비한다. 학생에게 "2kg짜리를 들어보세요."하면 학생은 2kg 상자나 통조림을 들어보고 "4kg 짜리를 들어보세요."하면 4kg짜리를 들어본다. 학생에게 무게 부분을 가린 상자나 통조림 1개를 주고 2kg과 4kg 무게와 비교하게 한다. 그러면 학생은 새 물품의 무게가 2kg에 가까운지 4kg에 가까운지 어림할 수 있다. 학생이 더욱 성공적으로 어림하게 되면, 좀 더 특수한 무게를 예측하고 싶어 할 것이다. 예를 들어, "새로운 통조림의 무게가 왜 3kg이라고 생각하나요?"라 질문하고, 학생이 "이건 2kg 통조림보다 약간 더 무거워요." 또는 "이것은 4kg 통조림보다 훨씬 가볍지만 2kg 통조림만큼 가볍지는 않아요."와 같이 답하도록 격려한다.

이러한 어림하기 활동(혼자서도 쉽게 활동할 수 있다.)을 통해, 학생은 숫자와 실제 측정 사이의 관계를 경험하고 … *보다 많은*과 … *보다 적은*에 대

24) 1파운드는 453g이다.

한 개념을 발전시켜 수 감각을 개발할 수 있다.

이런 개념을 더 발전시키기 위해서 또는 값을 어림하는 도전 문제를 해결하기 위해, 교사는 학생에게 어떤 물품의 가격이 얼마일지 생각해보도록 질문할 수 있다. 이 활동의 목표는 학생이 그 물품의 가격을 아는 것이 아니라, "큰 물건이라고 반드시 무게 또는 가격이 더 드는 것이 아니다."라는 개념을 알도록 돕기 위해서이다. 만약 학생이 6000원짜리 시리얼의 가격이 4000원이라고 예측했을 때 교사가 더 비싸다고 하면, 학생은 5000원이라고 대답할 수 있다. 그리고 교사가 더 또는 덜이라고 지시하면 학생은 정확한 금액을 예측할 때까지 계속해서 대답을 한다. 이후에 값비싼 물품이 담긴 조그마한 통으로 이 활동을 이어갈 수 있다.

학생이 물품의 크기와 가격을 계속해서 기록하고, 자신이 선택한 물품으로도 활동을 반복하면서 가격이 물건의 크기와 가치 둘 다와 관련이 있음을 알게 되면, 발견한 개념을 수학일지에 기록할 수 있다. 학생은 정답을 얻는 것보다 더 중요한 경험을 해보았음을 그리고 미래에 만나게 되는 많은 문제해결에 도움이 되는 핵심을 발견했음을 알게 해야 한다.

크기

동일한 크기의 비닐 백을 학생에게 나눠주고, 집에서 셀 수 있는 콩, 구슬, 레몬과 같은 물품으로 채우도록 한다. 수업 시간에 각자 자신의 비닐 백 무게를 재고, 물품을 모두 뺀 빈 비닐 백의 무게도 잰다. 그러고 나서 각 학생은 1kg과 같은 일정한 무게가 되려면 비닐 백에 각각 몇 개가 들어가는지 세어보고 교실 차트에 자신이 세어본 개수를 기록한다. 그런 다음

차트에 추가된 숫자를 메모지로 가리고 1kg이 되려면 각 물품이 몇 개인지 예측해보는 게임을 한다. 이 게임은 이후에 학생이 개인적으로도 활동할 수 있으며, 크기와 무게가 항상 양과 직접적으로 관계되는 것이 아니라는 매우 중요한 개념을 알게 된다.

좀 더 높은 수준의 성취가능한 도전으로, 학생은 저울과 여러 가지 물건을 넣은 가방을 준비하고 짝을 짓거나 소모둠으로 활동할 수 있다. 선택사항으로, 정해진 무게와 같은 무게의 물건이 몇 개인지 그리고 정해진 무게와 거의 비슷한 무게의 가방을 만들기 위해 몇 개의 물건을 추가하거나 제거해야 하는지를 예측(어림)할 수 있다.

이 활동은 학생이 배수의 기본 개념을 이해하기 위해 더욱 확장될 수 있다. 또는 2kg, 3kg, 4kg, 5kg과 같은 새로운 무게를 확인하기 위해 새로운 예측을 경험할 수 있다. 자신이 소유한 개별 물품의 무게를 어림하면서 도전을 좀 더 확대한다. 학생은 공식적으로 분수를 배우기 전에 이 활동을 경험할 수 있으며, 예측한 것을 자신만의 단어로 의사소통할 수 있다.

❖ 전략: 친숙한 물건의 무게 어림하기

이 전략은 나는-지금here-me-now 활동으로 아주 좋은데, 학생의 가방을 이용하려 한다. 학생은 이미 자신의 가방과 같은 반 친구의 가방에 대해 무슨 색이고, 무게는 어떠하며 얼마만큼 큰지를 대충 안다. 또, 자기의 짐을 가방에 챙기거나 가방 주인에게 건네주기도 하고, 가방이 무거울 때나 가벼울 때나 항상 가지고 다닌다. 그리고 모든 교실에 가방은 반드시 있다. 따라서 가방의 무게를 어림하는 활동은 같은 반의 학생 모두에게 편안하면서도 재미가 있다.

지원자가 가벼워 보이는 가방, 무거워 보이는 가방, 중간 무게 정도로 보이는 가방을 몇 개 고른다. 저울로 가방의 무게를 측정하고 저울의 눈금을 읽은 다음, 세 가지 범주인 무거움, 중간, 가벼움 중 하나에 맞추어 가방의 무게를 칠판에 기록한다. 이제 세 범주의 가방을 이리저리 돌려 학생이 가방의 무게를 감각적으로 경험하게 한다.

지원자가 처음 세 가지 가방을 모두 들어본 후, 자신의 가방 무게가 무거움, 중간, 가벼움 중 무엇일지 예측해본다. 이 가방 무게를 저울에 측정하기 전에, 이리저리 돌려 다른 학생도 무게를 예측하고 개인적으로 기록하여 표를 채운다. 아니면 예측한 무게를 접착식 메모지에 적어 가방에 붙일 수도 있다. 그런 다음 1kg, 3kg, 5kg 가방이 어떤 느낌인지 직접 느껴보기 위해 처음에 선택했던 세 종류의 가방을 다시 들어볼 수 있다. 평소에 반복적으로 부정확하게 어림하는 학생에게 구체적인 무게를 직접 느껴보는 경험은 특히 중요하다.

학생의 참여를 높이고 실수에 대한 두려움을 줄이기 위해 그들이 선택한 어림값은 비공개로 유지한다. 본 활동의 목표는 학생이 자신의 성취가능한 도전 수준에 맞추어 예측 능력을 향상시키는 것이므로, 자신이 예측한 값을 꾸준히 기록하면서 반 친구보다 더 좋은 결과를 얻기 위해서가 아니라 예측 능력을 향상시키기 위해 노력하고 있다는 생각을 강화시키도록 돕는다.

학생은 가방의 무게를 예측하고 저울로 측정한 후에, 가방의 예측무게와 실제무게를 비교한 결과를 도표나 그래프로 정리한다. 학생의 성취가능한 도전 수준을 고려하여 몇 가지 선택사항이 적용될 수 있는데, *수준이 낮은* 학생에게는 형식이 갖추어진 비교 차트를 제공하고, *수준이* 높은 학생은 자신이 만들고 싶은 차트의 스타일을 선택할 수 있다. 차트에는 학생이 각 가방의 무게를 기록할 수 있는 여유 공간이 있어야 하며, 실제무게 값 옆에는 학생이 예측한 값이 적혀 있다. 예측무게와 실제무게 자료로 막대그래프를 그릴 때, 가방의 무게를 한 번 측정하는 게 아니라 더 많이 측정할수록 두 자료의 막대 높이가 더 가까워짐을 확인할 수 있다.

특히 수준이 높은 학생은 예측무게와 실제무게 사이의 차를 계산한 다음, 좌표평면 위의 x축에 가방 번호를 y축에 예측무게와 실제무게의 차를 표시하고, 계산한 값으로 직선의 그래프를 그릴 수 있다. 학생이 그린 그래프는 정확성의 추이를 확인하는데 도움이 된다.

학생이 다양한 그래프를 이용할 때, 어떤 추이가 확인되는지 그리고 다른 종류의 그래프로는 어떻게 표현되는지를 토론할 수 있다.

- 막대그래프의 막대는 어림값을 더 많이 구해볼수록 예측무게 막대와 실제무게 막대의 높이가 왜 더 가까워질까[25]?
- 어림값을 더 많이 구해볼수록 직선의 그래프에서 직선이 왜 아래로 내려갈까?

학생은 그래프에 새롭게 3가지 정보를 추가하면 어떻게 될지에 대해 예측

25) 가방의 무게를 처음 어림할 때에는 실제무게와 예측무게 사이에 차이가 많이 날 수 있으나, 여러 번 어림하다보면 무게를 감각적으로 느낄 수 있게 되어 실제무게와 비슷하게 어림하게 되고, 두 무게 사이의 차이도 점점 작아진다.

한 것을 토론할 수 있으며, 이 결과를 예측하기 위해 그래프의 추이를 어떻게 사용했는지를 설명할 수 있다.

숙제로, 자신이 들어 올릴 수 있고 체중계에 측정 가능한 가정용품을 5가지에서 10가지 정도 선택하여 가방 실험을 다시 시도하며, 예측무게와 실제무게를 그래프로 그리고, 예측 정확성에 대해 알게 된 바를 설명(주의: 이 숙제를 소개하기 전에 체중계가 있는지 확인해야 한다.)하는 기회를 제공한다.

친숙한 물건의 무게 어림하기 활동은 어림하기 능력에 대한 자신감을 신장시키고 긍정적이고 재미있는 경험을 할 수 있는 기회이다. 학생은 미래의 수학 수업과 활동에 더욱더 어림하기를 사용하고 싶어하며, 어림값이 답의 범위 내에서 옳다는 것을 알게 되면서 수업에 더욱 편안히 참여하게 되고, 어림하기를 안전한 참여 방법처럼 느끼기 시작한다. 그리고 누구나 실수를 한다(어림값은 항상 옳은 게 아니다.)는 것을 알게 되면서 수업 참여를 더욱 편안하게 느끼게 될 뿐 아니라, 연습을 많이 하면 할수록 어림을 더 잘한다는 것도 알게 된다. 또한 어림하기 활동에서 자신이 선택한 답이 정답일 필요는 없지만 조건에 맞는 타당한 답을 선택하는 "아하!"의 기회를 갖게 된다. 이렇게 어림하기에서 "아하!"의 순간을 경험하면서 수학 숙제와 시험 문제에 어림하기를 더욱 활용할 수 있게 된다.

❖ 전략: 둘레 어림하기

둘레 어림하기 활동을 하기 위해 교실 물건을 선택하고 무작위로 순서를 배치한다. 학생은 혼자서 또는 모둠 안에서 물건의 둘레를 예측하면서 둘레가 가장 작은 물건에서 가장 큰 물건으로 순서를 정하게 된다. 그런 다음 작은, 중간, 큰 물건을 선택하고, 줄이나 줄자를 사용해 둘레를 재어 본다. 이후 나머지 물건도 둘레를 어림하고, 줄자로 측정하면서, 어림값과 실제값을 계속해서 추적한다. 학생이 예측도-정확도 추이를 확인할 수 있도록 "어림값을 찾으면 순서대로 데이터를 기록하세요."라고 다시 한 번 알려준다.

이전 활동에서와 같이 학생은 자신이 선호하는 방법을 이용하여 어림값과 측정값을 비교하고 막대그래프나 선그래프를 그려 패턴을 찾는다. 수준이 높은 학생에게 좀 더 성취가능한 접근으로는, 준비한 물건의 절반만을 이용하여 데이터를 수집한 후에 그래프나 차트를 만들고 나머지 물건을 그래프에서 성공적으로 어림하는 방법을 제안해볼 수 있다. 그리고 다음을 스스로에게 질문하도록 안내한다.

- 내가 과대 어림했나 과소 어림했나?
- 다음 어림값을 더 정확하게 조정하려면 어떻게 해야 할까?
- 나머지 절반에 대한 그래프나 차트가 초기의 자료에 대한 그래프나 차트와 어떻게 다를까?
- 이런 방법으로 교실의 다른 물건을 어림할 수 있을까?

둘레 어림하기 활동은 정사각형, 직사각형 심지어 네 변 이상을 가진 대상의 둘레를 어림하고 측정하는 데 사용가능하다. 또, 새로운 도전으로 겉넓이를 어림하도록 안내할 수 있다. 그 결과, 위험 상황에서 더 많은 자신감을 보이면서 그리고 더 높은 편안함과 성취도로 도전적인 토론에 참여하면서 어림하기 활동을 성공할 수 있게 된다. 학생은 교사의 격려와 피드백으로 응원받는다고, 안전하다고, 함께하고 있다고 느낀다. 더불어 교사의 피드백이 비평이 아니라 성장을 위한 가치 있는 도구라는 것을 알고, 앞으로 더욱 잘 예측하기 위해 자신이 보였던 실수에 대한 정보를 사용하는 것이 도움이 된다는 것을 제대로 인식하게 된다.

이제 학생은 실수를 통해 수학과 삶에 대해 좀 더 자신감 있고 긍정적인 태도를 갖게 된다. 즉, 실수를 학습의 도구로 경험하게 된다. 그리고 예측을 수정하기 위해 오류를 분석하는 동안 위험감수(어림하기), 오류분석, 인내심을 경험하면서 더 많은 지식과 성공을 얻게 된다.

❖ 전략: 소모둠 연습으로 위험성 낮추기

가능하다면 모든 학생이 문제해결에 관심을 갖고 참여해야 한다. 이를 위해 정답을 알려주기 전에 많은 학생이 대답할 수 있는 기회가 필요하다. 이때, 모든 학생이 자신감을 갖고 적극적으로 수업에 참여하는데 짝활동이나 소모둠 수업이 크게 도움이 된다. 특히 평소에 수업 참여가 적은 학생도 자신의 답변이 정확한지에 대해 자신감을 얻기 위한 방법으로 짝과 협력하는 것을 더 편안해하며, 스트레스도 적게 받는다.

학생들이 짝활동을 하도록 안내하기 전에 교사가 짝활동에서 각자가 할 수 있는 역할을 직접 시범 보일 수 있다. 또는 미리 짝활동을 연습해본 학생들이 시범을 보이거나, 준비된 학생과 교사가 짝이 되어 시범을 보인다. 짝활동에서 학생 각자가 문제를 해결하고 나서 짝에게 자신의 답을 설명하면서 검증 또는 수정 피드백을 받게 된다. 이때, 짝과 함께 정답을 찾는 활동을 하는 게 아님을 이해해야 한다. 즉, 학생 각자가 개별적으로 답을 구한 뒤, 서로의 답을 비교할 수 있고, 그 답이 서로 같다면, 비록 틀린 답이라 할지라도, 불안감이 높은 학생은 자신만이 실수한 것이 아니라는 것을 알게 되어 안전하다고 느낄 수 있다.

짝이나 모둠원이 서로의 문제 풀이에 동의하지 않으면, 자신이 그렇게 풀이한 이유를 돌아가면서 설명하는 것도 좋다. 이때, 상대의 설명이 끝날때까지 아무도 그 설명을 방해하지 않는다는 규칙을 따라야 한다. 더 나아가, 좀 더 수준을 높여서 활용할 수 있는데, 자신의 풀이법을 상대 학생에게 제시하거나 설명하기보다, 짝이 정확하게 답을 얻도록 안내하는 질문을 해보는 것이다. 전체 학생과 답을 확인하기 전에 짝과 함께 답을 준비하면 편안해하기, 위험 감수하기, 실수로부터 배우기의 기회를 더 갖게 된다.

좀 더 확장하여 숙제나 수업 활동을 점검하거나 시험 결과를 복습할 때, 짝과 함께 먼저 점검해보는 시간을 갖는다. 짝을 이룬 학생들이 서로 답을 비교하고 왜 자신의 답이 옳다고 믿는지를 설득하려 노력하면서, 수학적 의사소통 능력과 자신감을 신장시킬 수 있는 또 다른 기회를 갖게 된다.

학생이 비슷한 성취가능한 도전 수준에서 문제를 함께 풀면서 도전할 때, 그 효과가 최상이 된다. 왜냐하면 수준이 높은 특정 학생이 답을 말해 버릴 가능성이 줄어들고, 그 대신 서로의 정답을 경청하고 도와주는데 집중하기 때문이다. 이때, 자신의 짝을 스스로 선택할 수 있다면 도파민 수치를 높이고 스트레스를 줄이는데 도움이 되므로, 서로 짝을 선택하도록 기회를 줄 수도 있다.

서로 다른 성취가능한 도전 수준의 짝과 활동하면, 책임감 개념을 소개하는 데 도움이 된다. 다시 말해, 두 학생 모두 문제 풀이를 발표할 수 있어야 하기 때문에, 어떻게 문제가 해결되었는지를 서로에게 설명해야 하는 책임이 있다. 만약 짝활동이 시험 준비를 위한 것이며, (두 학생은 각각 안내자와 학습자로서 역할을 한다.) 학습자인 학생이 그날 복습한 문제 유형에 훨씬 높은 정확도를 달성하게 되면, 두 학생 모두에게 추가 점수를 제공한다. 이런 추가점수는 성공적인 짝활동이 이루어지는 데 직접적으로 도움이 되고 학생이 숙제를 진지하게 임할 수 있게 격려하는 방법이 된다.

❖ 전략: 다양한 접근법 찾기

문제의 풀이와 접근법이 다양한 문제는 위험 감수와 학생 참여를 강화하고, 성취가능한 도전 수준을 위한 선택이 증가하며, 수학이 창의적인 과목임을 보여주는데 효과적이다. 교사는 학생이 자신의 학습 강점에 맞는 또는 문제 유형에 맞는 최상의 접근법을 선택하기 위해 몇 가지 선택사항을 고려하고 논리적인 추론을 사용하는 가치있는 방법을 경험하도록 도와야 한다. 그러기 위해 교사 또한 문제의 답보다 문제해결 방법을 탐색하며, 학생이 최상의 접근법을 선택한 이유를 깊이 고민하고 있다고 강조해야 한다.

다양한 접근법 찾기 전략 활용을 안내하기 위해 처음에는 글로 쓰여진 지시사항을 제공하거나 하나의 문제가 최소한 두 가지 방법으로 해결되는 예시를 제공한다. 이때, 학생의 성취가능한 도전 수준에 따라 반응이 다를 수 있음에 주의한다. 어떤 학생은 느긋한 성격 때문에 주어진 시간동안 오직 한 가지 접근법만을 찾을지 모른다. 그렇다면, 이 학생에게는 두 가지 접근법으로 문제를 푸는 학생과 다르게, 한 가지 접근법만을 찾는 게 분명 유리하다. 따라서 여러 가지 해결책을 찾아야 한다는 부담감을 갖지 않아도 된다고 사전에 알려주는게 좋다. 왜냐하면 현재 하나의 문제를 여러 가지 방법으로 해결하는 것이 목표가 아니라 학생이 배우고 있는 절차와 개념을 완전히 이해하는 것이 목표이기 때문이다.

수업 시간에 "이번에는 정답이 무엇인지 말하지 않았으면 좋겠어요. 그 대신 이 문제를 해결하기 위해 무엇을 했는지 말해주세요."라고 공지해보자. 학생이 자신의 접근법을 설명하고 나면, 누구의 접근법이 옳은지 아닌지 구분하기보다 다른 접근법이 있는지 질문한다. 모든 학생이 수업에 참여할 수 있도록 자신이 이해한 접근법 또는 동의하는 접근법을 서로 논의할 기회를 주고, 어떤 접근법이 정확한지 확인하면서 더 나은 접근법이 되는 이유를 계속해서 논의할 수 있게 한다.

예를 들어, 8×6의 결과를 찾는 문제에서 학생은 3가지 선택을 제안할 수 있다. 첫째 곱셈표에서 8단 또는 6단을 기억하기, 둘째 8×5 = 40에 8을 더한 결과가 48임을 알기, 셋째 8을 여섯 번 더하기. 교사는 학생이 개인적으로 접근법을 선택할 수 있도록 허락하고 그 선택을 도와주면서 편안함을 유지하도록 안내할 수 있다. 학생은 이렇게 여러가지 접근법을 선택하면서 수학 논리, 직관, 추리 기술을 신장시키게 되며, 다른 과목과 실생활 문제해결에도 적용할 수 있게 된다.

또 다른 예로, $\frac{2}{5}$ 또는 $\frac{3}{7}$ 중에서 어떤 분수가 더 큰지 알아내는 방법을 질문해볼 수 있다. 학생에게 도표를 그리거나 교실에 있는 수학 교구

(예를 들어, 수학조작도구, 자, 그래프 종이 등)를 사용하도록 권장한다. 답은 학생의 학습 강점과 일치할 수 있는데, 탐험가형 학생은 $\frac{1}{7}$ 을 나타내는 교구 3개를 사용하여 $\frac{1}{5}$ 을 나타내는 교구 2개와 비교할 수 있으며, 지도판독가형 학생은 빈 용지에 두 개의 같은 크기의 원이나 직사각형을 그린 다음, 한 개를 다섯 등분하여 두 부분에 색칠하고 다른 한 개를 일곱 등분한 뒤 세 부분에 색칠한 다음 두 가지 색상을 비교할 수 있다.

크기가 같은 분수를 이해하고 있는 학생은 $\frac{2}{5}$와 $\frac{7}{3}$의 공통분모를 찾아 $\frac{14}{35}$와 $\frac{15}{35}$를 비교할 수 있으며, 분수가 나눗셈을 나타낸다는 것을 이해한 학생은 2를 5로 나누고 3을 7로 나누어 어느 쪽 몫이 더 큰지 알아낼 수도 있다. 또한 하나의 수직선을 정확하게 7등분하고 다른 수직선을 5등분하여 비교할 수 있다. 어림에 익숙한 학생은 두 가지 분수 중에서 어느 것이 1에 더 가까운지를 확인할 수도 있다.

학생은 풀이법이 많은 문제나 정답이 필요 없는 문제는 특정한 규칙을 기억해서 해결할 수 없으며 자신이 풀이법을 탐색해 해결해야 한다는 걸 알게 된다. 그 결과, 이해할 필요가 없는 알고리즘을 기억하는데 신경쓰기보다 중요한 개념을 이해하는 것이 더 유용하다고 강하게 믿게 된다. 다양한 접근법 문제 풀이의 가장 중요한 메시지는 문제를 남보다 빨리 풀고 항상 옳게 푸는 학생만이 수업에 참석하는 게 아니라는 점이다. 왜냐하면 교사가 문제의 해답이 아니라 문제에 접근하는 여러 방법의 가치를 강조하기 때문이다. 어떤 학생이 적절한 방법을 이용해 해답을 유도하는 와중에 계산에 오류를 범한다 해도, 추론의 정확성은 분명히 인정받을 수 있다. 교사는 정확한 뺄셈이나 덧셈으로 학생의 문제 풀이가 얼마나 완벽해지는지 시범을 보이고, 다른 숫자의 유사 문제를 해결하여 확인시켜줄 수 있다. 자신의 풀이에서 추론의 정확성을 인정받은 학생은 옳은 접근에 대한 도파민 보상을 느끼게 될 것이다. 왜냐하면 문제의 접근법에 따라 여러 가지 정답을 얻을 수 있음을 알게 되었기 때문이다. 더불어 자신이 유용하게 사용한 개념이나 창의적 아이디어를 발견하는 기회도 갖게 된다.

❖ 전략: 다양한 정답을 가진 문제 사용하기

학생이 개별적으로 혹은 2인 1조로 다양한 정답의 문제를 해결한 뒤에 소모둠을 지어 반 친구에게 자신의 해결 과정을 설명하는 것은 신나는 일이다. 이 접근법은 실수에 대한 부정성을 낮추는 데 효과적이다. 왜냐하면 학생이 자신의 학습 강점과 적용해봤던 전략 그리고 암기한 지식을 활용할 수 있고, 반 내에서 또는 모둠 내에서 결과를 공유하기 전에 짝과 확인할 수 있다는 것을 알기 때문이다. 또한 다양한 정답을 가진 문제는 한 가지 방법을 찾은 학생이 자신의 능력으로 더 많은 다양한 답을 계속해서 찾도록 안내하기 때문에 성취가능한 도전을 제공한다. 문제해결을 위해 더 많은 시간이 필요한 학생은 “내가 마지막은 아닐거야.”라고 생각하면서 편안함을 느끼게 된다.

예를 들어, 「이것은 … 이 아니다.This Is Not a ….」고 불리는 게임은 다양한 해답을 찾도록 안내하며 창의력을 격려하는 편안한 환경에서 진행된다. 학생이 어떤 물건(장난감 전화기 등)을 옆으로 돌리면서 “이것은 … 이 아니다.”라고 말한다. 저학년 학생은 예를 들어 “이것은 연필이 아니다.”와 같이 장난감 전화기가 아닌 다른 물건의 이름을 붙인다. 고학년 학생은

"이것은 장난감 전화기가 아니고 … 이다."라고 답하며, 컴퓨터 마우스나 헤어 드라이기와 같이 장난감 전화기처럼 생긴 다른 물건을 제안하기 위해 몸짓이나 마임mime으로 움직인다. 몸짓을 하는 학생은 장난감 전화기처럼 생긴 물건의 이름을 말할 수도 있고, 다른 친구가 그 이름을 추측할 수도 있다. 이와 같은 게임은 애매한 답에도 마음이 편해지고 적절한 답일 때는 목소리를 높여 발표할 수 있는 자신감을 얻는 데 도움이 된다.

수학 또는 어떤 과목에서도 가장 중요한 학습 활동은 참여이다. 수업에 참여하면 실수를 하는 건 당연하다. 하지만 뇌는 잘못된 예측을 하는 신경망을 재구성함으로써 실수를 학습으로 연결한다. 「이것은 … 이 아니다」는 게임에서 학생은 실수를 걱정하지 않고 수업에 참여할 수 있으며, 반응이 틀렸어도 점차적으로 수업 참여에 자신감을 갖게 된다.

❖ 전략: 실수로부터 배우기

학생이 실수하는 것에 대한 두려움을 줄이는 가장 효과적인 방법 중 하나는 교사가 실수로부터 어떻게 배우는지 그 과정을 모델로 보여주는 것이다. 그런 다음, 의도적으로 준비한 오류로부터 어떻게 배울 수 있는지 학생 앞에서 시연할 수 있다. 그리고 학생이 실수에 대한 부정성을 깊이 고민할 준비가 되었을 때, 자신의 실수로부터 배울 수 있도록 안내할 수 있다.

앞서 소개한 전략은 모두 뇌가 수학에 대한 부정적 태도를 실수라고 착각하게 하여 감정적인 과민반응을 낮추는 것이 목표이다.

• 실수로부터 얻은 인내심을 포함하여, 인내심이 동기부여의 기회가

되었던 기억을 발견하도록 돕기

• 실수를 스스로 받아주는 아량 기르기

• 지나친 불안관련 실수 줄이기

• 성취가능한 도전을 위해 노력하도록 격려하기

이러한 전략을 이용하고, 교사도 실수로부터 어떻게 배우는지 시범을 보여주면서 학생이 실수의 가치를 이해하도록 도울 수 있다.

"기타 연주자는 수십 개의 화음을 완벽하게 마스터한 후에만 화음을 넣어가며 노래를 연주하는 걸 더 좋아할까요?"라는 질문을 던지면서 함께 이야기를 시작한다. 그러고 나서 성공과 만족을 이끌어 낸 실수에 대한 개인적 기억에 대하여 토론하도록 부추긴다. "포기하고 싶었지만 계속 노력했던 때를 말해줄 수 있나요?", "축구를 어떻게 배웠길래 그렇게 잘하나요?", "지금은 실력이 늘었지만 여전히 초보자용 스노우보드 타기를 즐기나요? 이제는 너무 지루한가요?"

이 토론에서 학생은 스포츠, 악기연주, 컴퓨터 게임에서 자신의 기술을 쌓을 때 같은 수준에 머물면 지루하고 수준을 높이려고 도전하면 실수가 생긴다는 것을 기억할 것이다. 더 노력하고 연습을 하면서 점차 자신의 실수가 줄어들고, 더 뛰어난 기술을 갖게 되어 무언가를 하는 즐거움을 누렸음을 기억할 것이다. 학생의 이런 경험을 수학 도전에 연결시킴으로써, 새로운 컴퓨터 게임이나 운동 기술을 숙달할 때 실수가 중요한 발판이 되었던 것처럼 수학에서도 새로운 기술을 습득하기 위하여 실수를 경험하는 것이 자연스러운 과정이라고 이해하게 된다.

학생이 "실수 때문에 실망하거나 당혹감을 느낄 때 뇌는 아주 잘 작동하는 중이며, 뇌가 재배치되면서 미래의 해답을 위해 더 똑똑한 두뇌로 이어질 것이다."를 이해하도록 돕는다면, 학생의 실수에 대한 두려움을 줄여줄 수 있게 된다. 예를 들어, 숙제나 수업 참여 중에 알게 된 오류는 실망스러울 수 있지만, 실수를 하지 않았다면 두뇌가 잘못된 정보 경로를 재구성하기 위해 자극받지 않을 것이고, 결국 똑같은 실수는 다시 일어날 것임을 알게 된다.

대부분의 학생은 다른 사람 앞에서 실수할 때 스트레스를 받는다. 그러나 자신의 실수를 알아차리면서 올바르게 이해하게 된다. 두뇌-친화적인(brain-friendly) 환경이란 학생의 참여를 장려하는 환경 그리고 똑똑하지 않아서 실수한다는 가정을 바로잡은 환경이다. 학생의 참여 늘리기, 실수 불안 줄이기, 실수를 통해 더 똑똑해질 수 있는 뇌의 강한 힘 안에서 자신감 키우기와 같은 전략을 사용하여 교실 문화에 긍정적이고 성장하는 마음가짐(mind-set)을 통합할 수 있다.

CHAPTER

05

지능이 바뀔까? 당연히 바꿀 수 있지!

누구나, 정말로 원한다면,

자신의 두뇌를 조각하는 조각가가 될 수 있다.

산티아고 라몬 이 카잘

LEARNING TO LOVE MATH

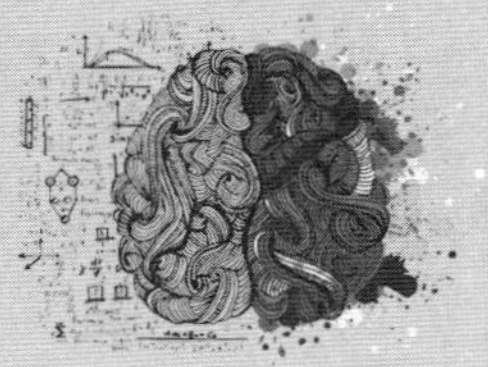

내가 의대에 입학하여 신경과 의사가 되었을 때, 앞으로 교사가 되어 두뇌 연구에 기반을 둔 교수 전략에 대해 글을 쓸 것이라는 걸 전혀 몰랐다. 결국에는 의학과 교육학 두 전공을 계속 공부하면서 두 전공 사이에 연관성이 있음을 분명히 알게 되었다. 하지만 그 후로도 몇 년이 지나서야, 학생이 자신의 두뇌가 어떻게 배우는지 이해하는 게 도움이 되며 자기역량강화self-empowerment[26]를 발휘하기 위해 두뇌에 대한 지식을 사용할 수도 있다는 것을 알게 되었다.

수학을 공부하는 학생은 타고난 지능, 바꿀 수 없는 지능으로 수학을 배우며, 물려받은 두뇌는 절대로 바뀌지 않는다고 가정한다. 학생의 이런 가정은 여러 가지에 영향을 미칠 수 있는데, 예를 들어 수학을 배우는 것이 선천적인 능력과 강하게 관련되어 있다고 믿는 학생은 노력이 더 중요하다고 생각하는 친구와 비교하여 복잡한 숙제를 끈기 있게 해결하지 못하는 것으로 확인되었다(U.S. Dept. of Education, 2008).

26) 자기역량강화(self-empowerment)란 대상자가 가진 문제와 결핍을 확인하고 다루는 것보다 대상자의 가능성과 강점을 언급하는 긍정적인 개념이며 대상자의 무력감과 무능력을 극복하여 힘을 가진 상태로 이동해 나가는 것을 의미한다(Kuo et al., 2014).

아이들뿐 아니라 많은 어른들도 지능은 유전자에 의해 결정되며 노력이 학업성취에 대한 자신의 잠재력을 크게 변화시키지 않을 것이라고 잘못 생각하고 있다. 특히, 학생 중에는 "나는 똑똑하지 않아."라고 생각하고 이런 자신의 모습이 절대로 바뀌지 않는다고 믿는다. 이런 학생은 두뇌를 공부하고 두뇌를 직접 확인하면서 두뇌가 정말 바뀐다는 것을 아는 것이 상당히 중요하다. 나도 실제 경험한 건데, 뇌질환이나 트라우마로 인해 뇌 기능을 상실한 신경과 환자에게 마비된 팔다리가 가상적으로 움직이는 것을 보여주면서 움직이는 연습을 하거나 말할 수 있다고 상상하면서 말하는 연습을 시작했을 때 두뇌의 기능이 회복되는 것을 확인하였다.

바로 두뇌의 신경가소성neuroplasticity 때문이다. 즉, 두뇌의 손상되지 않은 영역은 손상된 영역이 이전에 수행했던 일을 인계받아 새로운 신경망을 구축한다는 것이다.

뇌에 대해서 배우기

학생이 신경가소성에 대해 배우고 두뇌 스캔 사진에서 변하는 두뇌를 확인하며, 더 많은 연습으로 뉴런이 *함께 점화하면서 함께 연결fire together, wire together*[27]되어 자신의 행동 결과가 달라지는 것을 보면서, 더욱 적극적으로 행동하려는 의욕을 갖는다. 즉, 학생은 신경회로를 자극하면 정보가 더 강해진다는 것을 빠르게 배운다.

❖ 전략: 두뇌 사용 설명서 가르치기

교육 현장에서 학생에게 배움으로 향상되어 가는 성장보다 시험점수를 강조하면, 질문이나 이해 그 자체보다 정답이 더욱 중요하다고 믿게 된다. 그 결과 자신의 타고난 호기심과 열정을 잃어버리고 학교에서의 시간을 못마땅해하며 숙제하는 것을 지겹게 여기면서, 헛된 노력과 지루함을 점점 더 많이 느끼게 된다.

〈부록 2〉에 소개된 〈두뇌 사용 설명서Brain Owner's Manual〉를 학생에게 가르치면, 자신의 수학 능력과 지능을 전체적으로 바꿀 수 있다는 자신감을 추가로 갖게 된다. 뇌가 어떻게 학습하는지 점점 더 많이 이해하게 되면서, 학습에 대한 조절력이 신장되고 동기부여도 증가된다.

〈두뇌 사용 설명서〉에는 두뇌가 어떻게 배우고, 기억하고, 성장하는지에 대한 정보가 소개되어 있다. 두뇌에 대한 지식을 잘 알고 있는 학생은 두뇌의 연결, 주의력, 기억력을 개발하는 방법을 스스로 선택할 수 있음을 알게 되고, 지능을 변화시키고 자신이 원하는 잠재력에 도달할 수 있다는 것도 알게 되면서, 자신이 성취할 수 있다고 믿는 목표를 세울 수 있게 된다.

자신의 두뇌를 알게 되면서 동기부여와 긍정성이라는 선물도 함께 받게 된다. 특히 숙제와 뇌-친화적 복습이 자신의 두뇌를 변화시킨다는 것

---

27) 캐나다 신경과학자인 도널드 헤브 박사는 1949년에 뉴런이 함께 흥분하면 두 뉴런이 연결된다는 이른바 함께 점화하면 연결된다(Fire together, Wire together)는 규칙을 소개하였다. 학습이나 경험을 통해 한 뉴런에 자극(전기 신호)이 전달되면 시냅스 앞쪽(전부) 뉴런 끝부분에서 신경전달물질(글루탐산글루타민산)이 분비되고, 이것이 수십나노미터(1㎚는 10억분의 1m) 정도 떨어진 이웃(뒤쪽·후부) 뉴런의 수용체(NMDA와 AMPA)에 결합되면 다시 전기 신호가 발생하는 일이 반복된다. 시냅스의 두 뉴런 사이의 연결 능력(효율)은 가변적이어서, 기억력이 향상되기도 하고 감퇴되기도 하는데, 이런 시냅스의 변화무쌍한 성질을 「시냅스 가소성(Synaptic Plasticity)」이라 한다.

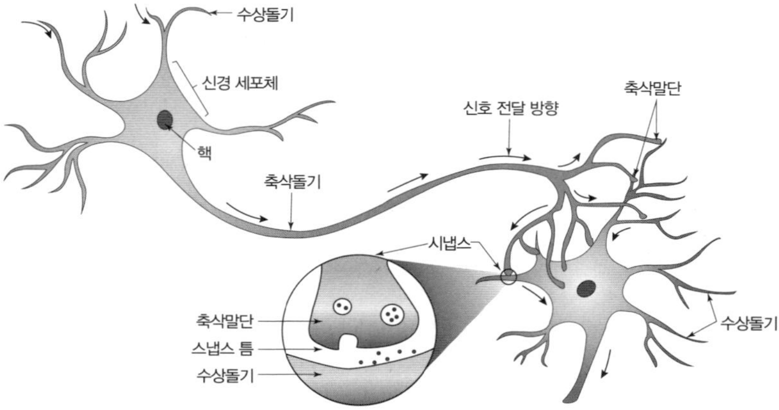

을 이해하게 된다. 왜냐하면 *연습이 영구적으로 만든다*practice makes permanent, 즉 운동을 함으로써 몸의 근육이 형성되는 것처럼 연습을 통해 정신적 근육이 형성되기 때문이다. 또한 인간의 장기 중에서 가장 매혹적인 뇌에 대해 배우는 것을 즐거워한다. 학교, 스포츠, 공연과 시각 예술 그리고 사회적 상황에서 자신이 원하는 만큼 똑똑하고 숙련될 수 있는 힘을 가지고 있다는 것을 발견하고 기뻐한다.

나는 매년 학기가 시작되는 시점에 초등학교 저학년에게 "자신의 두뇌를 바꿀 수 있다고 생각하는 학생?"하면서 질문하는 걸 좋아한다. 그러면서 사람이 저글링juggling을 배우거나 악기를 연주하는 것을 배우기 전과 후의 뇌를 찍은 기능성 자기공명영상fMRI[28] 사진을 보여준다. 저글링을 하거나 피아노를 연습하는 동안 두뇌의 근육제어 부분과 조절반응 부분에

28) How playing an instrument benefits your brain – Anita Collins
https://binged.it/33A0ODw

서 뇌세포의 연결과 움직임에 대한 밀도가 증가한 것을 직접 확인하면서 "그래, 내 두뇌를 바꿀 수 있어."라고 확신하게 된다.

초등학교 고학년의 경우, 지능은 타고난 것이므로 노력을 해도 소용이 없다고 생각하는 편이다. 이런 생각을 떨쳐버리도록 돕기 위해, 유충과 인간의 유전자의 개수를 비교해준다. 즉, 인간은 3만에서 4만 개 정도의 유전자를 가지고 있는데 유충도 1만 개 이상의 유전자[29)]를 가지고 있다고 이야기를 하면서 "인간의 능력은 유전일까, 환경일까?"라는 질문을 던진다. 학생이 자신의 두뇌가 어떻게 학습하는지를 이해하면, 좀 더 노력하고 행동해야겠다고 동기가 유발될 것이다.

초등학교 고학년과 중학생에게는 두뇌 필터가 무엇이며 어떤 역할을 하는지 가르친다. 특히 두뇌 필터는 어떤 정보가 고도의 사고력 두뇌인 전전두엽 피질PFC에 도달할지를 결정하므로, 두뇌 필터를 자극할 수 있는 방법이 무엇인지에 대해 배운다. 또한 신경가소성을 통해 진행되는 뇌의 변화에 대해 배운다. 뇌 스캔을 보여주고, 새로운 정보를 배울 때 자라나는 뉴런 사이의 연결을 그림으로 그리거나 점토로 만들어본다. 수업 내용을 요약하는 시간을 덴드-라이트dend-writes(전날 배운 수학 수업에 대한 요약)라고 부르는데, 신경세포에서 뻗어 나오는 가지 모양의 구조인 수상돌기dendrite의 이름을 재미있게 바꾼 것이다. 학생은 정보를 복습하고 충분하게 수면을 취할 때 수상돌기가 얼마나 더 많이 자라는지에 대해 논의하고,

29) 예쁜꼬마선충(Caenorhabditis elegans)은 1만 9천 개 이상의 유전자를 지니고 있음이 밝혀졌으며, 사람의 유전자 수가 2만 5천 개 내외로 추산되고 있으니 이 조그만 벌레는 상당히 많은 유전자를 지니고 있는 셈이다.

자라나는 수상돌기와 시냅스의 전자 현미경 사진을 집으로 가져가서 가족에게 신경해부학적 측면을 설명하고 가족의 반응을 숙제로 작성해오는 기회도 갖는다.

학생은 농구 슛을 연습할수록 기술이 더 향상되고 기타나 발레 공연에서 실전 연습(리허설)을 더 많이 할수록 공연이 정교해지는 것에 대해 토론한다. 그러고 나서 "연습을 하면 뇌의 신경가소성neuroplasticity과 수초형성myelination에 의해 연습한 것이 영구적이 되므로, 곱셈을 더 연습하면 곱셈을 더 잘하게 되고, 책에서 잘 이해가 안 되는 부분을 다시 읽으면 이해가 되는 것도 같은 방식으로 반응한 거랍니다."라고 설명하면서 토론한 바를 연결해준다. 여기서 수초Myelin란 축삭돌기 주위를 겹겹이 감싸는 신경절연물질[30)]이며 수초형성Myelination이란 수초의 두꺼워진 코트가 가장 활동적인 축삭돌기axon 주위를 감싸는 과정이다. 수초는 뉴런 사이의 연결을 따라 정보를 전달하는 속도를 높이고 신경 네트워크에 저장된 정보를 효율적으로 검색하도록 돕는다.

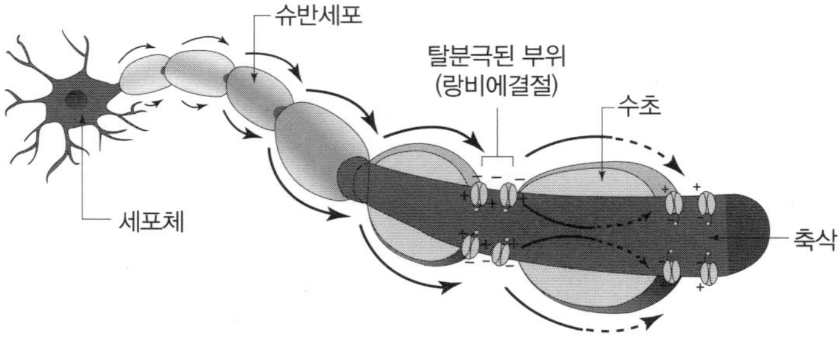

30) 신경절연물질이란 뉴런과 시냅스가 아닌 신경섬유회로 주위를 겹겹이 감싸는 물질로, 마치 전기 신호가 새지 않도록 하는 전선의 피복과 같은 역할을 한다.

특히 학생은 두뇌의 망상활성계Reticular Activating System, RAS[31] 시스템에 대해 흥미를 보인다. 망상활성계RAS, 편도체, 도파민에 대해 배우면서, 노력과 주의집중력에 의해 정보가 반영적 뇌reflective brain로 이동한다는 사실을 발견할 기회도 갖는다. 예를 들어, 역사적 사건을 시각적으로 또는 연극을 하면서 배웠을 때 더 잘 기억한다는 것을 발견하게 된다.

학생은 노력과 연습으로 뇌가 더 강해지고, 시간을 들여 계속적으로 노력하면 자료를 이해하고 문제를 해결하는 것이 더 쉬워진다는 사실을 분명하게 기억하게 된다. 신경가소성을 통해 연습이 영구적으로 만든다는 것을 이해하게 되면, 공부와 연습을 해야겠다고 동기유발이 될 것이다.

나는 첫 학기마다 시-냅스syn-naps(두뇌 휴식, 이 전략은 다음 6장에서 소개한다.)와 덴드-라이트dend-writes라고 이름 붙인 수업을 진행하면서 수학 수업에 신경과학 수업을 함께 연결했다. 다음은 첫 학기가 끝날 때 학생이 남긴 견해이다.

> 공부할 때 뇌에서 뉴런이 연결되는 것을 상상해요. 그리고 무언가를 배우고, 이해하고, 복습할 때 뇌가 바뀌는 것 같은 느낌을 받아요.
>
> _에밀리, 중1

> 배운 것을 암산하려고 전전두엽 피질을 사용한다면, 저의 수상돌기와 시

31) 망상활성계(RAS)란 수많은 감각 신경에서 전달한 신호를 선별적으로 뇌로 전달해주는 역할을 하는 뇌내 부위로, 후뇌에서 시작하여 상부의 중뇌, 전뇌에 이르도록 신경이 망형 구조를 이루고 있어 의식의 여부를 조절하게 된다. 뇌의 정문에 있는 검문시스템으로, 감각기관으로 쏟아져 들어오는 수많은 정보 중에서 중요한 것에만 관심을 집중시키고 기억할 수 있도록 해주는 관심집중장치이다.

냅스가 커지고, 제가 배운 것을 오랫동안 지킬 수 있을 것 같아요. 저는 매년 반복해서 분수를 배울 필요가 없어요.

_코리, 중1

저는 더 똑똑해질 수 있어요. 집중하고, 연습하고, 저의 강점을 활용하면, 두뇌 연결이 자랄 거구요, 기억회로가 똑똑해질 거예요. 연습을 많이 하면 할수록 두뇌 연결이 더 강해지고, 그러면 저는 더욱 똑똑해지겠죠. 앞으로 더 똑똑해질 수 있는 힘이 있다는 걸 알게 되어 기분이 정말 좋아요. 또 수상돌기와 시냅스를 키우면 무엇이든 쉽게 배울 수 있고요. 수업 시간에 길을 잃지 않는다는 것도 알았어요.

_미치, 5학년

제가 두뇌를 기를 수 있다고 전혀 생각해본 적이 없었죠. 이제는 공부할 때 수상돌기가 크고 있다는 걸 알아요. TV를 볼지 수학공부를 하거나 숙제의 실수를 수정할지 선택해야 할 때면, '나는 뇌세포를 배양할 수 있는 힘이 있어.'라고 제 자신에게 말하죠. TV를 보고 싶어도, 두뇌가 더 똑똑해지는 일을 해야겠다고 결심해요. 당연히 항상 즐겁지는 않지요. 하지만 뇌가 더 똑똑해지고 있다는 걸 알고 나서는 그럴만한 가치가 있다고 생각해요.

_페이지, 중2

앞서 소개한 여러 전략이 학생의 공부와 배움을 정말로 변화시키는지 알기 위해, 나는 좋은 성적을 유지하는 학생을 계속 추적 조사했다. 그리고 두뇌 지식이 어떻게 학생을 격려하고 힘이 되는지에 대해서 가장 설득력 있는 논평을 쓰거나 강연을 했다. 내 수업에 참여하는 학생을 지도하는 타 과목의 교사에게 〈두뇌 사용 설명서〉 수업을 마치기 전과 후의 학생 성적 사본을 부탁했다. 확실하게 통제된 실험이 진행된 것은 아니지만, 그 결과는 주목할 가치가 있었다. 즉, 자신의 두뇌를 바꿀 수 있는 능력을 긍정적으로 느낀다고 표현한 학생은 대체로 성적이 올랐고, 보다 규칙적으로 숙제를 제출했으며, 토론에 더 많이 참여했고, 시험과 숙제에서 무엇을 실수했는지 알아내기 위해 수업 시간에 도움을 더 요청했다.

❖ 전략: 내 두뇌가 최고로 작동하는 방법에 대해 알아보기

학생은 자신이 이해한 것을 자신에게 의미있는 방식으로 나타낼 수 있는 자신만의 〈두뇌 사용 설명서〉를 직접 작성할 수 있다. 초등학교 저학년은 다양한 활동에 참여하면서 뇌 과정을 구체적으로 이해할 수 있다. 예를 들어, 학급 학생들이 손을 잡고 동그랗게 서서, 자신의 몸이 뉴런이고 팔이 축삭돌기라고 할 때, 자신의 몸에서 시작한 전기 자극이 오른팔을 통과해 옆 사람의 왼쪽 팔로 이동하는 활동을 하면서 전기적 자극 이동을 직접 경험해볼 수 있다. 또는 수상돌기, 시냅스, 축삭돌기를 점토로 만들거나 그림으로 그릴 수도 있다.

뇌 속으로 _ 신경가소성

시력을 상실하면 촉각 감각과 소리위치 인식과 같은 비시각 과제에 더 나은 성과를 얻게 된다. 원래 시각피질은 시각 입력에만 반응하지만, 비시각 입력을 처리하기 위해 시각피질이 보충되었기 때문이라는 연구 증거가 제시되고 있다.

이 가설을 확인하기 위해, 연구자는(Merabet et al., 2008) 정상 시각인을 5일 동안 완전한 시각적 결핍 상태에 놓고 집중적인 촉각 점자 훈련 프로그램에 몰입시켰다. 5일 간의 실험 기간 이후, 동일한 점자 교육을 받은 (눈가리개를 하지 않은) 대조군보다 눈가리개를 한 연구대상자가 점자 구분 과제를 더 잘 수행하였다.

눈가리개를 한 연구대상자의 시각피질 내의 뇌세포 활동이 증가했음이 fMRI 스캔에서 확인되었다. 단, 이렇게 증가된 뇌세포 활동은 눈가리개를 제거한 지 24시간 후에 사라졌다. 연구에 따르면, 정상적인 시각을 가진 개인이 완전히 시각을 잃게 되면, 신속하게 가역적인 신경가소성 변화가 뒤따르면서 시각피질이 비시각 정보를 처리하는 데 관여하게 된다.

따라서, 시각피질은 다른 기능(촉각 등)에 대한 잠재력을 가지고 있으며, 시각이 손실되면 보통 때에 억제되거나 가려져 있던 기능이 드러난다. 따라서 존재하지만 사용되지 않았던 네트워크, 억제되거나 가려져 있던 네트워크도 필요할 때 활성화될 수 있음을 시사한다.

일반적으로 학기 초에는 숙제를 할 수 있는 조용한 장소에 대한 글, 표준적인 조언 등이 적힌 안내문이 학부모에게 전달된다. 그러나 나는 이런 형식적인 안내문 대신 학생이 자신만의 안내문을 만들 수 있도록 스스로 실험하게 한다. 처음 몇 주 동안 숙제를 내주는데, 숙제를 하면서 확인할 수 있는 특별한 환경적 조건이 적힌 리스트도 함께 제공한다. 학생에게 이 리스트의 항목을 추천받기도 한다. 일반적인 조건은 다음과 같다: 음악을 듣는다/안 듣는다, 문자 메시지를 보낸다/안 보낸다, 간식을 자주 먹는다, 계획된 휴식을 취한다, 공부를 침대에서 한다/책상에서 한다, 숙제를 일찍 한다/늦게 한다, 한꺼번에 공부한다/조금씩 나눠서 복습한다 등. 또한 수학 숙제를 시작하고 마치는 시간(어린 학생은 부모가 도와준다.), 달라진 환경 조건 그리고 어제 공부한 숙제에 대한 짧은 퀴즈의 점수를 적는다. 학생의 리스트를 함께 모아 친구들의 환경 조건과 자신의 조건을 서로 비교해보는 시간을 갖는다. 이제 자신이 얻은 자료를 자신의 〈두뇌 사용 설명서〉에 추가하고, 자신과 반 친구를 위해 숙제를 할 수 있는 최고의 환경에 대한 안내문을 자기 스스로 작성한다. 다음의 글은 실제 학생이 작성한 안내문에서 나온 몇 가지 예이다.

> 실험해봤더니, 숙제를 할 때 핸드폰 문자 메시지를 보내지 않거나 TV를 보지 않으면 더 집중하고, 더 빨리 끝내고, 더 기억을 잘 한다는 걸 알았다. 도파민을 재생하기 위해 매 20분마다 5분씩 쉬는 스케줄이 필요하다는 것도 알았다. 이제 나는 어려운 문제를 해결해야 할 때에도 문제없다. 왜냐하면 어떤 것이 이해되지 않는다고 해서 바로 좌절할 필요가 없음을 알았기 때문이다. 지금은 시험을 보면서도 두렵거나 좌절하지 않는다.
>
> _란디, 중1

> 집중을 해야 할 때, 우선 방해요인을 제거하려고 노력한다. 그러면 나의 망상활성계가 중요한 정보를 얻을 수 있게 된다.
>
> _가비, 중2

> 나는 뇌 안에서 뉴런이 연결을 만들고 있다는 상상을 하면서, 무언가를 배우고 있다고 느낀다. 내가 공부를 하지 않으려 할 때마다, "안돼! 뇌가

새로운 연결을 만들 수 없잖아."라고 생각한다.

_마리오, 5학년

교실환경을 개선하여 수학부정성 줄이기

앞 장에서 수학에 대한 부정적 태도를 줄이고 수학에 성공할 수 있는 능력에 대해 더 많은 자신감을 갖도록 돕기 위한 다양하고 구체적인 전략을 설명했다. 여기서는 뇌를 변화시켜 지능을 향상시키는 유리한 환경 조성하기를 목표로, 보다 넓은 교실 환경에 초점을 맞춘 몇 가지 추가 전략을 검토하고자 한다. 다음에 휴식 기술 연습하기, 유머·시각화·이야기 끼워 넣기, 긍정적인 교사-학생 관계 만들기 등을 소개한다.

❖ 전략: 휴식 기술 연습하기

학생이 마음을 편안히 하고 의식에 집중하는 기술을 신장하도록 돕기 위해 교실에서 사용할 수 있는 활동들은 상당히 많다. 아주 간단한 활동으로는 횡경막식 호흡 연습하기, 불안감 줄이기 위해 이미지 사용하기, 수학 문제나 시험을 치르기 전에 인생에서 가장 행복했던 날 회상하기 등을 활용할 수 있으며, 더 많은 전략이 웹 사이트 www.thehawnfoundation.org에 소개되어 있으니 참고할 수 있다.

❖ 전략: 수학에 유머, 시각화 그리고 이야기를 끼워 넣기

수학 수업에 유머를 끼워 넣으면 뇌에 도파민 수치를 증가시킬 수 있다. 예를 들어, 시드니 해리스의 What's So Funny About Science by Sidney Harris(1977)에 나오는 재미있는 수학 관련 만화를 보여줄 수 있는데, 다각형Polygone에서 열린 다각형에 살던 폴리Poly라는 이름의 새가 도망가는gone 그림을 보여줄 수 있다.

What's So Funny About Science by Sidney Harris (1977)

나눗셈 기호

그리고 유머를 넣어 재미있는 이야기를 만들거나 그림을 그릴 수도 있다. 예를들어, 아주 싼 가격에 집을 사기 위해 시합을 하는 분수의 분자와 분모에 대한 이야기를 만들어보자. 나눗셈 기호는 집을 나타낸다. 분자가 높은 곳에서 달리기를 시작하기 때문에 분모보다 유리하다고 설명하면서, 결국 분자가 집안으로 이사를 하고 분모는 현관 앞에서 멈추게 된다고 이야기를 한다.[32]

수학 개념을 이야기로 바꾸어 설명하면, 늘 들어왔던 이야기라는 느낌이 들어 더욱 공감하게 된다. 어려운 정보도 이야기로 표현하면 친근하게 느껴지며 긍정적으로 기억할 수 있고 정보를 쉽게 따라갈 수 있다. 연구에 따르면, 이야기 형태로 제시된 정보는 문서나 언어 형식으로 제시된 정보

32) $\frac{74}{3}$ 는 $3\overline{)74}$ 로 나타내며, 나눗셈 기호 안으로 74가 먼저 들어간 것처럼 이야기를 할 수 있다.

보다 더욱 흥미로우며, 고차원적인 내용도 더 오래 기억이 가능하다고 한다(Britton, 2008).

학생, 특히 탐험가형 학생에게는 수학 용어를 그림으로 그리면서 창의적이고 신기한 것을 얻을 수 있는 기회를 주는게 좋다. 학생이 그린 그림을 다른 사람이 즐겁게 배울 수 있도록 교실 게시판에 붙여보자. 그리고 예술가라는 명칭을 붙여 창작물을 자랑스럽게 전시할 기회를 가져보자. 이 그림이나 이야기는 내년 수업에 사용하기 위해 간직해둘 수 있는데, 후배 학생은 선배가 무엇을 그리고 썼는지 보면서 즐거워할 수 있다.

❖ 전략: 긍정적인 교사-학생 관계 만들기

고등학교를 중퇴한 학생에게 중퇴한 이유가 무엇인지 물으면, 교사-학생 또는 어른-멘토링 관계 때문이라고 답할 때가 많다. 예전에 1학년에서 12학년까지 교사와 학생에게 생산적인 학습 환경으로 이어지는 관계에는 어떤 특징이 있는지 질문한 적이 있었다. 교사에게 바라는 공통적인 모습으로 학생과 충분히 의사소통하고, 학생을 지지해주며, 학생이 이해할 때까지 질문에 답변해주고, 학생을 존중하는 자세로 대하며, 학생의 이름을 부르면서 수업 안에서와 수업 밖에서 반갑게 대하고, 가르치는 것에 대해 행복해하고 열정적으로 보였으면 하는 것이었다(Brown, 2003; Comer, 1993).

학생이 수업에 관심도 없고 아무것도 시도하지 않는 것처럼 보일 때, 교사는 너무나도 실망하게 된다. 그러나 이 학생이 과거의 경험 때문에 수학에 부정적인 태도를 갖게 되었다면, 뇌 스트레스 상태에서는 수학을 다시 공부해보려고 노력하는 회복력이나 동기가 없음을 알게 된다. 그렇다고 이전에 이 학생을 가르쳤던 교사를 탓해봤자 소용없다. 그 대신, 이러한 부정적 태도는 시간이 지나면서 쌓인 결과이므로, 지금부터는 성취가능한 목표를 설정하여 부정적 태도를 제거하고 긍정적 태도를 키우는데 집중하는 것이 중요하다.

학생의 수학 태도를 다시 세우기 위해 단기적 그리고 장기적으로 무엇을 할 수 있을까? 우선, 학생이 반응적 뇌reactive brain에 정보를 입력하여 처리하면 의식적으로 선택하는 과정 없이 무의식적으로만 반응한다(투쟁-도피-경직 반응)는 것을 명심하자. 즉, 잘못된 행동을 하거나 실수를 범하면, 뇌에서 무의식적으로 좌절, 스트레스, 불안과 같은 반응이 나타난다는 것을 알아야 한다. 학생이 게을러서 또는 무례하기 때문에 숙제를 하지 않은 게 아닐 수도 있다는 가능성을 깊이 생각해보자. 오히려 숙제를 하면서 자신이 틀릴까봐 두렵기 때문에 숙제를 끝까지 풀어야 하는 위험을 무릅쓰는 것보다 완성하지 않는 것이 스트레스를 덜 받는 경우일 수도 있다(Walker, Colvin, & Ramsey, 1995). 교사는 학생을 긍정적 태도로 대하고, 성취가능한 수준을 달성할 수 있는 자신감을 확인시켜주며, 수준에 맞추어 개별적으로 지도하고, 강점을 이용해 수업하며, 흥미를 반영해 동기를 부여해주어야 한다. 그 결과, 당신 또한 자신의 신경가소성이 작동하면서 그리고 시간과 노력을 들이면서, 학생이 원하는 배려 깊은 교사가 될 수 있다.

또한 자신이 일부 학생에게 부정적인 감정을 느끼는지 의식해보고, 긍정적인 교사-학생 관계를 위한 행동을 하도록 노력해야 한다. 이때, 학생을 격려하고, 공손하게 말하며, 표정을 밝게 하고, 눈을 마주치고, 수업 안과 밖에서 반갑게 인사하며 이름을 부르면 좋다.

특히 부정적인 감정을 갖고 있는 학생을 대하는 부주의한 행동, 예를 들어 이 학생의 질문에 더 짧게 대답하거나, 충분히 설명했다고 느껴 대기 시간을 적게 제공하는 것 등에 주의를 기울어야 한다. 또한, 이 학생의 성취가능한 도전 수준보다 낮은 기본적인 질문에 지나치게 열정적으로 반응을 하면서 잘난 체하지 말아야 한다.

낙천적인 성격을 갖고, 수학에 대한 열정을 보이며, 학생이 성공할 수 있다는 기대감을 보이면 학생도 긍정적으로 반응하려는 동기가 생긴다. 학생이 수학을 학습할 때 그리고 모둠과 협력하고 참여를 시도하며 질문하고 수정하려는 의지를 보일때, 자신의 강점을 인식하도록 도와줘야 한다. 더불어 성공적인 전략을 선택하고 반복할 수 있게 응원하고, 성취가능한 도전에 달성했음을 인정하도록 격려해야 한다. 다음 중학교 1학년 학생 2명의 글을 읽어보면, 수업에서 수학에 대한 부정적 마음을 갖지 않고 배운다는 것이 무엇인지 확인할 수 있을 것이다.

수학에서 정말 멋지다고 보는 한 가지가 있어요. 아직까지도 확실하지는 않지만, 문제를 해결하는 새로운 방법을 시도하는 것 또는 수업 토론에서 내가 생각한 것을 말하는 것이 두렵지 않다는 거예요. 저는 그렇게 당황하지 않아요. 이제는 우리 반 친구들과 토론하면서 서로 나누는 이야기에 집중할 수 있고, 더 많은 아이디어를 받기도 해요. 예전에는 제가 선생님께 도움을 요청하면 선생님이나 다른 친구가 저를 멍청하다고 생각할까봐 너무 긴장했었어요. 이제는 친구들의 이야기를 침착하게 그리고 편안하게 들을 수 있어요.

계속해서 공부하면 더 많은 신경 세포 연결을 만들 수 있다는 것을 알게 되었고, 그 결과 더 강한 수학 기억력을 갖게 된다는 것도 알았어요. 저는 배운 정보를 선택해서 해야 할 일에 이 정보를 적용할 수 있어요. 예를 들어, 소수에 대해 배운 정보를 돈을 계산할 때 이용하는 거죠. 이전에는 제 자신을 절대로 믿지 않았어요. 지금은 제가 잘 해내도 놀라지 않지만요. 그리고 실수를 할 때에도 제가 도달할 수 있는 목표에는 한계가 있다고 생각하지 않기 때문에 계속해서 공부하게 돼서 정말 재미있어요.

스트레스를 줄여서 뇌를 재훈련하기

만약 학생이 수업이나 시험에서 실수하는 것을 걱정하면 스트레스를 받게 되고, 편도체는 두뇌의 활동을 인지활동과 무관한 하뇌 쪽으로 이동시키며 전전두엽 피질prefrontal cortex, PFC에서 정보를 처리하지 못하게 한다. 노래를 부르거나, 친숙한 시를 읽거나, 기지개를 켜거나, 춤을 추거나, 유머러스한 만화를 보거나, 심호흡을 하거나, 좋아하는 곳을 생각하면 스트레스가 낮아지고 도파민이 증가하면서 반응적 신경 네트워크(하뇌)에서 반영적 신경 네트워크(상뇌)로 정보가 계속해서 흘러가는 긍정적인 감정적 정신 상태가 설정되어 두뇌가 집중할 수 있는 능력이 신장된다 (Hopko, Ashcraft, & Gute, 1998)

❖ 전략: 수업 참여율을 높이면서 동시에 스트레스 줄이기

불안을 느끼면 이 불안이 작업기억 공간을 차지한다. 왜냐하면 전전두엽 피질PFC이 감정적인 괴로움을 처리하기 위해 자원을 분산시키기 때문이다. 그 결과, 사용 가능한 작업기억이 줄어들면, 학생이 계산을 하거나 문제를 해결하는 데 필요한 저장된 기억을 검색할 수 있는 능력이 줄어들게 된다. 따라서 도파민 수치를 높일 수 있는 방법(유머, 낙천성, 긍정적인 경험, 선택 등)을 생각해보고, 이 방법을 사용해서 도파민 수치가 높아지면서 함께 동반되는 긍정성, 인내심, 기억력을 신장시켜야 한다.

그리고 학생이 공부하는 데 도움이 된다고 기록한 개별 전략을 확인하고, 이 전략을 적극 활용하도록 돕는다. 예를 들어, 중요한 공식이나 기억하기 어려운 계산공식을 메모지에 적은 다음, 토론 중에 이 정보를 책상 위에 붙여두는 것이다. 일단 학생이 질문에 대답하기 시작하면 이후에는 필요한 정보를 기억하게 된다. 즉, 편도체가 자원을 전전두엽 피질PFC로 흐르게 하는 데 방해가 되는 스트레스 요인 하나가 줄었기 때문이다.

문제해결 단계를 글로 적는 것은 수학에 높은 스트레스를 갖고 있는 학생에게 중요하다. 왜냐하면 일단 글로 적으면, 그 정보를 작업기억 속에 유지할 필요가 없기 때문이다. 다음에 소개되는 간단한 전략을 통해, 수업 중에 질문에 답할 수 있는 더 큰 자신감을 가질 수 있으며, 특히 논리적인 이유를 설명해야 하는 질문을 받았을 때 더욱 도움이 된다.

학습할 내용 예습하기

학생 중에서, 특히 언어력이 부족하거나 유난히 수학에 대한 부정적 태도가 높은 학생은 수업 중에 새로운 주제가 소개될 때마다 즉시 높은 스트레스 상태가 될 수 있다. 이 상황을 효과적으로 다루는 한 가지 방법으로 새로운 지식을 이해하기 위해 관련 내용을 미리 예습하는 것이다. 학생은 새로운 단원이 소개되기 전날 저녁에, 특히 새로운 수학 어휘나 기호가 있는 단원에서 몇 분간 시간을 내서 교과서의 도입 부분을 읽으면 된다. 이때 읽은 모든 것을 이해하려 노력하기 보다 새로운 단어, 기호 또는 절차에 익숙해지는 것이 중요하다. 다음날 공부할 책의 내용을 먼저 예습하게 되면, 최소한의 배경지식으로도 본 수업 내용에 익숙해져서 수업에 참여하기 때문에 자동적으로 올라오는 불안을 줄일 수 있다.

10분 스트레스 날려버리기

앞서 언급한 바와 같이, 학생이 실수할까봐 불안해하고 자신의 성취가능한 도전 수준 이상 또는 이하의 수업에 스트레스를 받으면, 수학에 대한 부정적 마음이 증가하면서 두뇌는 투쟁-도피-경직 반응으로 바뀌고 고차원적인 사고력이 불가능해진다. 다음에 소개될 수시평가frequent assessment와 교정 피드백corrective feedback 전략은 다양한 수업에서 사용될 수 있으며, 특히 교사의 설명식 수업, 새로운 개념을 소개하는 시간, 숙제하기 또는 시험 복습하기에서 유용하다.

10분 간격으로 진행되는 수시평가와 교정 피드백은 여러 연구로부터 효과성이 확인된 스트레스 해소 전략으로 이해력과 장기기억을 촉진하고 추론과 분석의 집행기능을 개발하는 강력한 도구이다. 이 전략에서 학생은 개별 화이트보드를 사용하면서, 스트레스를 낮추고 참여도를 높이게 된다. 왜냐하면 자신이 알고 있는 것을 큰 소리로 대답할 필요가 없기 때문이다. 또한 질문에 구두로 대답하는 소수의 학생만이 아니라 모든 학생이 참여하기 때문이다. 더불어 수시평가에서 수업 내내 성취할 수 있는 도전 수준의 정보를 제공받게 된다. 학생은 수시평가와 교정 피드백 전략을 경험하면서, 이미 학습했기 때문에 지겹게 느끼거나 내용이 혼란스러워 좌절하기 시작하더라도 상황이 호전될 때까지 10분 이상 걸리지 않는다는 것도 알게 된다.

학생은 교사가 자주 묻는 질문에 대한 답을 화이트보드에 적고, 그 답이 보이도록 화이트보드를 살짝 들어 실수에 대한 걱정을 줄일 수 있다. 그러면 교사는 학생의 답을 확인했다고 알리기 위해 간단히 고개만 끄덕이면 된다. 이 과정에서 다른 친구의 답을 볼 수는 없다. 왜냐하면 화이트보드를 잠깐 동안만 들어 교사가 확인하기 때문이며, 다른 학생도 자신의 답을 쓰느라 바쁘기 때문이다. 이 방법은 공식적이거나 교정을 위한 피드백은 아니지만, 스트레스를 해소하는 데 도움이 된다. 예를 들어, 학생의 대답이 잘못되었다고 교사가 반쪽 끄덕임과 같은 신호를 보내어 실수를 확인하고 교정할 기회를 추가로 제공할 수 있다.

만약 대다수 학생의 화이트보드 응답에 동일한 오류가 확인된다면, 교사는 그 부분을 다른 방법으로 다시 가르치거나 배경지식을 한 번 더 점검해야 한다고 판단할 수 있다. 대부분의 학생이 교사의 질문에 정확하게 답을 했다면, 문제를 어떻게 해결했는지 장황하게 설명하지 말고 그 문제에 대한 답만 제시하고 계속해서 수업을 진행하면 된다. 그 과정에서 이미 알고 있는 주제라서 지루해하는 학생은 안심하게 되고, 반대로 답이 틀린 학생은 앞으로 몇 분 안에 자신의 혼란을 해결하기 위해 개별 도움을 받게 된다는 것을 알게 된다.

❖ 전략: 개별적 스트레스 감소 기법 사용하기

수업 시간 내에서 진행되는 수시평가는 평가 결과에 대해 즉각적인 조치가 취해지므로 스트레스 감소를 돕는다. 10분 스트레스 날리기는 학생을 세세하게 교정하는 피드백을 위한 게 아니라, 단지 수업의 흐름을 끊지 않으면서도 1–2분 만에 학생의 좌절감과 지루함을 즉시 줄이기 위한 방법이다.

우선 약 3일 정도, 스트레스 감소 기법에 대해 설명해야 한다. 일단 이 기법의 역할을 이해하고 적용할 수 있게 되면, 이후 과정은 무난해진다. 다음은 스트레스 감소 기법에 대한 설명인데, 두 번 정도 읽어보도록 하자.

교사가 학생에게 성취가능한 도전을 설명할 때는 스트레스 감소 기법도 준비해야 한다. 그 결과, 학생은 자신이 배우는 주제에 따라, 새로운 것을 더 배우기 위해 준비를 할 수도 있고, 지금 배우는 내용을 더 많이 연습할 수도 있으며 수업에 따라가기 위해 더 기초적인 지식을 다져야 할 수도 있음을 알게 된다. 교사는 스트레스 감소 기법을 이용해서 학생이 그 다음으로 무엇을 해야 하는지 알 수 있도록 한 명 한 명에게 적합한 신호를 보낸다. 스트레스 감소 기법의 목표는 모든 학생이 적절한 도전 수준을 경험하여 편안해진 상태에서 다시 정규 수업에 참여하는 것이다. 이때, 가르치는 학생의 학년에 맞추어 그림이나 문장이 담긴 게시판을 만들어야 하는데, 게시판에는 스트레스 감소 기법을 경험한 이후 수업에 다시 참여하면서 자신이 해야 하는 적절한 활동이 안내되어 있다.

예를 들어, 학생이 모든 문제를 다 맞추어 더 이상 연습하지 않아도 된다면, 「이동 중」 차트 안내에 따르면 된다. 「이동 중」 차트에는 설명을 하지 않아도 된다는 선택사항과 수업이나 단원 주제와 관련 있는 새로운 선택사항, 저학년의 경우, 혼자서 책을 읽거나 컴퓨터 프로그램을 조작하는 등의 개인적 활동을 하도록 돕는 사항이 포함되어 있다. 「이동 중」 차트를 따라가는 학생은 더 이상 수업에 참여하거나 토론하거나 연습하지 않으며 (스트레스가 풀릴 때까지 최소 다음 10분에서 15분 동안), 그 대신 (교실의 조용한 코너에서) 짝과 토론을 하거나 다음 질문에 답을 하는 자주적인 학습을 하는 등 인지적으로나 개념적으로 더 높은 수준의 연습을 하면 된다.

- 전에 배웠던 다른 수학 내용이 떠오르나요? 그리고 지금 배우는 수학을 아는 것이 어떤 이유에서 유용할까요? 자신의 생각을 수학일지에 써보세요.
- 방금 풀었던 문제와 비슷한 문제를 만들어 해결하고 짝에게 자신이 푼 문제를 건네주세요. 서로의 문제를 풀어보고 만약 그 풀이에 동의하지 않는다면, 그렇게 생각하는 자신의 이유를 설명하면서 합의에 도달해보세요. 그리고 모든 결과를 제출하세요.
- 이번 주에 배운 내용을 다시 한 번 확인하고 짝과 비교하면서, 짝과 함께 추가하고 싶은 내용을 채워보세요. (이 방법은 교사가 교실을 돌아다니면서 각 학생에게 다음 수업 시간에 무엇을 할지 계획을 전달하는 동안 전체

학급 학생이 해볼 수 있는 좋은 선택사항이다.)

학생이 대부분의 질문에 틀린 답을 하고 부족한 기초 지식 때문에, 언어의 차이 때문에 또는 처리 작업의 어려움 때문에 수학을 힘들어한다 해도, 스트레스 감소 시간에 학생이 필요로 하는 수학을 교정하도록 도와줄 수는 없다. 이때는 코드 단어나 문장을 제공해서 학생의 스트레스를 즉시 낮춰줄 수 있다. 코드 단어(혹은 문장)는 학생이 다음 수업 시간에 무엇을 하게 될지 기억하도록 돕고, 자신의 속도에 맞추어 주제를 배울 기회를 가질 수 있는 수업 시간 이외에 도움을 주는 선택사항이다. 코드 단어는 학생이 좌절이나 혼란으로 인해 투쟁-도피-경직 반응 상태에서 벗어나게 하기 위해 만든 것으로, 수업 내용 중에 일부라도 전전두엽 피질PFC에 도달하도록 그리고 학생의 행동이 의식적으로 통제되도록 돕게 된다.

예를 들어, 학생이 다음 수업 시간에 배울 내용을 따라가는 데 필요한 지식이 부족하다는 것을 학생의 반응으로부터 확인했다면, 미소를 지으며 친절하게 「흐르는 강물」이라는 코드 단어를 제시한다. 이런 코드 단어는 학기 초에 학생과 함께 만들면 된다. 그리고 학생이 수업 내용을 혼란스러워하기에 다음 내용을 이해하는 게 어렵겠다고 판단될 때, 교사가 교실을 돌아다니면서 학생 한 명 한 명에게 즉시 코드 단어를 전달하게 된다.

내가 정한 코드 단어인 「흐르는 강물」은 다음과 같다.

> 여러분은 지금 혼란스럽고 좌절감을 느끼고 있군요. 걱정마세요. 「흐르는 강물」을 이용하면 편안해질거에요. 지금부터 딱 10분간 방금 배운 내용

을 좀 더 높은 수준으로 끌어올리거나 연습 문제를 더 풀이할건데요. 모든 단계를 알아내려고 노력하거나 설명의 세부사항을 따르려고 하지 마세요. 단지, 씨앗을 운반하는 강물처럼 새로운 수학 어휘, 단어, 기호 또는 절차가 당신의 두뇌에 퍼지게 하세요. 모든 것을 이해하지 못했어도, 연습 문제를 해결하지 못했어도, 여러분의 두뇌는 말하고 기록한 것을 일부라도 받아들일 겁니다. 혹시, 문제 풀이 동안 스트레스를 받지 않고 있다면, 뇌는 계속해서 경청한 것으로부터 무언가를 얻게 되구요. 다음 시간에는 「흐르는 강물」로 떠내려가던 그 작은 씨앗이 뇌에 싹을 틔우게 될 겁니다. 이 씨앗은 여러분의 이해력이 성장함에 따라 세워지게 될 새로운 두뇌 네트워크의 시작인 거죠. 지금부터 반드시 해야 할 것은 보고 듣는 것, 차분함을 유지하는 것, 들은 것에 대해 마음을 여는 것, 자신이 이해하지 못한 것에 대해 걱정하지 않는 것뿐이랍니다.

당신이 자신만의 「흐르는 강물」을 만들어 적절하게 설명하면, 학생이 투쟁-도피-경직 반응을 하지 않을 수 있는 도구를 가지게 되는 것이다. 그 결과로 학생이 계속해서 보고 듣는 게 가능해진다. 그리고 새로운 문제를 해결하지 못했다고 야단맞을까봐 조바심을 내거나 걱정하지 않게 된다. 「흐르는 강물」에서는 입력된 정보가 편도체를 통과해 전전두엽 피질 PFC 속으로 흘러들어갈 수 있게 되며, 학생이 보고 들은 것의 일부는 기억의 흔적을 남기게 된다. 그리고 보고 들은 내용을 기억하려고 노력하는 동안 그 내용을 다시 한 번 확인할 때 이런 흔적은 활성화된다. 추가적으로 학생의 반응적 두뇌가 투쟁-도피-경직 반응을 지시하지 않게 된다는 이점도 있다. 학생이 코드 단어로 수학을 좀 더 쉽게 배울 수 있음을 직접 경험하면서 점점 더 코드 단어를 성공적으로 활용하게 된다.

아마도 눈치를 챘겠지만, 「흐르는 강물」이라는 코드 단어를 이용하는 전략은 이전에 설명했던 전략, 즉 학생이 정보가 이해되지 않을지라도 다음 수업을 미리 예습하는 전략과 유사하다. 두 가지 전략 모두 상당히 효과적인데, 그 이유는 두뇌가 이미 보거나 들은 입력 정보를 더욱 적극적으로 수용하기 때문이다. 몇몇 연구에서 이 전략의 긍정적인 효과를 확인하였다. 즉, 예습에 대한 연구에서 연구 참여자에게 단어를 제공하고 의식적으로 읽거나 반복할 때보다 빠른 속도로 단어를 소개하였다. 그리고 난 후에 참여자에게 그 단어를 다시 확인하게 하였을 때, 그 단어가 다른 글꼴, 모양, 크기로 제시되어도 예습한 단어를 더욱 빠르게 알아차렸다 (McCandliss, Cohen, & Dehaene, 2003).

학생이 화이트보드 평가에서 보통 정도의 성공을 거두었다면, 스트레스 감소 시간 동안 틀렸던 질문을 다시 해결할 수 있는 몇 분간의 여유를 갖게 된다. 교사가 칠판에 문제와 함께 정답을 기록해두고 교실을 순회하는 동안, 학생은 혼자 또는 짝과 함께 그 문제를 다시 풀어보는 시간을 가질 수 있다. 수업이 다시 시작되면, 학생은 설명식 수업, 토론, 화이트보드 연습을 이어갈 것이다. 또한 "그걸 어떻게 계산했나요?"와 같은 질문을 추가로 제공할 수 있는데, 이에 답을 찾은 학생은 구두적인 의사소통을 통해 자신의 새로운 학습을 강화하는 혜택을 받게 된다. 그리고 아직 답을 찾기 위해 계속해서 문제를 풀고 있는 모둠의 학생은 친구의 설명 안에서 자신에게 더 와닿는 새로운 단어를 이용한 계산 과정을 들을 수 있는 기회를 갖게 된다. 특히 큰 소리로 답을 말하면서 수업에 참여하는 것에 대한 걱정이 줄어들게 된다. 왜냐하면 수업에 남은 모둠의 인원이 더 적고 비슷한 성취가능한 도전 수준의 개인이 모여 있기 때문이다.

더불어 추가적인 두 가지 스트레스 해소 활동을 활용할 수 있다. 학기 초에 학생은 카드 한 장의 앞뒤에 물음표와 전구를 그린 뒤, 책상이나 수학 공책에 붙인다. 만약 수업 중에 질문하는 게 어려운 문제가 있다면 물음표 카드를 올려둔다. 그러면 이후에 그 학생에게 가서 궁금한 사항을 확인할 수 있고 학생은 개인적으로 질문할 수 있다. 수업 시간을 쪼개서 즉시 그 질문에 명확하게 답을 해줄 수 있지만, 학생의 질문이 지금 당장 답을 하는 것보다 더 중요한 의미를 담고 있어 깊게 이야기를 해야 한다면, "○○(이)의 질문은 중요한 질문이구나."라고 알려주고 이후에 시간을 정해서 이 질문을 설명해주어야 한다.

밝은 아이디어 전구 카드는 주제와 관련된 정보를 자주 공유하기를 원하는 학생에게 또는 문제를 어떻게 해결하는지 배운 적이 있어 이 방법을 설명하고자 하는 학생에게 유용하다. 어떤 학생은 자신의 의견을 즉시 제시하지 않으면 매우 스트레스를 받는데, 자신이 하고 싶은 말을 잊어버릴까봐 두려워하고 걱정하기 때문에 수업에 집중하지 못하는 것이다. 그러나 전구 카드를 올려두면 자신의 의견을 공유할 수 있는 기회가 곧 올 것임을 알게 되어 불안감이 줄어들게 된다. 이에, "○○(이)의 의견으로 수업을 해봅시다." 또는 「스트레스해소」 시간이나 「고민해요」 시간에 자세히 들어볼게요."라고 합의된 단어 코드를 제시해야 한다.

놓친 기본지식을 구성하여 자신감 신장하기

학생이 자신의 능력에 대해 아주 조금이라도 자신감을 갖고 있다면, 자신의 두뇌를 바꿀 수 있다고 더 강하게 믿게 된다. 다음에 소개되는 전략은 학생의 기본지식 수준을 끌어올리는 방법으로, 학생이 수업에 필요한 배경정보와 사전 지식을 배울 때까지 자기 주도적으로, 짝과 함께, 부모-보조 연습을 통해 또는 수업, 숙제 및 시험 중에 사용할 수 있는 도움을 제공하게 된다. 이 전략에는 오류줄이기 수학errorless math으로 반드시 성공하기, 힌트-단어 이해하기, 계산기와 표 이용하기 등이 포함된다. 특히 자기신뢰 키우기 전략은 기본 기술(또는 다른 지식)이 부족하여 걱정하는 학생에게 자기신뢰를 신장하는데 상당히 도움이 된다.

❖ 전략: 오류줄이기 수학으로 반드시 성공하기

오류줄이기 수학 전략errorless math은 수학에 대한 부정적인 경험 때문에 어떤 도전도 시도하지 않으려는 학생에게 유용한 기초 구축 기억 도구이다. 이 전략은 알아야 하는 지식도 쌓고 수학에 대한 자신감도 키운다는 목표를 갖는다. 학생이 오류줄이기 수학을 경험하면서 자신의 성취가능한 도전을 스스로 성공함으로써 동기를 유발하기 위한 시간을 갖는다. 이 과정에서 교사나 도우미 친구는 옳은 답의 확률을 높이기 위해 언어나 몸짓으로 배운 것을 상기시켜 주는데, 결과적으로는 정답이 된다(Bender, 2005).

수업 시간에 곱셈을 연습하는 전통적인 방법은 학생이 정해진 시간 안에 시험지의 곱셈 문제를 최대한 많이 푸는 것이다. 학생이 이렇게 곱셈을 연습하면, 자신이 틀렸던 문제를 복습하거나 끝까지 해결하지 못한 문제를 다시 풀어보려는 동기가 없기 때문에 낮은 보상과 높은 스트레스를 받게 된다.

오류줄이기 수학 전략을 통해서, 학생은 높은 성공, 낮은 위협, 적절한 도전 활동에서 속도와 정확성을 기르게 된다. 예를 들어, 곱셈을 연습하기 위해 카드를 사용할 수 있는데, 단계별 지침은 다음과 같다.

1. 곱셈 연산 카드를 준비하고, 종이 한 장에 카드의 곱셈 연산 목록을 기록하여 준비한다. 복사해서 사용할 수 있는 견본이 있을 수 있다. 각 곱셈 질문 옆에 *옳게 반복함*, *옳게 기다림*, *옳게 답함*이라 적혀진 세 개의 칸을 추가한다.
2. 우선 복습하면서 자신감을 갖는다. 예를 들어, 카드 위의 $3 \times 4 = \_\_$ 질문을 보여주고 곧바로 답을 말한다. 학생은 카드를 보면서(시각적, 청각적 기억 자극) 교사가 말한 대로, 그 질문과 답을 반복한다. 그런 다음 학생은 카드를 뒤집어 답이 정답임을 확인한다(긍정 강화/도파민 쾌락).
3. 학생이 계산을 정확히 반복하면 *옳게 반복함* 칸에 체크를 한다.
4. 만약 학생이 수학 지식을 정확하게 반복하지 않으면, 그 지식을 다시 읽고 교사와 함께 정확하게 반복한다. 학생이 옳게 반복할 때까지 목록에는 아무것도 표시하지 않으며, 다음 카드를 계속해서 제시한다. 교사

1. 3 × 3 = ______

2. 4 × 7 = ______

3. 3 × 9 = ______

.....

옳게 반복함	옳게 기다림	옳게 답함

곱셈 연산 목록 기록지

0 × 2 =	1 × 2 =	2 × 2 =
3 × 2 =	4 × 2 =	5 × 2 =
6 × 2 =	7 × 2 =	8 × 2 =

곱셈 연산 카드

가 제시할 카드의 수는 학생의 주의집중력 범위를 관찰하여 파악할 수 있는 성취가능한 도전에 맞추어 정한다. 그리고 이전 수업에서 학생이 이미 완성한 몇 개의 카드를 반드시 포함한다.

5. 충분히 연습한 후에, 두세 장의 카드에 적힌 수학 지식을 보는 것에 익숙해진 것 같다면, 카드 하나를 보여주고 함께 문제를 읽는다. 교사가 답을 말하기 전에 학생이 답을 먼저 말하는지 확인하기 위해 3초 정도 기다린다. 학생이 문제의 답을 말하면 그 답이 맞는지 확인하기 위해 카드를 뒤집는다. 만약 학생의 답이 맞다면, *옳게 답함* 칸에 체크한다.
6. 만약에 3초 동안 학생이 답을 하지 않으면, 교사가 그 답을 말해준다. 그런 다음 학생은 그 문제와 답을 반복하고, 정확한 값을 확인하기 위해 카드를 뒤집는다.
7. 학생이 교사가 답을 말할 때까지 기다렸다가 교사와 함께 올바르게 답을 반복한다면, *옳게 기다림* 칸에 긍정적 반응으로 체크를 한다. 이 칸을 체크하게 된 이유는 학생이 기다릴 줄 알았고 교사와 함께 정답을 말했기 때문이다. 이 연습은 *옳게 기다림*과 *옳게 답함*을 모두 인정하기 때문에 오류가 없고 위협적이지 않다.
   - 이 과정에서 학생이 답을 말한다면 정답을 말한 것이고, 학생이 교사

가 답을 말할 때까지 기다렸다가 교사의 답을 반복한다면, 그것 또한 정답이기 때문에 어떤 오류도 없다.

- 학생이 오답을 말하여도 잘못 답함 칸이 없기 때문에 체크할 수 없다. 목록에 빈 칸을 남겨두면 그 학생에게 부정적 피드백을 주지 않고도 그 문제를 못 풀었다는 기록이 남는다. 하지만, 교사가 학생에게 그 문제를 다시 답하도록 질문하기 때문에 즉시 수정 피드백이 제공된다. 두 번째 시도에서 교사가 문제와 답을 즉시 제시하기 때문에 학생은 오답을 말하기 보다 정답을 반복할 기회를 갖게 된다. 이 과정 동안 학생에게 기록지를 보여주는 것은 긍정적인 경험이 된다. 즉, 학생에게 동기를 부여하고 긍정적인 수학 태도를 강화하기 위해, 계속적인 연습으로 *옳게 기다림*과 *옳게 답함*으로 숙달이 성장하는 기록을 보여줄 수 있다.

8. 옳게 대답할 확률을 높이기 위해 말이나 몸짓으로 힌트를 제공한다. 예를 들어, 학생이 수에 소수를 곱하면서 소수점 찍는 것을 잊어버렸다면, 교사는 소수점이라고 말한다. 그 결과, 최종 답안에 실제로 실수를 범하지 않는다. 비록 교사가 학생에게 힌트를 제공했지만, 그 학생은 결국 옳은 답을 적어 성취하고, 더불어 연습도 하고 즐겁게 대답도 하게 된다.

오류줄이기 학습[33)]을 즐기는 학생은 각 질문에 대답하기 전에 수학 지

33) 오류줄이기 학습(errorless learning)이란 학습자가 옳은 답에 반복적으로 노출되어 틀린 답을 하거나, 잘못된 답을 선택할 기회가 없는 방식으로 진행되는 학습이다(Lloyd, Riley, & Powell, 2009).

식을 기록하면서 연습하는 것에 관심을 갖게 된다. 교사는 여러 자료를 직접 만들거나 또는 〈부록 1〉에 열거된 웹 사이트에서 구매할 수도 있다. 부모, 도우미, 책임질 수 있는 같은 반 친구가 오류줄이기 수학과정을 경험하고 이 과정을 훈련받는다면, 이들은 오류줄이기 수학을 위해 코치를 맡을 수 있다.

곱셈은 학생이 분수를 이해할 때까지 아주 중요한 기본 지식이기 때문에, 수업에 활용할 수 있는 몇 가지 접근법을 알고 있는 것이 유용하다. 학생이 자연수의 곱셈이란 같은 수를 일정 횟수만큼 더하는 것과 같다는 개념을 이해하는 것으로부터 시작한다.

이때, 학생이 숫자 1부터 10까지 순서대로 곱셈표를 연습할 필요는 없다. 자신이 선택하면 그에 따라 도파민이 높아진다는 *선택적인 도파민 증가the dopamine boost of choice*를 사용하여 학생이 좋아하는 것부터 시작하도록 격려할 수 있다. 또는 1, 2, 5, 10부터 시작하여 학생이 이미 곱셈을 얼마나 알고 있는지 확인하면서 안내할 수 있다. 왜냐하면 학생 대부분은 2단, 5단, 10단을 거의 계산할 수 있기 때문이다.

학생에게 곱셈표 복사본을 주고 이미 잘 아는 곱셈을 지우도록 한다. 이때, 여러 사이트에서 곱셈표를 인쇄할 수 있다. 학생이 1, 2, 5, 10단을 지우면, 다른 숫자의 행에서 지운 숫자를 찾아보도록 한다. 학생은 똑같은 두 수의 곱셈(3 × 5와 5 × 3)을 계속해서 지운다. 예를 들어, 학생이 5의 배수를 안다면, "이미 3 × 5 = 15 (3단의 행)과 5 × 3 = 15 (5단의 행)를 알고 있네요."라고 보여준다.

학생이 곱셈을 오류줄이기 수학에 따라 충분히 이해하고 나면, 곱셈표의 모든 수를 지우면서 즐거워하게 된다. 그리고 학생이 건강을 유지하기 위해 근육이 필요한 것처럼 두뇌에도 운동이 필요하다는 것을 기억하도록 돕는다. 새로운 뉴런 네트워크를 튼튼하게 유지하기 위해서, 휴대폰이 계속 작동할 수 있게 충전하는 것처럼 뉴런 네트워크를 주기적으로 활성화시킬 필요가 있다고 설명한다.

학생이 곱셈을 바로바로 기억하여 문제를 해결하기 시작할 때, "여러분의 노력이 성과를 거두었군요."라고 언급한다. 이제 학생은 다양한 새로운 문제, 특히 나눗셈, 분수, 소수에 대한 문제를 해결하기 위해 필요한 정신적인 근육을 갖게 되었다.

1-12 곱셈표

	1	2	3	4	5	6	7	8	9	10	11	12
1	1	2	3	4	5	6	7	8	9	10	11	12
2	2	4	6	8	10	12	14	16	18	20	22	24
3	3	6	9	12	15	18	21	24	27	30	33	36
4	4	8	12	16	20	24	28	32	36	40	44	48
5	5	10	15	20	25	30	35	40	45	50	55	60
6	6	12	18	24	30	36	42	48	54	60	66	72
7	7	14	21	28	35	42	49	56	63	70	77	84
8	8	16	24	32	40	48	56	64	72	80	88	96
9	9	18	27	36	45	54	63	72	81	90	99	108
10	10	20	30	40	50	60	70	80	90	100	110	120
11	11	22	33	44	55	66	77	88	99	110	121	132
12	12	24	36	48	60	72	84	96	108	120	132	144

❖ 전략: 힌트-단어 이해하기

학생은 수학 절차에 따라 문제를 해결하기 전에 수학 기호를 알고 있어야 한다. 왜냐하면 문장제 문제나 이야기 문제가 수학기호로 표시되기 때문이다. 따라서 학생은 곱하기, 나누기, 더하기, 빼기, 등호, 비율을 나타내는 기호가 정리되어 있는 개인차트나 전체 학급차트를 만들어 유지할 수 있다.

그 결과, 학생은 힌트-단어 문구에 한 가지 이상의 의미가 있음을 경험하게 된다. 예를 들어 "학생마다 얼마나 많은how many 건포도를 가질 수 있을까요?"의 얼마나 많은how many은 나누기, 더하기 또는 빼기를 위한 힌트가 될 수 있다. 학생에게 힌트는 정해진 법칙이 아니다는 것을 미리 알려주어야 한다. 그래야 학생이 얼마나 많은how many이란 말을 보거나 들을 때 두뇌를 의식적으로 통제하면서 자동적으로 플러스 기호로 바꾸지 않게 된다. 문장, 계산, 기호와 관련될 수 있는 모든 힌트 단어의 예를 기록해두면 도움이 된다. 이런 예는 다중의미를 가진 힌트 단어일 때 더욱 도움이 될 것이다.

더하기: 합하다, 더하다, 합, 전체, 모두 합체, 증가하는, 자라다, 얻는, ~의 합, 혼합한, 더 많은(즉, 3보다 7이 더 많으면 10이다.), 함께 하면, 모두 다

빼기: 뺀, 제거하다, 차이, ~보다 적은, ~로부터 제거하다, 빼다, 내어주다, 팔다, 잃다, ~보다 많지 않은, 줄어든, 둘 사이의 차이

곱하기: 곱하다, ~배(倍), 갑절, 하나에 대한 정보를 주고 총량이 얼마인지 질문하기

나누기: 몫, ~의 퍼센트, ~당, 비율, 나눗셈, 분할하여, 잘라, 나누어, 똑같이 나누어주는, 많은 양을 제시하고 한 명이 가져야 할 양이 얼마인지 질문하기

등호: (총계가) ~이 되다, ~이다, 합계

❖ 전략: 계산기와 표 이용하기

우리가 알다시피, 작업기억은 저장 공간이 제한되어 있다. 작업기억이란 83 − 17 또는 14 × 11과 같은 계산을 암산으로 해결하는 동안 83, 17, 14, 11과 같은 숫자를 기억할 때 사용하는 기억이다. 우리 모두는 계산을 하는 동안 작업기억이 처리할 수 있는 정보의 양이 각기 다르다. 학생은 주요 개념을 이해할 수 있기 전에 모든 기본 지식을 기억할 필요는 없다 (Bransford, Brown, & Cocking, 2000).

곱셈을 완전히 익히지 않았지만 나눗셈 수업에 참여해야 하는 학생을 위해 어떻게 장벽을 낮출 수 있는지 생각해보아야 한다. 이런 상황에서, 학생은 곱셈 계산 때문에 나눗셈을 배우는 게 느려질 수 있다. 그리고 긴 나눗셈의 개념과 절차를 배우는 과정에서 좌절감이 커지거나 작업기억에서 곱셈을 계산하지 못할지도 모른다. 예를 들어, 428 ÷ 7을 계산해야 할 때, 아직까지 자동적으로 곱셈을 계산하지 못하는 학생은 7 × 6 = 42를 찾기 위해 구구단에서 7단을 확인하는 데 5분 정도가 걸릴 수 있다. 학생이 7 × 6 = 42를 찾을 때 쯤, 수업은 문제 풀이가 계속 진행되고 그 학생은 수업을 따라 잡을 수 없게 된다. 학생이 새로운 연산을 배우는 동안 기초 계산을 잘 하지 못하여 발목을 잡히는 경우는 정말 답답한 일이다. 이

때, 계산기나 곱셈표는 합리적인 비계 도구가 된다. 즉, 학생은 나눗셈을 연습하는 동안, 계산기를 이용하거나 책이나 책상에 붙여놓은 곱셈표를 사용할 수 있다.

학생은 곱셈을 자동적으로 계산할 수 있도록 여전히 연습도 하고 숙제도 하겠지만, 수업 시간에는 나눗셈 같은 새로운 지식을 배워야 한다. 그리고 친구들과 함께 새로운 개념을 이해하면서 내적 보상을 가져야 한다. 그 과정에서 계산기나 곱셈표 이용하기가 다른 친구들보다 더욱 뒤쳐진다고 느껴 수학에 대한 부정적 태도를 높일 수 있을 것이라는 의견과 다르게 부족한 기본지식을 계속 공부하도록 내적 동기를 부여하는 데 도움이 된다.

수학 태도와 성취도를 높이기 위해 계산기를 사용하는 것에 대한 연구에서, 계산기가 없을 때 학생은 자신이 배운 것을 의미 있게 사용할 수 있는 최소한의 기회만을 가지며 자신의 속도에 맞추어 수업에 꾸준히 참여하기보다 수업을 항상 따라 잡아야 한다고 느끼는 것으로 확인되었다. 연구자는 학생이 계산기를 사용하여 수학을 포기하겠다에서 수학을 하고 싶다로 변화가 생겼다면, 계산기를 사용하는 것이 옳다고 주장했다. 학생은 계산기를 이용하여 부족한 계산 기술을 개발할 수 있고 또 개발해야 한다. 단, 자신의 부족한 계산 기술을 채우는 것에 집중하는 것이 더 바람직하다 (Hembree & Dessart, 1986).

곱셈표 차트는 공간 지향적이고 시각적 추적 능력을 갖춘 학생에게 효과적일 수 있다. 학생이 계산기에 수를 입력하고 곱한 결과를 확인하면서 시각적 순서에 반응하게 된다면, 곱셈표 차트에서는 4를 입력한 다음에 6

을 입력하여 24를 확인하면서 시각적–공간적 순서를 확인하는 능력을 갖게 된다. 학생이 계산기와 곱셈표 차트 두 가지를 모두 시도해보고, 자신의 작동기억이 계산기 화면 위에서 더 효과적인지 곱셈표 차트의 일관된 패턴에서 더 나은지 확인하기 위해 자신의 곱셈 과정을 기록하는 것이 중요하다.

❖ 전략: 자기신뢰 키우기

수업 시간에 자신의 답이 틀린다고 자주 걱정하여 문제를 계속 풀기도 전에 각각의 문제를 교사에게 확인받기를 원하는 학생, 또는 교사가 설명을 마치지 않았거나 예시를 제시하지도 않았는데 "저는 못해요."라고 외치는 학생이 있을 것이다. 이런 학생은 자신의 학습된 무기력learned helplessness[34]을 대신할 자기신뢰self–reliance와 자신감을 신장시켜야 한다. 이런 학생이 도움을 요청하기 전에 따라야 하는 교실 약속을 정하는 것이 도움이 된다.

수업 중에 자기신뢰와 자신감을 강조하기 위해 그 무엇보다 다음 두 가지를 먼저 시도해보도록 부탁한다. 첫째로, 교과서나 수업 노트에서 해결해야 하는 문제와 유사한 해결된 예를 찾아보도록 한다. 다음으로 그 예를 주의 깊게 읽고 똑같이 해결해보면서 자신의 말로 직접 설명할 수 있게 한

34) 학습된 무기력이란 마틴 셀리그만(Martin Seligman)과 동료 연구자들이 동물을 대상으로 회피 학습을 통하여 공포의 조건 형성을 연구하던 중 발견한 현상으로, 피할 수 없거나 극복할 수 없는 환경에 반복적으로 노출된 경험으로 인하여 실제로 자신의 능력으로 피할 수 있거나 극복할 수 있음에도 불구하고 스스로 그러한 상황에서 자포자기하는 것을 말한다. 다른 말로는 학습된 무력감이라고도 한다.

다. 종종 어떤 도움 없이도 그 예제의 풀이 과정을 새로운 문제와 연결할 수도 있다. 대부분 학생은 이 풀이 과정을 스스로 해결할 수 있게 되고, 자신의 수학적 자신감 또한 지식과 함께 커진다.

만약 학생이 부정적인 학교 경험으로 인해 자신의 수학 지식에 대해 매우 불안함을 느낀다면, 도움도 요청하지 않게 되면서 혼란스러운 문제를 스스로 해결하는게 더욱 어려워질 것이다. 이런 상황에서, "여러분은 제가 무엇을 제안할지 이미 알고 있는 게 분명해요."라면서 학생을 안심시키고 비판하지 말아야 한다. 이 학생이 교과서, 수업 노트 또는 이전 숙제에서 유사한 예를 찾을 때 교사의 응원으로 자신감을 얻게 되면 충분히 스스로 문제를 풀게 되고 관련된 내적 보상을 얻게 된다. 학생이 아하!를 경험하는 순간, 즉 "나는 이해가 안 돼."에서 "내가 해냈어! 내가 예를 하나 찾아서 직접 계산을 했어!"로 바뀌는 것을 지켜보는 것은 가장 보람된 교육 경험 중에 하나이다.

이 장에 소개된 전략은 모두 뇌의 신경가소성(neuroplasticity)을 뒷받침하고 있으므로, 가능하면 언제라도, 변화하고 더욱 강해질 수 있는 두뇌의 힘을 교사가 강하게 믿고 있음을 학생에게 다시 한번 알려주도록 한다. 두뇌 연구와 관련이 있는 전략을 이용하면, 학생은 지식을 습득하고, 실수를 바로잡고, 수업에 참여하며, 끝까지 인내할 때 두뇌가 변화 가능하다는 것을 알게 되면서 학습을 즐거워하고 배움에 힘을 갖게 된다는 점이 가장 중요하다.

망설이지 말고 학생에게 신경가소성에 대해 반복적으로 설명해야 한다. 특히 '내가 생각하는 거랑 달라. 내 능력으로는 절대 못 할거야.'라는 생각으로 스트레스를 받는 학생에게는 뇌의 신경가소성에 대해 더욱더 자주 알려주어야 하며, 정보나 행동을 복습하고 반복할 때마다 신경 세포 회로가 활성화된다는 것을 반복해서 강조해야 한다. 학생이 문제를 해결하고, 질문에 답하고 또는 움직임을 연습하기 위해 신경세포 회로가 기억을 자극하기 때문에, 신경세포 회로가 활성화될 때마다 학생의 이해력 또한 강화된다. 그 회로를 흐르는 전류는 두뇌에 회로를 더 강하게 만들도록 더 강하게 신호를 보낸다.

교사의 격려와 <부록 2>의 <두뇌 사용 설명서>에 수록된 신경과학 지식은 학생이 자신의 뇌를 변화시키고, 기억을 더 오래 그리고 더 선명하게 하고, 연습으로 기술을 쌓고, 복습으로 기억은행을 만드는 힘이 자신에게 있음을 알도록 계속적으로 도울 수 있다. 심지어 연습이 영구적으로 만든다는 모토도 수업에 적용할 수 있다. 그 결과 학생은 자신의 두뇌와 지능을 바꿀 수 있는 힘을 가지고 있기 때문에, 노력하면 연습이 영구적으로 만든다는 것을 계속해서 기억할 수 있게 될 것이다.

CHAPTER

06

누구나 수학을 좋아할 수 있어

당신이 연필 한 자루와 꿈만 가지고 있다면 어디로든 갈 수 있다.

조이스 마이어스

LEARNING TO LOVE MATH

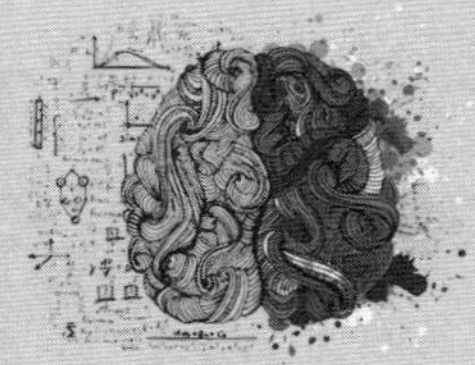

교사는 강한 인내심으로 학생을 지도하고, 학생을 격려하며, 학생이 추가 도움을 받을 수 있도록 수업 중과 그 외 시간을 할애하고, 학생의 수준에 맞추어 성취가능한 도전을 준비한다. 그러나 학생은 여전히 "수학은 저의 최악의 과목이에요."에서부터 "전 이거 다 아는데, 새로운 내용을 언제 가르쳐 주시나요?"까지, 매년 불평을 듣게 된다.

학생이 수학에 좌절하는 이유로 가장 흔하게 선택하는 단어가 지루함이다. 따라서 지루함이 무엇을 의미하는지 깊이 고려할 필요가 있다. 지루함이나 멀어짐을 느끼게 되면 특정 수업이나 과목이 재미없다는 것을 넘어서게 되는데, 즉 학교를 중퇴하는 데까지 이른다.

2004년 당시 미국 대도시 고등학생의 50%가 중퇴로 완전히 학교를 떠났다. 이 비율은 지금까지 제시된 중퇴율 중 가장 높았다. 학생이 고등학교를 졸업하는 비율보다 그 부모가 고등학교를 졸업하는 비율이 더 높게 나온 것은 미국의 공립학교 제도 이후 처음이었다. 중퇴를 하지는 않았지만 많은 학생이 학교에 꾸준히 출석하지 않았으며, 주변에 방해되는 행동을 하거나 부적절하게 숙제와 시험 준비를 했다(Organization for Economic Co-operation and Development, 2004).

또한 고등학교를 중퇴하는 4가지 예측요인 중에서 첫째 6학년 때부터 수학을 실패하기 시작한다와, 둘째 고등학교 이전에 수업에 불만족스러워한 적이 있다는 두 가지 요인이 모두 확인된 학생의 75%가 고등학교를 중퇴했다(Neild, Balfanz, & Herzog, 2007). 수학 공부의 실패와 수업에 대한 불만족 이 두 가지 요인이 결합되면 수학에 대한 부정적 태도로 두뇌가 투쟁–도피–경직 반응을 하게 된다.

놀랄만한 것은 학생이 학교를 중퇴하는 이유가 학교에서 배우는 내용이 어렵기 때문이 아니었다. 2006년에 미국 26개주 9학년부터 12학년까지 총 81,499명 학생을 대상으로 중퇴 이유에 대한 설문조사를 실시하였다. 공부가 어려워서 중퇴를 고려하고 있다는 응답은 27%에 불과했고 대다수가 학교가 지루하기 때문에 중퇴를 고려한다고 응답했다. 지루함이란 어떤 의미일까? 수업 시간이 지루하다는 학생 중에서 74%는 수업 내용이 재미가 없다고, 39%는 수업 내용이 나와 관련이 없다고 응답했다. 또한 교사와 학생 사이의 상호작용 수준이 중요한데, 31%는 교사와 교류가 없기 때문에 지루하다고 응답했다(Yazzie–Mintz, 2007).

학생이 수학에 동기가 높아지면 수학을 성공적으로 공부하게 되고 수학적 추론과 분석 능력을 개발하게 된다. 즉, 학생이 중퇴하지 않도록 돕는 것도 중요하지만, 수학에 동기를 갖도록 안내하는 것이 중요하다. 동기부여된 학생은 책임감이 강하고 문제가 될 만한 행동을 거의 하지 않는다. 왜냐하면 앞서 이야기했듯이 수학의 부정적 태도가 투쟁–도피–경직 반응과 연관되어 있기 때문이다. 교사의 적극적인 도움으로 수학에 대한 학생의 부정적 태도는 관심과 긍정적인 태도로 바뀔 수 있다.

이 장에 소개된 전략은 학생 모두의 상상력과 관심을 사로잡는데 초점을 맞추는 것에서 출발한다. 그 결과, 하뇌에서 투쟁–도피–경직 반응을 하는 대신 전전두엽 피질prefrotal cortex, PFC에서 정보를 얻는데 집중하게 된다. 그런 다음 스트레스를 낮추고 긍정적인 감정을 증가시킴으로써 이러한 관심을 유지하고 작업기억을 구성하는 전략을 탐색할 것이다.

활동적 참여로 학생을 동기유발하기

교사가 학생의 흥미와 배경지식을 알고 있으면 망상활성계reticular activating system, RAS가 높게 선택할 감각입력을 이용해 수업을 준비할 수 있다. 망상활성계RAS는 생존 높이기, 즐거운 감정 유발하기, 즉각적으로 바람직한 목표 달성하기를 예측하는 감각입력에 긍정적으로 반응한다. 따라서 나는–지금here–me–how 반응을 자극하는 전략을 사용하면 학생이 뇌로 받아들였으면 하는 정보를 초기 두뇌 필터인 망상활성계RAS가 선택할 가능성이 높아진다.

망상활성계RAS는 또한 환경의 변화에 상당히 민감하기 때문에, 놀라움과 신기함은 학생의 주의집중을 증진시키는데 귀중한 수업 도구가 될 수 있다. 특히, 신기함은 감각 자극(목소리 톤, 음량 또는 리듬)을 변화시키면서 수업과 통합될 수 있는데, 색이나 움직임과 같이 시각적으로 힌트를 주거나 변화를 주는 것, 다른 촉각적 또는 운동적으로 변화를 주는 것 등을 선택할 수 있다. 이런 모든 신호를 이용해 학생이 보아야 하고 들어야 하는 것에 주의를 집중할 수 있게 된다. 망상활성계RAS는 운동장에서 들려오는 소리나 옆자리 친구와의 대화보다 교사의 감각입력이 더욱 잠재적으로 즐거울 수 있다고 선택해야 한다.

뇌 속으로 _ 망상활성계(RAS)

모든 정보는 감각기관을 거쳐 뇌에 들어가고, 입력된 정보는 뇌의 가장 초기 필터인 망상활성계RAS를 통과해야 정보처리 영역으로 들어간다. 인간은 매초마다 소리, 빛, 색깔, 냄새, 촉각, 근육의 위치, 내부 기관으로부터 수십억 비트의 감각정보를 이용할 수 있다. 그러나 이들 중에서 몇천 개만이 매초마다 망상활성계를 통과할 수 있다(Lawrence, Ross, Hoffman, Garavan, & Stein, 2003).

만약 망상활성계 필터가 없다면, 인간의 신경계는 입력되는 정보로 마비되었을 것이다. 그 대신 망상활성계는 두뇌가 우선순위를 정하고 인식에서 인정할 만큼 가치있는 것을 선택할 수 있게 해준다. 망상활성계의 선택은 사고하는 두뇌가 의식적인 수준에서 무엇을 작동해야 하는지를 결정한다. 만약 망상활성계가 교사가 전달하는 정보를 선택하지 않는다면, 이 정보는 학습될 가능성이 없다.

인간을 포함하여 모든 동물에게 망상활성계는 환경의 변화에 주의를 기울이고, 위험이나 쾌락의 기회를 나타내는 새로운 소리, 광경, 냄새를 선택적으로 뇌에 알린다. 이러한 선택으로 동물은 생존할 수 있고 (음식, 물, 안전한 서식지가 즐거운 것으로 간주된다), 그 종이 유지된다(감각입력이 짝짓기 할 대상과 관련되어 있다면, 즐거운 성적 경험을 연결할 수 있는 감각입력을 선택한다). 그렇다고 인간의 망상활성계가 다른 포유동물보다 훨씬 더 진화한 것은 아니다. 즉, 잠재적 위험에 제일 먼저 예민한 것은 동일하다. 일단 망상활성계가 즉각적인 보호 반응(투쟁–도피–경직 반응)이 필요하지 않다고 확인하면, 이전에 즐거웠던 경험과 관련된 변화에 대한 감각입력을 선택한다.

감각입력에 대한 망상활성계 반응은 두뇌의 고차원–사고 영역으로 들어가는 정보의 속도, 내용 및 유형에 영향을 미친다. 망상활성계는 입력에 대한 뇌의 수용성을 자극하거나 전환하는 열쇠다. 예를 들어, 사람이 편안한 상태에서 주의집중을 필요로 하는 작업에 관심을 가지면서 망상활성계가 활성화되는 것을 양전자 방출단층촬영술 PET 스캔을 통해 확인할 수 있다(Kinomura, Larsson, Gulyas, & Roland, 1996).

인지 연구는 지능과 망상활성계를 통과하는 정보의 패턴을 선택하는 뇌의 능력 사이에 상관관계가 있음을 확인하였다. 과제와 무관한 감각입력을 효과적으로 억제하는 능력은 학생마다 다르다. 높은 지능 학생 모둠을 보통지능 학생 모둠과 비교했을 때, 작업 목표에 정보를 보다 구성적으로 일치시키고 과제와 무관한 정보를 보다 효과적으로 억제한다는 연구가 있다. 이는 높은 지능 학생의 망상활성계 필터가 당면한 목표나 과제에 따라 보다 효율적으로 입력을 선택하기 때문임을 시사하고 있다(Vigneua, Caissie, & Bors, 2006).

❖전략: 망상활성계 활용으로 학생 사로잡기

(예상치 못한) 신기함, 변화, 놀라움은 학생의 주의를 끌며 열정적인 동기유발을 촉진할 수 있다(Hunkin et al., 2002). 학생에게 시험을 통과하기 위해 또는 미래의 성공을 위해 수학 지식이 필요하므로 공부해야 한다고 말한다면, 망상활성계RAS는 감각입력을 가치있게 느끼지 않게 된다. 즉, 이런 정보 자체는 망상활성계RAS가 생존이나 쾌락과 연결되는 나는-지금 here-me-how의 특성을 담고 있지 않다.

망상활성계RAS는 변화나 신기함과 통합된 것, 호기심을 불러일으키는 것 또는 쾌락과 연관되어 있는 것에 처음부터 끌린다. 따라서 움직임, 색깔, 음악, 광고, 어긋나는 사건 또는 예상치 못한 것(음수에 대한 수업을 시작하기 전에 교실 뒤로 걸어가는 것 등)으로 학생의 관심을 사로잡을 수 있다.

망상활성계RAS의 가장 큰 동기유발자는 신기함이다. 따라서 신경학적 해석에 따르면, 감각입력이 상당히 신기해야 망상활성계RAS가 이 정보에 집중하게 된다. 만약 학생이 수업에서 배우는 정보를 이미 다 알고 있다면 수업이 너무 느리게 진행되는 것 같고 배우는 정보가 신기하지도 않아 관심을 갖지 않게 된다. 즉, 다양한 수준의 성취가능한 도전을 반영한 개별화된 수업이 다시 한번 중요해진다. 예를 들어, 학생이 이미 어떤 개념을 알고 있기에 망상활성계RAS가 그 개념을 무시한다면, 새롭고 중요한 정보가 소개되어도 실제로 이런 정보를 놓치게 된다. 학생이 지루해하는 기본 지식을 중간에 짧게 넣어 가르치면서 완전 새로운 정보를 추가하는 수업이 가능하다. 사전에 몇 가지 합의된 큐(예를 들어 모자 쓰기, 특별한 색깔로 표시하기 등) 또는 코드 단어를 사용하면, 새롭고 중요한 자료를 소개할 때 수업 내용에 지루해하는 학생이 다시 주의집중하도록 망상활성계RAS를 깨울 수 있다.

다음은 신기함을 추가할 수 있는 몇 가지 예시들이다.

말하는 목소리

신기한 억양이나 평소와 다른 말투로 말해본다.

일시 정지

무언가 중요한 것을 말하기 전에 극적으로 모든 것을 멈추면 교사가 무엇을 말하려는지, 다음에 무엇을 하려는지 학생이 궁금해하면서 기대하게 된다.

단어 순서

스타워즈starwars에 나오는 요다Yoda처럼, 동사부터 먼저 말하면서 평소와 다른 단어 순서로 문장을 시작해볼 수 있다. 예를 들어 평소에는 문제를 먼저 제시한 뒤에 그 문제에 대하여 질문을 하는데, 그와 다르게 "생각해봐. 너희가. 수학 순서 문제를 풀 때."라고 말한 뒤, 학생이 정확한 답을 얻기 위해 연산 순서를 알아야 하는 $80 - 20 \times 3 =$ ___와 같은 문제를 제시하는 것이다[35].

Yoda

신기함이나 다름을 색깔로 표시하기

주요 사항에 빨간색, 파란색과 같은 색깔로 판서하면 학생도 자신의 노트에 같은 색깔의 연필이나 펜을 사용하게 된다. 초록색, 노란색, 빨간색을 사용하여 중요성이 증가하는 것을 표시한다면, 학생이 이런 약속을 잊지 않도록 교실 한쪽에 교통신호등 사진을 붙여둘

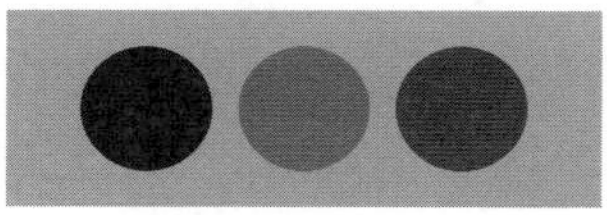

---

35) 어떤 학생은 80에서 20을 빼고 3을 곱해 180이라 답할 것이고, 또 다른 학생은 20과 3의 곱을 먼저 계산하여 80에서 빼서 20을 정확하게 얻을 수 있다. 주변 친구들의 답이 서로 다르기 때문에 교사가 무엇을 설명할지 알고 싶어 할 것이다. 당연히 자신의 답이 맞다고 확신하면서.

수 있다. 색이 변하면 망상활성계RAS의 관심이 증가할 뿐 아니라, 반 친구가 새로운 색깔 연필을 사용하는 교실 분위기 안에서 다른 생각을 하던 학생도 주의를 다시 집중하게 된다.

글꼴

글꼴(색상 포함)을 바꾸면 시험지와 과제지에 집중할 수 있게 된다.

생각하는 모자

수업 중에 중요한 내용이 나오면 특별한 모자를 써보자. 더 중요한 내용이면 모자를 옆쪽으로 돌려쓰고, 가장 중요한 내용임을 강조하기 위해서는 모자를 뒤로 뒤집어 써본다.

노래 들려주기

수업을 시작할 때 수업과 관련된 노래를 들려준다. 그러면 노래와 수업 사이에 어떤 관계가 있는지 알아내려고 도전하게 되고, 노래와 수업 사이의 관련성을 찾기 위해 수업을 더 주의 깊게 듣고 집중하게 될 것이다.

옷 힌트

도형 수업에서 기하 모양이 프린트 된 옷을 입는다.

어림하기 동기유발

물컵을 가득 채우기, 엄청난 양의 숙제를 내주기, 학생이 쉬는 시간에 늦어도 내버려두기 등을 하고, 학생이 이런 모습에 궁금해 하면, "미리 어림을 했어야 하는데…."라고 대답해보자.

초코파이

학생이 수업에 들어오기 전에 책상마다 초코파이를 올려놓는다. 이유는 말하지 않는다. 그리고 초코파이가 수업과 무슨 관련이 있을지 자신의 생각을 적어보라고 한다. 교사는 초코파이(원, 반지름, 원주율, 비율, π, 파이데이)와 관련 있는 주제의 어떤 수업이라도 연결 지을 수 있다. 또한 모둠에서 분수나 비율을 계산하기 위해 초코파이를 나누거나 등분하는 활동도 할 수 있다.

❖ 전략: 친근한 수로 성취가능한 도전 강화하기

대부분의 학생은 컴퓨터 게임을 하면서 성취가능한 도전을 즐긴다. 그리고 계산기를 이용해 최대한 빠르게 계산하는 사람을 보면 흥미를 느낀다. 수학에서 흥미를 느끼도록 하는 한 가지 예로 친근한 수[36] 이용하기가 가능하다. 예를 들어, 23 + 27은 20 + 30으로 바꾸어 계산할 수 있는데, 학생이 노트에 숫자 23, 27을 쓰고 있을 즈음 교사가 "50이네요."라고 답

36) 친근한 수(friendly numbers)란 계산하기에 쉬운 수를 의미한다. 예를 들어 10의 배수는 친근하다. 왜냐하면 더하거나 뺄 때 계산이 쉽기 때문이다. 덧셈을 할 때 친근한 수 전략을 사용할 수 있다. 예를 들어 27 + 9에서 9 = 3 + 6이므로 27 + 3 = 30을 먼저 계산한 뒤에 6을 더하는 것이다.

을 바로 말해버리는 것이다. 이때, 교사가 이 문제를 암기한 게 아님을 확인시켜주기 위해 친근한 수로 채워진 문제 목록을 제공한다. 그러면 학생도 관심을 갖고 목록에 수록된 문제를 계산해보려 하거나, 수업이 끝난 후 나머지 공부나 숙제로 연장할 수 있다.

학생의 원시적인 두뇌는 호기심이 강하기 때문에 교사가 어떻게 빨리 답할 수 있었는지 배우려고 동기가 생긴다. 교사가 가르쳐야 할 것을 배우고 싶어하도록 마음을 열어주는 것이다.

뇌 속으로 _ 신기하고 흥미로운 것

신기함이 주의집중에 영향을 미치는지 확인하는 연구가 있다. 연구대상자는 다양한 사진을 보았고 그 다음에 의미에 따라 분류한 일련의 단어를 보았다. 다음날, 한 모둠은 새로운 이미지를 보았고 다른 모둠은 어제 본 이미 익숙한 이미지를 보았다. 그러고 나서 참여자 모두에게 전날 보았던 단어 리스트에서 가능한 한 많은 단어를 기억해 달라고 요청했다. 그 결과, 좀 전에 새로운 이미지를 본 모둠이 훨씬 더 많이 기억했다. 연구팀은 신기함이 관심과 기억을 촉진시키는 것 같다는 의견을 제시하면서, 기억을 향상시키기 위해, 새로운 내용을 가르치기 전에 놀랄만한 새로운 정보로 수업을 시작하는 것을 제안하였다.

❖전략: 호기심과 긍정적인 기대감 키우기

긍정적인 기대나 호기심이 담긴 수업, 긍정경험과 관련있는 수업에서도 도파민 수치가 증가되어 즐거움, 집중력, 기억력을 신장시킨다. 이를 위해 광고 기법, 어긋나는 사건 및 놀라운 계산 결과를 이용할 수 있다.

광고 기법

티저 광고[37] 형식처럼, 수업 주제와 관련있는 힌트를 모아서 하나씩 보여주는 것이다. 예를 들어, 분수를 지도하는 수업에서 다음 순서대로 사진을 보여줄 수 있다.

> 어느 날 깁스한 팔의 사진 → 며칠이 지난 후의 엑스레이 사진 → 온음표와 반음표가 붙은 악보 → 새로운 방식으로 배열된 책상(교실의 한 쪽에 책상의 반이 정리되어 있고, 다른 쪽에는 $\frac{1}{4}$, 다른 쪽에는 $\frac{1}{8}$, 또 다른 쪽에는 $\frac{2}{8}$).

학생은 자신의 예측을 기록하거나 다른 힌트가 추가되었는지 확인하면서 호기심을 갖고 수업에 참여할 것이다.

어긋나는 사건

예상치 못한 결과가 따라오는 설명이나 학생의 초기 직관에 어긋나는 진술로 수업을 시작한다. 학생은 자신이 보고 들은 것과 자신에게 논리적으로 보이는 것 사이에 무언가 어긋나는 것 같다는 인지적 부조화cognitive dissonance를 느끼면서, 교사의 설명이나 진술에 관심을 갖게 되고, 자신이 기대한 것과 맞지 않는지 명확히 알고 싶어 하면서 새롭고 더 높은 이해

37) 티저 광고란 예고 광고, 상품 이름을 비롯한 관련 정보를 거의 알려 주지 않아 호기심을 갖고 다음 광고에 주의를 기울이게 하는 광고이다.

수준으로 나아가고자 하는 열망이 생기게 된다. 다음은 이미 배워 알고 있는 지식과 어긋나는 사건의 예시들이다.

부피

똑같은 부피의 두 가지 용기, 하나는 길고 좁은 용기와 짧고 넓은 용기를 준비한다. 학생은 길고 좁은 용기에 물을 채운 다음 이 용기의 물을 짧고 넓은 용기에 붓고, 이 용기가 꽉 차는지 예측한다. 길고 좁은 용기가 짧고 넓은 용기와 같은 양의 물을 담을 수 있다는 것을 보여주는 것은 부피의 인식에 대한 흥미를 유발하는 호기심을 자극할 수 있다. 이때, "왜 똑같은지 부피를 배울 때 설명해줄게요."라고만 말하면, 학생은 재미있고 흥미로운 도전을 받게 되면서 동기가 유발된다.

곱하기

학생에게 다음을 질문해본다. "첫 주에 100원을 받고 1년 동안 매주 전 주의 두 배씩 받기를 원하십니까? [38] 아니면 1년 동안 매주 100원에서 당신의 나이의 배수만큼 받고 싶습니까?" [39]

38) 1주에 100원, 2주에 200원, 3주에 400원, 4주에 800원, 5주에 1600원 … 이렇게 받으면 1년이 48주이므로 48주에는 $2^{47} \times 100$, 약 14×10^{15}원 정도를 받는다.

39) 나이가 12살이며 매주 1200원씩을 1년 동안 받으며 1년이 48주이므로, 48주에는 $1200 \times 48 = 57,600$원을 받는다.

분수

학생이 피자 $\frac{1}{4}$의 반half of a quarter과 반의 $\frac{1}{4}$a quarter of a half 중에 어느 것이 더 큰지 예측해보게 한다. 교사가 "같은 양이랍니다."라고 말하면서, 학생의 호기심을 분수의 곱셈에 대한 수업으로 연결시킬 수 있다.

크기와 질량

유리병이 넘칠 정도로 입구까지 솜뭉치를 가득 채운 뒤, "몇 개의 솜뭉치가 들어있을까요?"라고 질문한다. 학생은 솜뭉치가 대부분 공기라는 것을 깨닫지 못하는데, 유리병에는 예측한 것보다 훨씬 더 많은 솜뭉치가 담겨있다.

비Ratio**와 비율**Propertion

「우리는 서로 얼마나 닮았을까요?, 친구와 나의 키와 머리 둘레 사이의 비를 어떻게 비교할 수 있을까요?」 등을 질문하면서 황금비golden ratio 개념을 소개할 수 있다.

예측하기 위해 그래프 그리기

학생이 *x*축, *y*축의 그래프를 그려 추세나 비율을 예측하는 수업에 참여하기 전에, 100원 동전 위에 물방울을 떨어뜨릴 때 가장자리로 물이 흘러내리기 직전까지 몇 방울을 떨어뜨려야 하는지 질문해본다. 물방울은 표면장력으로 돔을 형성하게 되므로 예상했던 것보다 숫자가 클 것이다. 50원과 1원 동전 위에는 얼마나 많은 물방울이 떨어지는지 질문하고, 500원 동전 위에는 얼마나 많은 물방울이 채워질지 예측하기 위해 확인한 모든 결과를 그래프에 그려보게 한다.

둘레

교사는 100원짜리 동전 2개를 앞면이 위로 올라오게 오버헤드 프로젝터OHP 위에 나란히 올려놓고, “이 동전을 옆의 동전 둘레를 중심으로 회전시키면 어떻게 될까요?”라고 질문한다. 이때, 동전은 새 것을 준비하는 게 좋다. 그래야 가장자리 부분에서 미끄러지지 않기 때문이다. 그리고 다음과 같은 질문을 추가로 한다.

- 만약 두 동전의 초상화가 처음에 같은 방향을 향하게 놓여있다면, 한 번 회전한 후에 초상화는 어떻게 정렬되어 있을까요?
- 한 번 회전하는 동안 돌리는 동전의 초상화는 몇 바퀴 돌았을까요?

논리적으로는 회전하는 동전의 초상화가 한 바퀴를 돌게 되고 회전 후 원위치로 끝나야 한다고 대답한다. 이 활동을 한 후에, 대부분의 학생은 자신이 논리적이라고 생각했던 것과 경험한 것이 맞지 않아 인지적 부조화를 경험 하게 된다. 실제로는 돌리는 동전이 정지해 있는 동전을 중심으로 두 번 완전히 회전하게 된다.

이러한 사례에서도 확인할 수 있듯이, 학생이 놀라워하면서 그 사건이나 계산이 왜 자신이 기대한 것과 맞지 않는지 알기를 원한다면, 어긋나는 사건 활동이 성공한 것이다. 일단 학생이 관심을 갖게 되면 자신의 엄청난 호기심을 충족시키려고 상당히 동기가 유발된다. 다시 한 번 강조하지만, 학생은 교사가 무엇을 가르쳐야 하는지 너무도 궁금해 한다! 어긋나는 사건 활동의 목표는, 학생이 자신과 어긋나는 사건, 불일치하는 현상을 발견하는 게 아니라 왜 어긋나는 사건이 발생하는지 그 타당한 이유에 관심을 갖고 찾아내는 것이다. 학생은 단순히 활동을 하면서 배우는 게 아니라 자신이 발견한 것에 대해 생각하면서 배우고 있다.

학생은 여러 가지 어긋나는 사건 활동을 경험하면서, 자신이 그렇게 예측한 이유의 증거를 확인하기 위해 모둠원들과 계획을 세우게 된다. 그러면서 관찰을 하고, 데이터를 수집하고, 결과를 분석하고, 결과에 근거하여 조정하고, 궁극적으로 어긋나는 사건과 자신의 이전 오개념을 해결하는 결론에 도달한다.

❖전략: 예상치 못한 상황에 대해 부정적 반응 피하기

놀라운 현상이나 정보를 포함하는 수업을 이용해 학생을 자극하는 학습 환경을 만들 수 있으며, 그 결과로 뇌가 인지적 부조화 상태가 되면서 강한 학습 동기유발이 가능해진다. 이때, 다음에 소개되는 몇 가지 사항을 고려하면 어긋나는 사건에 대한 부정적인 반응을 피하는 데 도움이 될 것이다.

학교 밖의 생활이 아직 익숙하지 않은 저학년 학생에게 평소와 다른 특별한 일은 위험을 예고하는 신호가 될 수 있다. 학생의 편안한 마음이 당황스러운 마음 상태로 변하면, 인지적 불균형의 혼란이 증가되면서 스트레스 수준이 보통을 넘어서게 될 수 있다. 이런 상황을 예상하면서 "특이

하거나 혼란스러운 일이 일어난다 해도 나쁜게 아니랍니다. 다른 친구도 똑같이 혼란스러워할 수 있어요. 여러분의 혼란스러움이 무엇을 의미하는지 배우도록 도와줄게요."라는 확신을 갖고 학생의 반응을 미리 준비해야 할 것이다.

전체 학생을 대상으로 설명하는 중에 잘못 이해하는 것처럼 보이는 학생이 있다면, 그 자리에서 바로 수정해주지 않도록 계획을 세운다. 학생은 자신이 알고 있는 것을 교사가 알 수 있도록 화이트보드와 같은 도구에 적을 수 있다. 또는 개념을 더 확장하기 위해 친구와 함께 학습할 수 있다. 교사의 설명 이후에도 여전히 혼란스러워하는 학생은 함께 모여 논의하면서 자신의 의사소통 기술을 키울 수도 있다.

뇌 속으로 _ 인지적 부조화(cognitive dissonance)

학생이 인지적 부조화로 긴장하게 되면(그러나 괴롭지는 않을 때), 망상활성계RAS는 균형을 회복하려고 환경적, 감각적 단서에 집중하게 된다. 학생은 호기심이 생긴 문제를 해결하려고 또는 궁금한 설명을 이해하려고 정보에 주의를 기울인다. 즉, 자신이 현 시점에 갖고 있는 정보로는 이 상황을 적절하게 대처할 수 없기 때문에 수업을 한번 따라가 봐야겠다는 동기가 생긴다. 이런 반응은 생존을 위해 우선 변화해야겠다고 판단한 다음, 자신의 환경에서 예기치 못한 것에 반응하여 잠재적 쾌락을 판단하는 동물의 원시본능과 관련이 된다. 비슷하게 여우와 신포도 이야기에서 포도밭에 들어간 여우가 자신의 능력으로 포도를 따먹지 못하자 저 포도는 신 포도일거라고 생각하고 떠나버리는 것과 같다.

뇌에서 편도체가 긍정적으로 활성화되면 감각반응 중추에서 규칙성 영역과 기억 영역으로 데이터가 효율적으로 전송된다. 관계적인 기억이 암호화되어 있는 해마는 해결책을 선택하고 평형을 회복하기 위해 새로운 데이터와 잠재적으로 연결될 수 있는 저장된 모든 정보를 끄집어 낼 수 있도록 준비가 된다. 들어오는 감각 정보가 저장된 지식과 다를 경우, 해마는 뇌간의 도파민-보유 영역으로 도파민을 분비하라고 신호를 보내며, 도파민-보유 영역으로부터 신경섬유가 해마까지 확장되어 더 많은 도파민이 분비된다. 즉, 학생이 신기한 맥락에서 무언가를 경험할 때 기억을 더 잘 하게 되는 것이다.

인지적 갈등의 목표는 학생의 관심을 사로잡고 비판적 사고를 촉진하며 개념적 이해를 구축하는 것이다. 학생의 설명에 대해 옳다/아니다라고 답하는 대신, 「만약 … 라면」 시나리오를 이용해 자기 스스로 설명할 수 있도록 격려하는 것도 좋다.

수업과 단원을 통해 동기유발을 유지하기

일단 학생이 집중할 수 있도록 주의를 끌었고, 수학 수업과 관련된 감각입력 정보가 망상활성계RAS를 통과해 뇌 안으로 진입하는 것을 촉진하기 위한 전략을 사용했다면, 이제는 남은 수업 기간 동안 학생의 동기를 유지하도록 노력해야 한다. 학생의 스트레스를 낮추어 정보가 편도체를 지나 전전두엽 피질PFC까지 계속 전달되도록 도와야 한다. 이제부터는 수업을 주제와 경험에 연결시키는 전략을 사용해야 한다. 즉 학생은 (사전

지식과 연결하면서) 의미있고 관련있는 것을 찾고, 자신이 스스로 선택하는 기회를 가지며, 시-냅스syn-naps(두뇌 휴식)를 사용하고, 수업에 신체 움직임을 통합해야 한다.

❖전략: 학생과 관련된 연결 만들기

교과서의 새로운 단원 도입 부분에는 학생의 주변 현실과 관련을 짓고 현실세계에 적용하는 내용, 즉 현실세계 응용 내용이 자주 확인된다. 그런데 학생은 이 현실세계 응용 내용에 전혀 관심을 보이지 않을 수 있다. 왜냐하면 관련된 수학 내용을 알고 이 내용으로 즐겁게 직접 경험해보면서 생긴 신경회로를 갖고 있는 두뇌가 아니기 때문이다. 즉, 학생의 두뇌가 현실세계 응용과 연결되어 있지 않을 수 있다. 예를 들어, 수학 수업에 참여하는 학생은 피자를 사랑한다. 그러나 피자에 대한 즐거움과 피자 재료를 측정하는 학습을 직접적으로 연결하는 두뇌 네트워크를 구축해본 경험이 없다면, 피자 재료를 어떻게 측정하여 피자를 만드는 지에 대한 설명은 망상활성계RAS의 무의식적 수준에 전혀 도움이 되지 않는다. 저학년은 피자 먹는 게 즐거울 뿐, 뇌에는 수학을 더 많이 배우는 것과 피자에 대한 즐거움 이 둘을 직접적으로 연결시키는 어떤 경로도 없다. 학생이 좀 더 성장해 전전두엽 피질PFC이 피자를 만드는 데 관련된 측정에 대한 정보가 가치 있고 즐거운 활동이 된다고 망상활성계RAS에게 말 할 수 있을 정도로 충분히 성숙해지면 이 둘 사이가 연결된다.

학생의 현실세계를 미래 직업과 연결하는 것 또한 망상활성계RAS에게 신호를 보내기에 너무 거리가 멀다. 망상활성계RAS는 나는-지금here-me-now수준에서 작동하므로 수학 지식도 나는-지금here-me-now 수준에 맞추어져야 한다. 예를 들어, 대부분 학생의 망상활성계RAS는 고고학자가 탄소 연대 측정법을 위해 과학적인 표기법을 사용하는지에 대해 관심을 가질 것 같지는 않다.

수업 시작에서 소개되는 내용이 다른 단원의 내용과 연결될 때 그리고 학생이 새롭고, 긍정적이며, 개인적으로 가치있는 경험을 즐기는데 초대되는 것처럼 느낄 때, 수업이 가장 성공적으로 시작될 수 있다. 수업의 도입부는 망상활성계RAS에게 이런 내용을 수업하려고 하는데 괜찮을지 물어보는 것과 같다. 즉, 신기함, 위험, 즐거움을 우선시하고 호기심을 지속시키는 1차 문지기인 망상활성계RAS를 통과해야 한다.

예를 들어, 초등학교 저학년에게 어림하기estimation를 지도하기 위해 현실세계와 연결하는 수업으로는, 학생과 대화하면서 물 컵에 물을 계속 부어 넘치는 것에 놀라는 상황을 넣을 수 있다. 학생이 "선생님, 물이 넘쳐요."라고 말을 할 때, "아, 이 컵에 물을 얼마나 부어야 하는지 어림하지 못했네요."라고 말할 수 있는 기회가 된다. 그러면 학생은 물을 붓기 전에 여러 종류의 종이컵이나 플라스틱 컵에 얼만큼의 물을 부을 수 있는지 정확한 어림값을 확인함으로써 물의 양을 예상하게 될 것이다. 이 활동이 끝난 후, 약의 복용량을 확인하거나 물 부족으로 물을 똑같이 나누는 등 어림하기가 중요한 상황들에 대해 브레인스토밍을 하도록 한다.

❖전략: 호기심을 지속하는 도입부 사용하기

수업을 시작할 때, 재미있는 질문, 놀라운 사실, 미디어 프레젠테이션,

중요한 현재 소식을 제시할 수 있다. 또는 학생의 망상활성계RAS에 맞는 나는-지금here-me-now 수준의 주제를 연결시킬 수 있는 전문가를 초대하는 것도 좋다. 그 결과, 곧 배우게 되는 수학도 즐거울 거라 기대하게 된다. 일단 학생이 수업의 주제에 관심을 갖게 되면, 수업과 단원을 공부하는 동안 듣고, 참여하고, 배우려는 동기가 유발될 가능성이 높다.

단원과 관련이 있는 학습내용이나 목표는 대개 학생이 배워야 하는 기본 지식이므로, 자신의 핵심 수학 개념을 새롭게 연결하고 확장하게 된다. 이 목표는 한 학년 동안 완성해야 하는 큰 그림의 일부이므로, 목표를 성공적으로 이루기 위해 학생의 다양한 학습 강점과 관심이 드러나게 활동을 계획하여 동기유발을 자극하고 열정을 키우도록 수업을 시작해야 한다. 일단 학생이 수업에 참여하게 되면, 교사의 불붙은 긍정성과 호기심을 키워 동기유발된 학생과 함께 성공적으로 목표를 달성할 수 있다.

수업 계획을 세울 때, 우선 학생이 가장 알았으면 하는 것을 고려하고, 다음으로 그 목표에 관심을 지속할 수 있는 도입부를 탐색하려 노력해보자. 가능하다면, 학생의 다양한 학습 강점과 성취가능한 도전 수준을 드러내는 여러 가지 다른 방식으로 단원을 표현해보자. 그 결과 모든 학생이 지속적으로 수업에 참여할 수 있게 된다.

다음은 학생이 수 감각, 특히 큰 수를 이해하도록 도움을 주기 위해 좋은 도입부로 사용할 수 있는 몇 가지 흥미로운 사실들이다.

- 10억 초는 거의 32년이다.
- 평생 동안 10억 번 눈을 깜박인다.
- 소금 알갱이 10억 개로 욕조를 가득 채운다.

- 평생 동안 10억 개의 단어를 듣고 읽는다.
- 평균 수명 동안 30억 번 심장이 뛴다.

다음은 학생의 호기심을 유지하면서 수업을 시작하는 추가 전략들이다.

큰 그림 미리보기

학생이 이미 알고 있는 지식과 새로운 주제를 연결하는 큰 그림을 수업 초기에 보여주자. 그러면 수업에 필요한 지식이 활성화되고, 흥미가 유발되며, 나는-지금here-me-now의 가치가 확인된다. 특히, 자신만의 목표를 개발하여 그 목표에 내용을 계속 연결하게 된다. 학생이 개인적으로 지식을 연결하고 질문을 하기 시작하면, 진정으로 수업에 참여하고 있다는 의미로 보면 된다.

음수를 지도하는 수업 전에 온도계, 스쿠버 탱크(또는 스쿠버 다이버 사진), 은행 예금 통장, 주식 시장 시세 등 음수와 관련된 다양한 항목을 준비하면 좋다. 학생은 이 항목의 공통점을 생각하기 시작하고, 큰 그림으로 *하나보다 더 작은*이라는 아이디어를 갖게 된다. 결국 학생이 음수에 대한 학습목표와 연결되면서 수업 주제인 음수에 관심을 갖기 시작할 것이다. 그 후 앞서 소개한 여러 개의 항목으로부터 음수를 가치있게 생각하는 개인적인 이유를 선택할 기회를 가질 수 있다.

질문하면서 수업 시작하기

학생의 호기심과 흥미를 사로잡는 질문을 하면서 수업을 시작할 수 있다. 학생의 흥미를 지속시키기 위한 최고의 질문을 계획하여 학생 스스로 단원의 큰 그림을 발견하게 되면, 학생은 그 질문의 답을 더욱 적극적으로 찾게 된다. 이때, 앞으로 배워야 하는 정보로 답을 해야 하기에 현재로는 답을 할 수 없는 질문도 있다. 하지만 학생이 단원의 내용을 배울수록 이 질문의 답에 더 가까워지는 단서를 지속적으로 확인하게 된다.

예를 들어, 분수에 대한 수업을 진행하기 위해 저학년에게 "0보다 크고 1보다 작은 숫자가 있을까요?"라고 질문할 수 있다. 고학년은 비논리적이거나 불가능해 보이는 질문에 호기심을 가지므로 "수를 곱해서 더 작게 만들 수 있을까요?"라는 질문으로 분수의 곱셈 수업을 시작할 수 있다.

호기심을 일으키는 질문은 더 오래 그리고 더 도전적인 불확실성을 통해 학생의 인내심을 길러준다는 이점이 있다. 3살 아이는 자신의 생일 선물을 열어보려고 파티가 끝날 때까지 기다리면서 즉각적인 만족감을 미루는 집행기능executive function이 없다. 그러나 아이가 좀 더 성장하면, 선물을 모으고 그 수가 늘어나는 것을 보는 기대감을 즐긴다. 왜냐하면 이미 긍정적인 기대감으로 즐거웠던 적이 있고, 모든 선물을 한 번에 열어보는 보상을 경험해본 적이 있기 때문이다.

❖ 전략: 단원 제목 만들기

교과서의 단원 제목을 그대로 사용하는 대신, 소모둠별로 단원 제목을 생각해서 만들어보도록 한다. 단원이 끝나면, 어느 제목이 어울리는지 학급 안에서 투표를 하거나 자신의 일지에 선호하는 제목을 한 가지 선택해 볼 수도 있다. 이렇게 적합한 단원 제목을 함께 이야기해보면서, 이전에 배웠던 지식이 활성화되고, 핵심 아이디어가 강화되며, 새로운 정보와 저장된 기억력 사이의 연결이 증가된다.

그 단원이 정리될 즈음, 새롭게 학습한 지식을 더욱 강화하기 위해 자신이 선택했던 제목을 유지하거나 다른 제목으로 바꿀 수 있다. 더불어 문장, 노래, 시를 쓰거나 그림을 그려 이 제목이 어떤 이유에서 단원의 핵심 아이디어와 잘 어울리는지 친구와 이야기해볼 수 있다. 최종적으로 선택된 단원 제목은 유추 활용과 유사하게, 학생이 이 지식을 다시 떠올리고 싶을 때 저장된 기억에 접근할 수 있는 연결 다리를 세우게 된다.

뇌 속으로 _ 집중력이 높은 학생과 주의력결핍 과잉행동장애(ADHD)[40] 학생

매우 강렬하게 집중하거나 높은 관심을 갖고 엄청난 시간과 노력을 학습에 투자하는 학생이 있다. 이 학생은 휴식을 위해 하던 일을 멈추는 것이 상당히 어렵다. 그림을 그리는 것에 깊이 빠져있는 예술가, 최고의 성과를 달성하는 운동선수, 배우가 배고프거나 졸리다는 자신의 몸의 신호를 무시하는 것과 유사하다. 이처럼 인지적인 활동이 강한 학생은 도파민과 세로토닌이 고갈되어 좌절과 분노를 느끼기 전에 휴식기를 갖도록 안내가 필요하다.

반면에 주의력결핍 과잉행동장애(ADHD) 학생은 집중력을 유지하기 위한 신경전달물질의 보유량이 제한되어 있다. 따라서 다른 친구보다 훨씬 더 빨리 정신적으로 피로를 느끼며 인지 효율이 떨어지는 것을 경험한다.

40) 주의력결핍 과잉행동장애(Attention Deficit Hyperactivity Disorder; ADHD)란 주의산만, 과잉행동, 충동성 등을 특징으로 보이는 신경계 발달장애의 일종이다.

❖ 전략: 동기유발을 유지하기 위해 시-냅스(두뇌 휴식) 이용하기

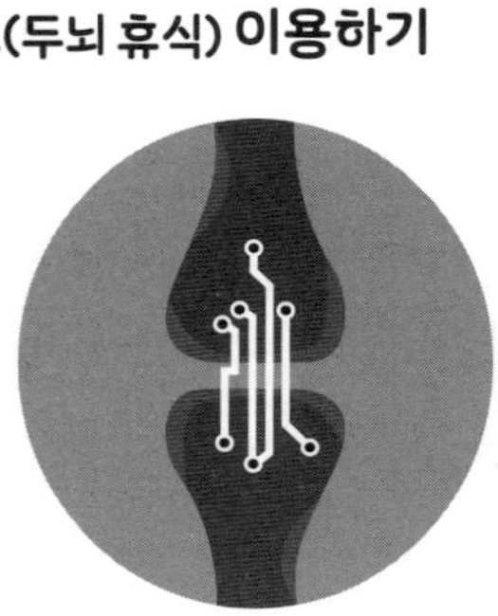

나는 두뇌 휴식을 시-냅스syn-naps[41]라고 부르는데, 사전적으로 시냅스란 뇌의 뉴런 사이의 간격을 의미이지만, 동일한 신경회로가 장시간 사용되면서 고갈된 신경전달물질을 복원하기 위해 만든 전략이다. 예를 들어, 저학년은 5분에서 10분 정도의 시-냅스를 갖는다. 또한 두뇌 휴식인 시-냅스는 편도체가 지나치게 스트레스를 받지 않도록 유지해준다. 학생이 다른 과목보다 수학을 배우는 동안 이러한 시-냅스를 더욱 자주 필요로 한다는 것은 놀라운 일이 아니다. 이러한 두뇌 휴식 시간 동안, 새롭게 학습된 자료는 작동기억을 지나 해마 안의 관계적 기억 안으로 통합될 기회를 갖는다. 동시에 고갈된 신경전달물질이 보충되고 새로운 활동을 위한 또 다른 신경경로가 만들어진다.

시-냅스 활동하기, 새로운 짝 찾기, 움직이기 등을 추가하면, 학생의 방황하는 관심을 되찾을 수 있는 기회가 된다. 그렇다고 해서 3-5분 정도의 두뇌 휴식이 학습의 흐름을 방해하지는 않는다. 시-냅스는 학생이 스트레칭을 하거나 물을 마시면서 수학 노래를 부르거나 수학 농담을 듣는 정도로 간단하고 단순하기 때문이다.

좀 더 긴 시-냅스 활동도 가능한데, 이때는 재미있고 경쟁적이지만 안전한 수학 게임이 좋다. 그래야 학생이 편안하게 게임을 할 수 있고(편도체

41) nap은 선잠, 낮잠, 잠깐 자다의 뜻을 갖는다.

의 스트레스를 낮추고) 이후에도 다시 게임을 하고 싶어한다(도파민 쾌락을 유도한다). 동일한 수학 주제에 다른 종류의 시-냅스 활동을 제공하면, 즉 토론에서 조작활동으로, 개인에서 모둠으로, 교사의 설명에서 계산기나 컴퓨터를 이용하는 활동으로 변경하여 다양한 감각입력 정보를 제공하면, 다른 신경-처리 시스템이 작동된다. 다음은 활용가능한 시-냅스 활동의 예시이다.

버즈

스트레스를 적게 받는 윈win-윈win 게임의 한 예가 소수 버즈Prime Number Buzz이다. 학생은 동그랗게 서서 (또는 자신의 책상 앞에 서서) 한쪽 방향으로 수를 차례대로 말한다. 이 때, 합성수일 경우 그 다음 수를 말하고 소수일 경우 버즈라고 말한다. 틀리면 자기 자리에 앉는다. 그러나 친구의 말을 계속 경청하다 다른 친구의 실수를 잡으면 일어서서 다시 게임에 참여한다. (3의 배수, 4의 배수 등의 배수를 사용하는 배수 버즈에도 동일한 게임 형식이 적용된다.)

전화

이 활동은 지금도 유명한 귓속말 전달하기Whiper Down the Lane 게임을 변형한 것이다. 학생은 두 팀으로 줄을 서서 수학 어휘 단어와 정의를 귓속말로 전달한다. 각 줄의 마지막 사람은 들은 말을 암송하고, 정확하게 정의에 가장 근접하게 암송한 입 팀이 점수를 획득한다.

광고

학생은 모둠별로 수학 상품을 선정하고, 이 수학 상품이 왜 가치가 있는지를 소개하는 광고를 만든다. 예를 들어, A모둠에서 나눗셈 연산을 팔기로 선택했다면, 나눗셈의 가치를 홍보하는 광고를 다음과 같이 만들 수 있다.

"10개의 쿠키를 다섯 명의 친구와 나눠먹어 본 적이 있나요? 만약 당신이 나눗셈이라 불리는 우리의 상품을 구입한다면, 한 사람에게 얼마나 많은 쿠키를 나누어 주어야 모두가 공평하게 받을지 알 수 있을 겁니다."

카드 뽑기

이 활동은 학급 학생 수와 동일한 수만큼인 동일한 카드 두 벌을 사용한다. 카드 한 벌은 교사가 보관하고, 다른 한 벌에서 각 학생에게 카드 한 장씩을 나눠준다. 이제 수학 문제 하나를 학생에게 제시하고, 교사가 가진 한 벌의 카드에서 카드 한 장을 고른다. 교사가 뽑은 카드와 일치하는 카드를 가진 학생이 그 질문에 답을 한다. 만약 이 학생이 그 질문에 대한 답을 모르면, 대답을 돕겠다고 자원하는 팀원(같은 색 카드를 가지고 있는 학생 또는 같은 그림을 가진 학생)에게 상담한다. 이 활동에서, 교사가 질문을 먼저하고 대답할 학생을 지정하기 위해 카드를 나중에 선택하게 되면 더 많은 학생이 적극적으로 답을 생각하게 된다. 질문을 하기 전에 카드를 먼저 선택하게 되면, 선택된 카드가 아닌 학생은 자신이 가진 카드가 아니라는 걸 알기 때문에 교사의 질문에 대한 답을 더 이상 생각하지 않을 수 있다.

이 수학자는 누구인가

수학자에 대한 짧은 전기를 친구에게 소개하거나 자신이 준비한 수학자 이야기를 반 친구와 나누는 미니 수업을 해본다.

암호 해독

이 활동은 패턴을 찾는 연습에 효과적이다. 예를 들어, 암호 S M T W T F S는 일주일 각 요일의 첫 번째 알파벳이다. 이와 같이 수학 용어나 단어 설명을 암호로 만들어 해독해볼 수 있다.

❖ 전략: 시-냅스(두뇌 휴식)에 움직임 추가하기

집중력, 기억력, 기분에 영향을 미치는 신경전달물질인 도파민dopamine, 세로토닌serotonin, 노르에피네프린norepinephrine은 운동을 하면 함께 증가된다. 적당한 운동 후에 시험을 본 학생은 20분 동안 가만히 앉아 있다가 시험을 본 학생보다 더 좋은 결과를 얻었다고 한다(Hillman et al., 2009). 왜냐하면 움직이면 망상활성계RAS를 자극하게 되기 때문이다. 다음에 소개되는 몇 가지 방법으로 움직임을 추가해보자.

두뇌 흔들기

수학을 복습하기 위해 학생끼리 공을 던지고 받는다. 공을 잡은 학생은 방금 끝마친 토론 내용으로부터 기억나는 것 또는 오늘 학습한 내용 중에서 기억나는 것을 말한다. 다른 방법으로 공을 던지는 학생이 공을 받는 학생에게 암산으로 풀 수 있는 수학 질문을 제시할 수 있다. 다양한 수학 수준의 학생으로 구성된 교실이라면, 반 학생이 교실의 앞뒤 쪽으로 팀을 나누어 공을 주고 받는다. 이때, 공을 받은 학생이 반드시 답을 해야 하지만 팀원에게 도움을 요청할 수 있다. 또 다른 방법으로 공을 받은 학생이 자신의 도전을 선택할 수 있도록 공을 던진 학생에게 수준이 다른 질문을 3가지 정도 요청할 수 있다. 이때, 교사는 공을 던질 학생인 질문자가 공을 받은 학생에게 적합한 질문을 하도록 조정하는 걸 도울 수 있다.

너한테 할 말이 있어!

학생은 수학-복습 정보가 기록된 카드를 받는다. 예를 들어, 저학년의 카드에는 곱셈 지식이 적혀 있을 수 있고, 고학년의 카드에는 양의 정수를 뺄 때, 그 답은 수직선 위에서 왼쪽으로 이동하여 얻는다를 설명하는 절차가 적혀 있을 수 있다. 그러고 나서 카드를 받은 학생은 교실을 돌아다니면서 몇 명의 친구에게 자신의 수학 지식을 공유하거나 자신의 절차를 설명해준다. 카드에 적힌 수학 지식이나 절차를 잘 모른다면, 다른 카드를 받거나 도움을 요청하면 된다. 반대로 설명을 듣는 학생은 상대 학생으로부터 들은 사실이나 이유를 자신의 용어로 반복해서 설명해야 한다. 이 과정이 끝나면 말하는 학생과 듣는 학생이 서로 역할을 바꾸어 앞의 과정을 반복한다. 학생은 매번 다른 카드를 받게 되며, 자신의 카드를 간직할 수 있고, 다른 날에도 사용할 수 있다. 이때, 자신이 어떤 카드를 가지고 있었는지 확인하기 위해, 사용하는 카드에 자기 이름의 첫 글자를 써넣을 수 있다.

사이먼 가라사대[42)]

이 게임은 수학 수업에 쉽게 적용이 되는데, 예를 들어 "사이먼 가라사대, 자신의 팔로 예각을 만들어라."라고 말하면 학생은 자신의 팔로 예각을 만들어야 성공한 것이다. 그러나 사이먼 가라사대 없이 "손가락으로 반원을 만들어라."라는 말에 학생이 손가락으로 반원을 만들면 실패한 것이다.

교실 모퉁이에서

이 활동에서 학생은 질문에 답을 하기 위해 교실의 모퉁이로 이동한다. 예를 들어 "이 표시된 부분의 각도는?"이라는 질문에, 표시된 각도가 예각이면 모퉁이 1, 직각이면 모퉁이 2, 둔각이면 모퉁이 3 그리고 잘 모르겠다면 모퉁이 4로 이동한다. 질문에 대해 "잘 모르겠다."고 답한 학생은 다른 모퉁이의 친구에게 가서 답을 선택하게 된 이유를 물어볼 수 있다.

우리는 공통점이 있어

학생은 일어나서 두 명의 다른 친구들과 만나 공통점을 찾으려고 노력한다. 예를 들어, 이름에 똑같은 글자가 있는지, 생일 날짜에 5의 배수가 있는지, 3가지 이상의 색이 있는 셔츠를 입었는지 등을 찾아본다. 또는, 자신의 덴드-라이트dent-write(전날 배운 수학 수업에 대한 요약)를 읽고 설명하고 상대방의 덴드-라이트를 듣고 누락된 정보를 자신의 덴드-라이트

---

42) 사이먼 가라사대 게임(Simon Says Game)이란 사이먼 가라사대(Simon Says)라고 말하고 지시해야만 상대 학생은 그 지시내용을 행동으로 할 수 있다. 예를 들어 "사이먼 가라사대, 너의 발가락을 만지세요."라고 말하면 상대 학생은 자신의 발가락을 만져야 한다. 만약 사이먼 가라사대 없이 "너의 발가락을 만지세요."라고 말했을 때 상대 학생의 자신의 발가락을 만지면 탈락된다.

에 추가한 후 다른 짝을 찾아 이 과정을 반복하는 것도 좋다.

나는 평범한 0이 아니야

교실 바닥에 긴 종이를 깔고 14개의 구획으로 나누어 인간 자릿값 도표 Human Place Value Chart를 만든다(저학년은 구획을 적게 나눈다). 왼쪽부터 시작해서 각 영역에 백억, 십억, 1억, … , 10, 1, 소수 첫째, 소수 둘째라고 라벨을 붙이고 1의 자리와 소수 첫째 자리 사이에는 소수점을 붙인다.

학생은 자릿값의 개념, 즉 도표의 각 구획은 오른쪽 구획의 10배, 왼쪽 구획의 $\frac{1}{10}$배와 같다는 개념을 복습한다. 그러고 나서 각 구획의 이름을 지정하고 소수점 왼쪽과 오른쪽에 있는 자릿값 명칭에 대해 자신이 알게 된, 명칭에서 확인한 패턴을 설명한다.

또는, 도표 위에 서서 수를 만들고 그 수가 다른 수보다 큰지, 작은지, 같은지를 결정해 본다. 각 학생에게 카드를 주고 0에서 9 사이의 숫자를 쓰도록 한다. 4명의 학생이 소수점 왼쪽부터 수가 시작되도록 도표 위에 서는데, 이때 자신들이 직접 쓴 카드를 이용해 가능한 한 가장 큰 정수가 되도록 서본다. 이후 다른 4명의 학생이 나와 가능한 한 가장 작은 수로 자리를 만들어 서본다. 반의 모든 학생은 이렇게 해서 만들어진 수를 기록해야 한다. 그 후 더 크다 또는 더 작다를 화이트보드에 기록하거나 손가락으로 V자를 만들어 부등호 기호(<, >)로 표시할 수 있다. 교사는 4,560 > 1,230와 같이 적절한 기호를 사용하여 수를 비교하면서 칠판에 정답을

46,793,593,686.52

쓴다.

좀 더 발전된 수학을 배울 준비가 되어 있다면 "10의 자리에서 시작하여 오른쪽으로 줄을 서서 수를 만드세요. 이때, 소수점을 포함합니다."라고 설명한다. 처음 4명의 학생은 소수점 아래 두 자리의 가장 큰 숫자를 만들고, 다음 학생은 같은 자리 규칙에 따라 가장 작은 수를 만든다. 그런 다음에 자신의 답을 기록하고 교사가 칠판에 기록한 정답과 비교한다.

추가적인 도전 수준으로, 각각의 모둠 학생들 모두 100의 자리부터 시작해서 오른쪽으로 줄을 서도록 안내하면서, 새롭게 확인되는 소수를 읽도록 돕는다. 소수점 아래로 더 길게 수를 만들고, 그 수를 읽어본다. 학생은 지정된 자리(100의 자리, 10000의 자리 등)에서 시작하여 오른쪽으로 줄을 서면서 가장 큰 수와 가장 작은 수를 만드는 게임을 하고, 그 외 친구들은 자릿값 도표를 이용해 어떤 수가 다른 수보다 더 큰지 결정한다.

더 많은 학생이 수직선 위에 서서 더 큰 수를 만들어보고, 나머지 학생은 그 수를 숫자와 단어 형태로 기록한다.

도전을 더욱 확장하기 위해 어느 학생이 수직선의 A자리에 0을 들고 있고 다른 학생이 수직선의 B자리에 0을 들고 있다면 이 둘은 다른 값인지, 소수의 가장 작은 숫자 다음에 0을 쓴다면 어떻게 되는지 등을 학생에게 질문할 수 있다.

관점 바꾸기

학생의 학습 관점을 새롭게 바꾸기 위해 수업하는 위치를 변경해 본다. 즉, 교실의 다른 쪽으로 이동하여 수업을 할 수 있다. 이처럼 교실 주위를 돌아다니며 수업을 하면 학생이 고개와 몸통을 돌려 교사를 보게 되는데, 뇌는 시각적 배경이 바뀌었다고 입력 정보를 추가하여 망상활성계RAS를 깨운다.

또는 가능하다면 수학 수업을 운동장과 같은 야외에서 진행해볼 수 있다. 운동장에 거대한 좌표평면 그래프를 그리고 학생에게 점의 좌표를 제공하여 교사가 지정한 점으로 걸어가게 해본다. 산책을 하면서도 공부를 할 수 있는데 건물, 자연, 보도블록, 표지판 등에서 기하 도형을 찾아보는 것이다. 고학년은 자신의 키와 그림자의 길이를 사용하여 그림자를 기준으로 나무나 깃대의 높이를 계산하는 것에 도전해본다.

동기 유지하기

이제 동기유발은 계속적으로 관심을 가져야 할 사항임이 명확해져야 한다. 학생은 처음부터 주의집중을 해야 하고, 그 주의집중을 수업 내내 지속해야 하며 단원을 공부하면서도 유지해야 한다. 학생의 동기가 유지되려면, 지속적인 강화가 필요한데, 다음에 학생의 동기를 유지하기 위한 몇 가지 아이디어를 소개한다.

- 주기적으로 학생에게 지금의 정신적 노력이 가까운 미래에 얻게 되는 즐거움과 관련이 있다는 것을 기억하도록 도와야 한다. 학생의 나

이가 어리면 어릴수록, 두뇌는 현재 재미가 없는 활동 또는 가까운 미래에 즐거울 것 같지 않은 활동에 더 잘 견디지 못한다. 다행스럽게도, 도파민 보상 네트워크는 즐거움을 기대하면서 도파민을 분비한다. 따라서 수업 중에 어떤 즐거운 수학 활동이 소개될지 그리고 지금 하고 있는 연습이 원하는 활동과 어떻게 연결되는지 학생에게 알려준다. 또한 이렇게 도파민이 분비되는 동안, 교사는 학생이 곱셈표나 자릿값과 같은 기초수학를 알기 위해 반드시 이해해야 하는 절차나 사실에 대해 함께 협력하는 시간을 갖는다.

- 학생에게 주기적으로 질문을 던진다. 그리고 학생의 호기심을 새롭게 하기 위해 큰 그림, 큰 질문 또는 어긋나는 사건으로 수업을 시작하면서 이와 관련하여 의견을 제시하고 예측해보도록 격려한다. 시작 부분에 모든 학생이 성취할 수 있는 도전 범위의 질문을 제공하면, 모두가 성공의 기쁨을 경험하게 된다. 이때, 특수한 값을 답하는 질문보다는 예를 들면「어떻게 … 합을 찾을 수 있나요?, 6 + 7 = 13인 이유를 누가 설명해볼래요?, 5학년 학생이 모두 몇 명인지 어떻게 알 수 있나요?」등의 질문을 던진다.
- 화이트보드를 이용해 비공식적인 평가를 자주 실시한다. 이때, 예/아니오를 나타내는 재미있는 제스처 반응(머리를 쓰다듬고 배를 문지르기, 오른쪽 또는 왼쪽으로 돌기, 나비처럼 펄럭이거나 손으로 토끼 귀 만들기 등)을 하면서 활동적으로 참여한다. 이런 활동은 학생이 주의집중을 유지하고 오개념을 바로 잡는데 도움을 줄 수 있다.
- 학생이 주의를 집중하고 있는지 확인하기 위해 교사가 일부러 실수

를 해본다. 큰 소리를 내서 수를 하나씩 세거나 배수를 세면, 학생은 수가 반복되었거나 빠진 걸 들었을 때 엄지손가락을 치켜든다(이 활동은 듣기 능력을 높이고 실수를 줄인다). 또는 학생이 주의를 집중하고 있는지 확인하기 위해, 수업 중에 확실히 잘못된 실수를 해본다.

- 수업과 관련있는 오늘의 마법 단어를 사용해본다. 교사가 오늘의 마법 단어를 말하거나(듣는다) 글로 적어(읽는다) 학생들에게 제시하면, 학생은 그 단어를 바로 대답하는 게 아니라 제일 먼저 자신의 코에 손가락을 올려놓아야 승자가 된다.

시간이 지나면서, 교사도 학생의 동기유발을 위한 자신만의 아이디어를 만들어 앞서 소개한 제안에 추가할 수 있게 된다. 학생이 배우기를 열망한다는 것을 보면서 결과적으로 교사도 동기가 유발될 것이니, 이 모든게 윈-윈 상황이다.

학생이 수학에 대한 부정적 태도, 즉 지루함, 방해 행동, 적은 노력, 노력에 대한 저항 등을 갖고 수업에 참여한다는 말은, 성적뿐 아니라 그 이상으로 더 많은 것을 바꿀 수 있는 기회가 될 수 있다는 의미로 이해할 수 있다. 왜냐하면 학생의 수학 성적은 한 가지 조건에 영향을 받아서라기보다 여러 가지 조건에 영향을 받은 결과이기 때문이다. 학생도 자신의 낮은 성적이 전반적인 학업 능력과 관련 있음을 이해한다. 만약에 학생이 수학을 흥미, 호기심, 적절한 성취가능한 도전 수준과 연결짓도록 돕는다면 그리고 자신의 성취가능한 목표를 달성하기 위해 노력하여 더 성공할 수 있음을 인식하도록 돕는다면, 학생에게 희망의 씨앗을 심은 것이다.

이제, 학생은 점차 절망과 무력감에 대한 스트레스로부터 가능성에 대한 마음을 가지는 쪽으로 바뀌고 있다. 어린 시절, 귀 기울여주는 모든 사람 앞에서 큰 소리로 즐겁게 수를 세어봤던 자신만만했던 모습으로 성공적으로 되돌아가고 있는 것이다.

CHAPTER

07

우리는 수학과 함께 살고 있었네

선생님께서 "조아킨은 35개의 구슬을 가지고 있어요."라며 문제에 제 이름을 넣어주실 때 또는 방금 설명한 바를 저에게 말해보라고 질문하실 때, 제가 주의집중을 더 잘하게 되더라고요.

조아킨, 7학년 학생

LEARNING TO LOVE MATH

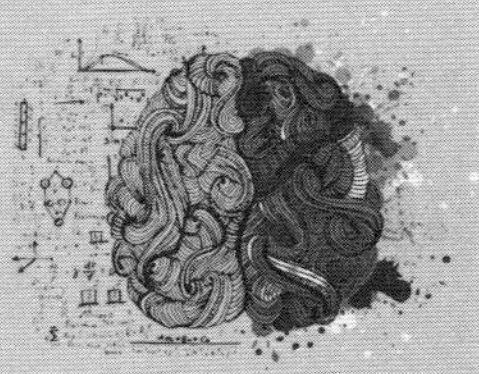

학생이 주제, 특히 도전적인 주제에 관심을 갖도록 자극하기 위해, 학생 중심적이고 현실세계에 적용하는 것을 시작으로 하면서 점차 기호적이고 추상적인 표현으로 나아가는 것이 효과적이다. 이렇게 현실세계와의 연결을 유지하려면 나는-지금here-me-now 구성요소가 중요하다. 이 요소가 없다면, 아무리 잘 구성된 계획일지라도 1차 망상활성계reticular activating system, RAS를 통과하지 못한다.

이 장에서는 앞 장에 소개한 제안 사항에 추가적으로, 키드와칭kidwatching[43] 노트를 활용하여 현실세계와의 연결을 개별학습 과정에 통합할 수 있는 방법을 설명하려 한다. 또한 저학년에서 시작하여 고학년까지 연장할 수 있는 활동이나 프로젝트의 예를 소개한다. 이 중, 장기 프로젝트는 기존의 신경망과 새로운 학습을 통합시켜 신경망이 확장되면서, 현실세계로의 변환에 좀 더 응용하기 위해 기초지식과 개념지식을 이용할

43) Kidwatching, Documenting Children's Literacy Development ; By Yetta Goodman, University of Arizona, Gretchen Owocki, Saginaw Valley State University

수 있는 장점이 있다.

개별 의미와 개인적 관련성을 극대화하기

특정 주제에 대한 관심도와 높은 성공률 사이에 강한 상관관계가 있음이 확인되고 있다(Guthrie & Wigfield, 2000; Palmer, Codling, & Gambrel, 1994). 따라서 학생이 무엇에 관심이 있는지 그리고 무엇을 중요하게 여기는지를 알면, 망상활성계RAS를 통과할 수 있는 나는-지금here-me-now 요소를 제공하여 더욱더 흥미를 갖고 목표에 도달하도록 가르칠 수 있다. 다음 전략들은 이런 접근을 사용한 다양한 구체적 방법들이다.

❖ 전략: 학생에 대한 배경정보를 수집하고 이용하기

학생이 관심을 갖고 주제를 이해하도록 안내하기 위해서 또는 수업 시간에 제공하는 수학 예제 문제에 학생 정보를 추가하려면, 학생에 대한 배경정보를 수집해야 한다. 게시판을 준비하여, 학생이 자신의 축구팀 이름이나 할머니가 사는 곳과 같은 개인 정보가 포함된 무작위 의견을 남기도록 한다. 그리고 각 학생에 대한 정보가 기록된 카드에 학생이 남긴 의견을 추가한다. 또한 학생의 자서전으로부터 좋아하는 스포츠, 좋아하는 음식, 애완동물, 형제들의 이름, 생일, 좋아하는 TV쇼 등의 정보를 얻을 수 있다. 이러한 학생의 자서전적 정보를 얻기 위해 잘 구성된 일련의 질문이 담긴 키드와칭kidwatching 카드를 제공할 수도 있다.

일단 학생에 대한 배경정보가 수집되면, 학생의 이름을 넣어서 내용을 설명하고 예제 문제에 키우는 개, 형제, 좋아하는 음식 또는 좋아하는 축구팀의 이름을 포함시켜 학생을 놀래킬 수 있다. 학생은 나눗셈에는 관심이 없지만 친구에게는 관심이 있을 수 있으니, 친구에 대해 듣고 싶어 하는 사실을 넣은 문장제 문제를 제시하여 경청하도록 동기를 부여할 수 있다. 다음 예제를 살펴보자.

> 캐롤은 자신이 가장 좋아하는 바나나를 사기 위해 마트에 가면서, 자신의 개 프로도를 데려갔다. 캐롤이 마트에 도착했을 때, 남동생 프랭크가 생일선물로 준 지갑에서 5달러를 꺼냈다….

수학에 관심이 없는 학생도 교사가 캐롤에 대해 많은 걸 알고 있다는 것에 놀라며, 학생에 대한 정보를 사용하여 수업을 하는 동안 정신을 바짝 차리게 된다.

또한, 게시판에 이미 적혀져 있는 학생의 이름과 생년월일 및 연도로 연산을 해볼 수 있다. 칠판에 생일축하 인사와 함께 학생 이름을 적는다. 그 아래에 2011−3−12와 같이 학생의 생년월일을 추가한다. 그리고 이러한 수를 낮은 수에서 높은 수로(또는 반대로) 정리하거나, 더하기/빼기/곱하기/나누기를 적용하거나, 개개의 숫자로 가장 작은 수와 가장 큰 수를 만들거나, 2011년 3월 12일 이전에 며칠이 지나왔는지를 계산하는 등 학생의 연령에 따라 다양한 활동이 가능하다.

고학년에게는 수학 경험 자서전을 써보도록 요청하여 중요한 추가 배경정보를 얻을 수 있고, 부모님의 의견도 추가할 수 있다. 이 기록은 학생

각자에게 맞는 전략을 선택하는데 도움이 되며, 특히 학생이 어려움을 겪고 있을 때 어떤 이유에서 어려워하며 어떻게 해결할 수 있는지 등에 도움이 된다. 또한 학부모 회의에 참여한 학부모로부터 정보를 얻을 수 있고, 부모가 말해준 것과 수업 중에 관찰한 것에 기초하여 추가 정보를 덧붙일 수 있다. 심지어 내년에 교사가 사용할 수 있도록 이 자료를 포트폴리오에 정리할 수도 있다.

이 활동을 시작할 때 학생에게 다음과 같은 목적을 설명할 수 있다.

"여러분의 수학 선생님으로서, 나는 여러분이 갖고 있는 수학의 독특한 관점을 이해하고, 여러분의 장단점을 파악하며, 올해 수학에서 최고의 경험을 할 수 있도록 돕고 싶어요."

그러고 나서, 다음의 질문을 사용하여 수업에 도움이 되는 학생의 반응을 이끌어낸다. 각 질문 아래에 나열된 응답은 학생들이 실제로 보인 반응으로 학생의 강점, 약점, 좋아하는 것, 싫어하는 것을 깊이 이해할 수 있는 귀중한 통찰을 제공한다.

수학 수업의 경험은 어떠했나요?

- 전혀 도전적이지 않았다.
- 도전적이었고, 그렇다고 불가능한 건 아니었다.
- 완전히 내 수준에 딱 맞았다.

수학에서 특히 어려웠던 주제는 무엇이었나요?

- 분수, 특히 분모가 다른 분수를 더하기
- 소수를 분수와 백분율로 바꾸기
- 음수

• 면적과 둘레 구하기

수학하면 어떤 느낌이 드나요?

• 수학 때문에 너무도 힘들다.
• 수학을 공부하는 게 정말 즐겁다.
• 수학은 가장 싫어하는 과목이지만, 선생님이 재미있게 가르쳐주어서 집중할 수 있다.

모둠활동에서 무엇이 마음에 드나요?

• 함께하는 것
• 수업 중에 물어볼 수 없는 질문을 친구에게 쉽게 물어보는 것
• 다른 친구의 의견을 알 수 있는 것

문제를 풀다가 막히면 어떻게 하나요?

• 다음 문제를 풀고 나중에 그 문제로 돌아와 푼다.
• 그 문제를 좀 더 주의 깊게 읽어본다.
• 관련된 예제 문제를 공부하기 위해 책을 확인한다.

자신의 가장 좋은 공부 습관은 무엇인가요?

• 필기를 잘 하고, 필기한 노트 확인하기
• 도표 그리기
• 시험 전에 각 단원의 문제 풀어보기
• 기호 만들기
• 마음 속으로 이미지 그리기

나만의 암기법이 있다면 무엇인가요?

• 마음 속으로 반복하기
• 가락에 맞추어 노래로 부르기

• 큰 소리로 말하기
• 세 번 정도 반복하며 복습하기

가장 성공했을 때를 덜 성공했을 때와 비교한다면, 다른 점이 무엇인가요?

• 침착함을 유지한 것
• 더 많이 귀 기울여 들은 것
• 내가 무엇을 하고 있는지 확인한 것
• 문제를 바로 풀지 않고 지시사항을 먼저 읽은 것
• 수업 내용과 관련있는 자료를 미리 확인한 것

이전에 가르쳤던 선생님은 공부하는 걸 어떻게 도와주었나요?

• 내가 배우고자 하는 방법을 선택할 수 있도록 해주었다.
• 수학을 좋아하는 분이셨고, 그래서 나도 수학을 좋아하게 되었다. 전염되었다.
• 인내심이 강한 분이었다.
• 문제를 흥미로운 것과 연관시켜 주었다.
• 최고의 선생님은 내 마음이 어떤지 잘 알고 있었다.

예전에 싫어했던 수학 선생님이 있었다면, 무엇이 마음에 안들었나요?

• 선생님이 내 모습에 쉽게 좌절했다.
• 엄한 선생님이 싫었다. 편안한 선생님이 도와주는 게 더 좋다.
• 선생님이 친절하지 않아서 집중할 수 없었다.
• 내가 도움을 요청할 때 "그것도 모르니"라고 말했다.

학교 밖에서 수학을 어떤 방법으로 사용하고 있나요?

• 돈 계산하기
• 판매 중인 물건의 값 계산하기
• 타율 계산하기
• 기하학으로 축구경기 분석하기

부모님이나 가까운 사촌 또는 주변 어른 중에서 직업이나 취미로 수학을 사용하는 분이 있나요? 수학을 사용하는 직업이나 취미는 무엇인가요?

- 비즈니스 조직하기
- 목재 측정하기
- 회계사
- 은행가
- 차량 판매하기
- 수익 창출에 필요한 비용 계산하기

❖ 전략: 숙제 또는 수업활동을 학생과 연결하기

학생이 숙제나 수업을 자신과 연결하도록 돕는 방법은 무궁무진하다. 저학년은 자신의 성과 이름에서 각 글자의 빈도를 보여주는 막대그래프를 만들 수 있다. 짝끼리 자신이 좋아하는 스포츠를 비교하고 대조하는 벤 다이어그램을 그릴 수 있다. 고학년은 자신이 좋아하는 스포츠 팀의 점수 자료로부터 평균/최빈값/중앙값 문제를 해결할 수 있다.

모든 학생 또는 대부분의 학생에 대한 정보를 사용하여 학생이 더 관심을 가질 수 있도록 질문할 수 있다.

"선생님이 갖고 있는 수학책이 2002년에 출판되었네요. 여러분 대부분은 2010년이나 2011년에 태어났죠. 여러분이 태어나기 몇 년 전에 이 책이 출판된거죠?"

교사가 이번 수학 주제에 얼마나 관심이 있는지 학생에게 이야기해주면, 그 열정이 학생의 의견에 영향을 미치게 된다. 편도체는 표정과 언어에서 행복에 대한 표현을 선별하고 전전두엽 피질prefrontal cortex, PFC 쪽으로 경로를 개방하도록 반응한다(Wang, Rao, & Wetmoree, 2005). 따라서 교사가 수학에 흥미있어 하는 것을 학생이 보게 되면, 학생도 수학에 더 많은 관심을 갖고 반응할 가능성이 커진다.

수학자와 연결하기

수학 공식이나 절차에는 특정 수학자 이름이 명시되어 있다. 이런 수학 공식이나 절차를 소개하기 전에, 수학자에 대한 전기적 정보, 예를 들어 이 수업을 듣는 학생과 같은 나이일 때 있었던 재미있는 일화나 인생에서 중요한 사건 등을 인터넷이나 여러 자료로부터 수집한다. 그리고 마치 그 수학자가 현재 살아 있는 것처럼 그리고 이 사건이 얼마 전에 일어난 것처럼 이야기를 하면서 수업을 시작해본다. 학생은 자신과 같은 실제로 살아 있는 누군가가 수학을 창조한 걸로 상상하면서, 그 사람과 연관된 내용을 더 쉽게 수학과 관련지을 수 있게 된다.

고학년에게는 "지금 우리가 배우는 절차나 이론을 수학자가 어떻게 발전시키게 되었는지 생각해보세요."라고 질문해본다. 수학자의 연구 과정에서 발생한 도전이나 좌절을 이야기해보면서, 최고로 똑똑한 수학 천재도 수학을 힘들어했다는 것을 이해하게 된다.

학생 스스로 연결하기

교사가 지도하는 수학 내용을 학생이 가치롭게 여기는 것은 중요하다. 따라서 학생이 지식을 자신과 연결짓는 기회가 필요한데, 다음과 같이 질문하면서 스스로 자신만의 연결을 만들도록 도울 수 있다.

"지금 배우는 내용이 현재나 미래에 어떻게 도움이 될 수 있을까요?"

특히 탐험가형 학생은 인터넷에서 정보를 얻거나 컴퓨터 기술을 사용해 웹페이지나 매력적인 이미지화된 문서 만들기를 좋아하는데, 이런 학생에게 컴퓨터를 사용해 수학 정보를 제공하면, 동기가 유발되고 더 성공적으로 정보를 연결하게 된다. 가능하다면, 학생들이 만든 결과물을 다른 수업, 학년, 학교와 공유하는 것도 좋다.

❖ 전략: 수학에서 가르칠 수 있는 기회 잡기

어느 날, 양의 상관관계와 음의 상관관계를 배우는 수학 시간에 한 학생이 "실생활에서 상관관계가 언제 유용한가요?"라고 질문했다. 이 질문에 학급 동료들이 "다양한 전문직에서 버는 돈과 학교 다닌 시간을 비교할 때요." 또는 "차의 무게와 가스 마일리지를 비교할 때요" 등 몇 가지 예시를 발표했다. 몇 분 후, 다른 학생이 "우리가 사용하는 그래프가 미래 직업에 어떻게 도움이 되지요?"라고 질문했다. 나는 "앞으로 어떤 일을 하고 싶니?"라고 물었고, "옷 가게에서 일하고 싶어요."라는 대답에 "미래 직업이 가게 점원이거나 계산대 점원이라면 그래프가 그렇게 유용하게 사용되지는 않을 것 같은데"라고 설명한 뒤, "하지만 만약에 관리자가 되고 싶다면 그래프가 아주 유용해요. 이 직장 직원이 갖추어야 하는 요인 중에서 지원자가 이 직장에 적합한지 확인하기 위해 어떤 요인을 확인해 봐야 하는지 궁금할 거예요. 예를 들어, 직원 사이에서 다양한 변인(연령, 인종, 머리색, 공부한 기간, 성별 등)을 기록하고 이런 변인이 직원의 판매 수와 양의 상관관계가 있는지를 확인할 수 있답니다."라고 추가로 설명해주었다.

이때, 나는 논란의 여지가 있는 변인이 포함되어 있음을 알았고, 학생도 이 변인을 의심하는지 알고 싶었다. 기쁘게도 학생 또한 이 변인을 인정했다. 더불어 합법성과 윤리성 그리고 기업 경영진이 고용 결정을 할 때 성별이나 인종과 판매 성공 사이의 상관관계 데이터를 고려해야 하는지에 대한 활발한 논의가 이어졌다. 즉, 학생 서로가 자신의 아이디어와 관심사를 주고받고, 교사가 최소의 지식을 전달하는 학생 중심 토론이 진행된 것이다. 당연히 수업 주제에서 벗어나 그날의 학습목표를 마무리 짓지 못할 수도 있지만, 이런 토론을 경험하는 것은 그날 배워야 하는 수학보다 더 가치롭고 중요할 수 있다. 이날 이루어진 토론 시간에 참여한 학생들은 언젠가 미래의 직업에서 실제로 직면할 수 있는 주제를 깊이 고민해본 것이다.

❖ 전략: 음의 정수를 실제 삶과 연결하기

음의 정수가 실제 삶과 어떻게 연관되는지 발견하기 위해 학생과 함께 브레인스토밍을 할 수 있다. 수업 시작 때 소개하는 예시에 음의 정수negative integers라는 단어를 직접 명시하는 대신, *0보다 더 작은*이라는 구절을 사용해보자. 그리고 학생이 자신의 용어를 반복하면서 *음의*negative라는 개념에 익숙해지는 시간을 주되, 이 개념을 스스로 개발하는 것이 중요하기 때문에 아직까지는 의미를 설명하지 않도록 한다. 다음은 학생이 제안하거나 또는 교사가 소모둠에게 제공할 수 있는 몇 가지 예시이다.

바깥 온도

학생이 창문 밖에 온도계를 놓아두고 매일 온도를 측정할 수 있도록 한다. 그리고 측정한 기온을 차트에 계속 기록한다. 실제로 기온이 0도 이하로 떨어지지 않더라도 학생은 온도가 음수로 변할 수 있음을 알 것이다.

성취가능한 도전을 위해 기압계로 연장할 수 있다. 좀 더 수준이 높은 학생은 음의(또는 하강) 기압이 어떻게 비를 예측할 수 있는지 배울 수 있다. 학생이 정확한 일기예보를 알기 위해 수학을 사용하면서 내적 즐거움을 느끼면 기억력에 긍정적인 감정이 더해지면서 더 오랫동안 기억할 수 있게 된다.

물과 얼음

온도의 변화를 추적하기 위해 물 한 컵과 얼음 조각을 용기에 담는다. 학생은 얼음 조각을 추가하면서 온도가 어떻게 변하는지 기록하고 확인할 수 있다. 이후, 얼음 조각을 추가해 온도를 낮추어 음수의 덧셈 개념을 설명할 수 있다.

이쯤에서 냉동실 문을 열어둘 때 무슨 일이 일어나는지 학생이 시각화하게 한다. 냉기가 더해질까 제거될까? 그런 다음 냉기를 제거하는 것이 음의 정수를 빼는 것이고, 온도(또는 수직선 위의 숫자)가 올라가면 차가움을 빼앗겨 양수가 된다(더 따뜻해진다.)고 이해하게 된다.

바다 경치

학생에게 수면 위와 수면 아래 경치가 한 번에 담긴 바다 사진을 제공한다. 학생은 이 사진을 보면서 깊이를 시각화할 수 있다. 각 모둠별로 작은 플라스틱 잠수부 인형을 준비하거나 잡지에서 잠수부 사진을 오리거나 인터넷에서 찾은 잠수부 사진을 준비하면 더욱 재미있다. 이제 다음과 같이 질문을 한다.

"해발 5피트에 있는 잠수부가 4피트를 더 내려갔네요. 지금 어디에 있는 걸까요?"

다음과 같이 좀 더 높은 수준으로 질문할 수 있다.

"수면 아래 2피트에 있던 잠수부가 8피트로 이동했다면, 이 잠수부는 몇 피트 이동한 걸까요?"

이제 다음과 같이 질문하면서, 수직선의 음수 부분에서 문제를 풀고 있지만 정답은 양수가 된다고 설명한다.

"수면 아래 10피트에 있던 잠수부가 4피트로 이동한다면 이 잠수부는 몇 피트 이동한 걸까요?"

더 높은 수준에 도전하려는 학생은 다이버가 두 번 정도 이동하여 어디에 위치하는지 계산해보는 등의 좀 더 복잡한 문제를 해결하거나 다른 모둠의 문제해결을 돕는 상담자가 될 수도 있다.

봉투와 차용증서[44]

다음과 같은 예를 제시해 본다.

"선생님이 3일 전에 ○○(학생)에게 5천원을 빌리고 다음날 3천원를 갚

44) 차용증서란 금전을 빌려 쓴 내용을 증명하는 문서, 돈을 빌리거나 빌려줄 때 쓰는 증서이다.

았어요. 그래서 이제 2천원을 갚으면 되네요."

이와 같이 학생은 차용증서가 들어있는 봉투를 받게 되고, 학생의 재정 상태에 맞추어 매일 차용증서가 바뀐다.

"어제 나경이의 차용증서에는 나는 ○○(이)에게 2천원을 빚졌다고 적혀있었죠. 그러나 오늘은 ○○(이)가 빵을 사려고 나에게 5천원을 빌렸다라고 적혀있네요. 그러니 새로운 차용증서가 필요하군요. 새로운 차용증서를 작성해보세요."

더 높은 수준의 학생은 더 복잡하고 여러 번의 거래가 진행되고 있는 예금통장 사본을 사용할 수도 있다.

일상생활에서 현실세계 수학 통합하기

학생은 자신의 흥미와 관심이 담긴 나는-지금here-me-now이 제공될 때 더욱더 주의집중하게 된다. 즉, 학생이 관심있어 하는 사항에 맞는 목표가 주어지면, 자신이 알고 싶은 것을 구별하고 무엇을 배워야 하는지 인식하는데 도움이 된다. 예를 들어, 도형의 넓이와 둘레에 대해 배울때, 학생들이 직접 만들 건물의 도면을 이용하면, 배우는 지식에 더 큰 가치를 갖게 된다. 이후에, 그 건물 도면에 맞추어 학생들이 함께 건물을 골판지로 건설해볼 수도 있다.

❖ 전략: 집 짓는데 수학 이용하기

학생이 현재 살고 있는 집이나 근처의 이웃은 실제이다. 유치원부터 지금까지 살고 있는 집은 가장 적절한 나는-지금here-me-now의 소재이며, 측정, 비율, 비, 어림, 예측, 시행착오와 같은 수학 개념 모두를 동기유발하는데 적합하다. 즉 학생이 살고 있는 현실세계 각각은 수학 개념 응용에 연결될 수 있다. 그 한 가지로 측정을 이용해 자신의 집을 축소한 모형을 만들거나 이웃 마을의 지도를 만들면 훨씬 더 적극적으로 수업에 참여하게 된다.

집짓기 활동은 저학년(심지어 유치원생도 가능)에서 시작하여 이후의 학년에서도 계속 적용할 수 있는 활동이다. 저학년 때는 간단한 측정법을 이용해 물건의 상대적 크기와 위치를 계산하여 자기 방을 스케치 할 수 있다. 학년이 올라가면서 넓이와 부피 같은 더욱 복잡한 측정법을 이용할 수 있다. 이후 학년이 거듭될수록 자신의 집, 마을, 심지어 허구/꿈의 집이나 마을을 설계(또는 건설)하는 쪽으로 발전할 수 있다. 2차원 측정은 3차원으로 발전하고 궁극적으로 3차원 공간에 대한 모델, 계산, 삼각법, 그래프를 통합할 수 있게 된다.

더불어 선택, 창의성, 학습 강점과 성공을 위한 선호 전략 사용 기회 등이 포함되므로 두뇌 필터와 도파민-보상 체계 모두에서 동기부여가 가능해진다. 탐험가형 학생은 상상력을 동원해 먼저 그림을 그리거나 구조를 잡고 이후에 계산과 계획을 세운다. 반대로 지도판독가형 학생은 먼저 계산이 포함된 연표, 그래픽 오거나이저, 단계별 세부 계획과 같은 전략을 사용하여 순차적으로 계획을 세우거나 정리한 후에 그림을 그리거나 구조를 잡는다. 수년 동안 작업한 설계도와 모형을 사진으로 찍어 앨범에 모으거나 활동 포트폴리오로 남기는 것 또한 추가적으로 학생에게 동기를 부여하게 된다. 특히 포트폴리오 평가는 미래의 교사에게 학생의 숙달 수준과 개념지식 수준을 확인시켜주는데 중요한 방법이 된다.

학년에 따라 수학적 활동 과정과 방법이 다를 수 있다. 그러나 매년 연장되는 핵심 수학 개념에 맞추어 학년별로 활동이 수정되고 새로운 버전이 만들어지므로, 이전에 배운 지식이 다시 활성화되고 개념회로도 확장된다. 각각의 핵심 주제는 K-12 규준[45]에 따라 학년별로 계획되지만, 누구에게나 유치원에서 배우기 시작하여 지금도 알고 있는 몇 가지 배경지식과 경험이 있다. 학생은 이른 나이에서부터 학습을 완료했다는 자신감을 가지며 더 나아지고 있다는 시각적 증거를 확인하면서, 다음 단계로 넘어가기 위해 도전과 오류에 대한 자신의 동기유발과 인내심을 유지하게 된다. 이때, 측정, 도형과 그에 대한 특성, 비율, 비, 그래프 등이 핵심 수학 개념이다[46]. 그리고 학년이 올라감에 따라 판단, 목표 설정, 조직, 예측, 비판적 사고, 데이터 분석, 의사결정, 협력, 의사소통, 메타인지 등이 점점 더 요구됨에 따라 집행기능도 성장한다.

학생은 기본도형을 찾는 초기 기하 개념부터 핵심 기하 개념으로 성장하면서, 특수각(예각과 직각), 다각형, 평행선과 수직선 등을 통합하는 법을 배운다. 이 과정을 거치면서 단순한 관찰과 어림하기로 자료를 수집하는

45) 미국수학교사회(NCTM)는 1989년에 「학교수학의 교육과정과 평가규준(Curriculum and Evaluation Standards for School Mathematics)」와 2000년에 「학교수학의 원리와 규준(Principles and Standards for School Mathematics)」를 발표하였다.

46) 핵심 지식은 국가마다 다르다.

것(신발 길이로 가구 길이를 어림하기 등)에서부터 인터넷 자원과 기술을 이용하여 더 정확하게 측정하는 것(조감도 등) 쪽으로 성장한다.

기초 계산과 절차는 학년이 올라가면서 수준이 높아진다. 예를 들어, 저학년은 (꿈의 집을 짓기 위해) 벽돌이나 나무의 비용을 계산할 수 있고, 인건비, 재료, 공사시간 등도 계산할 수 있다. 고학년은 실제 건축 규칙을 적용할 수 있고, 건축/건설/토지사용허가 위원회를 구성하는 학급 친구에게 발표할 정리된 자료를 만들 수 있다. MapQuest[47]나 Google Maps[48]과 같은 웹 사이트를 이용해 자기 마을의 거리를 측정하거나 Google Earth[49]의 지도 정보에서 다양한 크기를 직접 조작하여 "공원, 녹지와 같은 오픈스페이스, 학교와의 근접성, 건축비 관련 지리적 고려사항 등 여러 변수에 기초하여 새 건물을 어디에 배치해야 할까요?" 등의 추가 질문을 해결할

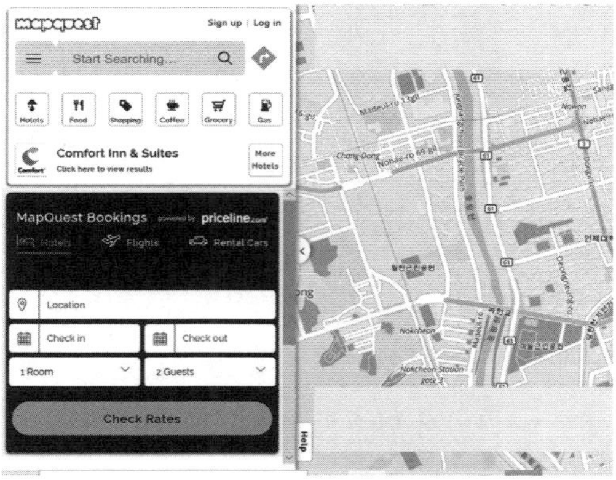

47) https://www.mapquest.com
48) https://www.google.com/maps/
49) https://www.google.com/earth/

수 있다.

학년이 올라가는 동안 계속 진행되는 고차원의 프로젝트를 꾸준히 경험하면서, 정밀한 수학 계산 도구의 이점을 경험하고 계획하기와 우선순위 정하기 등의 집행기능도 인식하게 된다. 그리고 매년 자신의 정확성과 역량이 신장되고 있음을 인식하기 때문에 지속적인 동기유발이 가능해진다. 결국, 자신에게 진정으로 의미있는 현실세계 활동에 자신의 성장을 반영하면서 정확성 및 역량이 신장되고 있음을 알아차리게 된다.

❖ 전략: 현실세계 경험 속으로 들어가기

수학과 현실세계의 연결은 학생의 두뇌에 나는-지금here-me-now 과정을 동기유발하는 것 외로 문제해결, 의사소통, 협력, 비판적 분석을 통합하는 기회가 된다. 학생이 어떤 활동을 끝마칠 때마다 "이 활동에서 무엇이 좋았는지 설명해주세요."와 같이 격려하고, 21세기의 중요한 고차적 사고력에 대한 공식적 용어와 연결해줄 수 있다. 예를 들어, 판단과 분석을 선택하여 저학년에게는 그 의미를 설명하고 고학년 학생에게는 적절한 예를 질문하는 것이다. 그러면 학생은 자신이 어른 같다고 느끼면서 동기유발이 더욱 가능해지고, 자신이 배우는 지식의 가치를 알게 되면서 수학에 대한 긍정적 태도와 자신감도 신장된다.

또는 학생이 재미있고 흥미롭다고 여기는 직업의 전문가를 초청해 학생이 현재 배우고 있는 수학 개념이 어떻게 사용되는지를 보여주거나 설명해주는 것도 효과적이다. 이때, 그 직업전문가와 멘토링 관계를 원하는 학생을 연결시켜 주면 개별적인 동기유발의 기회가 된다. 특히 Take Your

Child to Work Day[50]에 참여할 수 없는 학생에게 좋은 대안이 될 수 있다.

교사가 자신의 일을 처리하러 외부에 나가거나 개인적 필요에 의해 전문가나 기술자를 방문할 때, 관련 전문가에게 이후에 학생들과 만남을 가질 수 있는지, 발표를 해줄 수 있는지 또는 학생의 개인교사shadow[51]가 되어줄 수 있는지 등을 문의하면서, 방문가능한 전문가 목록을 계속해서 기록해 두는 게 좋다. 더불어 발표할 의향을 보이거나 학생의 개인교사가 되어줄 학부모 목록도 모을 수 있다. 일단 목록을 기록하면서 모으기 시작하면, 제빵사, 요리사, 지역 소매업자, 자동차 정비사, 컴퓨터 수리 전문가, 실내 장식가, 건축가, 파티 기획자 모두가 학생들에게 잠재적인 현실세계 동기부여자가 된다는 것을 알게 된다. 이들은 모두 학생이 배우고 있는 바로 그 수학 기술을 어떻게 사용하는지를 보여줄 수 있는 그리고 자신의 기술을 학생의 관심과 연결시켜줄 수 있는 동기부여자이다.

내가 가르친 학생들은 이러한 현실세계를 직접 경험해본 후, 자신의 멘토와 함께 특별한 수학 문제를 해결하고 그 과정을 보고서로 작성했다. 그 과정에서 수학을 진짜로 꺼려했던 학생도 긍정적인 반응을 보였고, 교사가 학생에게 수학의 가치를 직접 전달해줄 수 있는 어떤 것보다 더 많은 영향력을 끼친다는 것을 확인할 수 있었다.

50) Take Our Daughters and Sons to Work Day(https://daughtersandsonstowork.org/)

51) 많은 교육학자들은 사교육(私教育)을 그림자 교육(shadow education)이라 부른다. 1992년 미국 교육학자 스티븐슨과 베이커가 학술지에 발표한 용어로, 공교육이라는 실체를 전제로 하면서 그것을 모방해 파생된 교육이고 음성적인 교육이라는 점을 지적하였다.

❖ 전략: 게시판에 학생이 경험한 것 기록하기

학생이 수학을 교실 밖의 어딘가에서 본 적이 있는지, 직접 사용해본 적이 있는지 생각해보는 것은 도움이 된다. 이러한 교실 밖의 수학을 학급 동료와 나누기 위해, 신문광고 잘라오기, 음식 메뉴판 가져오기, 새집을 지을 때 필요한 계산 방법 작성하기, 할인과 리베이트[52]가 다르게 적용된 품목에서 가장 좋은 가격 찾아오기 등에 참여하도록 강조하고 그 결과를 게시판에 기록한다.

교사인 나도 몇몇 회사의 제품들 사이에 미묘한 차이점을 확대해석하기 위해 막대그래프의 맨 위만 보여주면서 보는 사람에게 잘못된 인상을 심어주는 광고의 그래프나 통계의 예를 교실에 소개하고 게시판에 기록한다. 그 외에 평균타율, 저축계좌 이자율, 수학에 관련된 영화나 소설 속의 역사적 참고자료 등도 게시판에 추가하면 좋다.

학생이 여행이나 쇼핑을 하면서 수학이나 숫자로 처리해야 하는 경험을 공유하는 것도 도움이 된다. 교사도 자신의 경험을 소개할 수 있는데, 영화관에서 주차비를 지불해야 했는데 팝콘을 살 돈이 충분한지 계산했던 경험, 문제를 해결하기 위해 수학을 사용했던 경험 등 무엇이든 좋다. 학생이 문구점이나 컴퓨터 부품 가게에서 물건을 사면서 덧셈, 뺄셈과 같은 계산을 선택하고, 대량을 소량과 비교하면서 *더 많은*과 *더 적은*을 이해하며, 백분율, 할인, 판매 세금 등을 직접 경험했던 것을 기억하도록 돕자. 이처럼 학생과 교사가 함께 게시판에 자신의 경험을 자주 기록하여 수업

52) 리베이트란 지급받은 상품이나 대가의 일부를 다시 그 지급자에게 되돌려 주는 행위 또는 금액이다.

과 동료에게 도움이 되었다면 또는 교실 밖에서 수학을 사용한 경험을 함께 나누면 추가 점수를 제공한다.

❖ 전략: 학생이 좋아하는 것과 싫어하는 것 이용하기

모든 사람이 원하는 것 얻기나 모든 사람이 좋아하지 않는 것 바꾸기 등 모두가 원하는 목표는 가장 좋은 동기유발이 된다. "좋아하는 것은 무엇인가요?", "싫어하는 것은 무엇인가요?"라고 질문할 때에, 학생 모두가 "시험이 싫어요, 숙제하기 싫어요."라고 답하지 않도록 질문을 충분히 좁혀서 제공한다. 교사도 긴 카페 줄서기, 학교 가는 길에 신호등이 느리게 켜지는 것, 쉬는 시간이 너무 짧은 것, 시리얼의 특정 브랜드가 실제보다 더 많은 마시멜로를 담고 있는 것처럼 보이게 선전하는 기만적인 광고 등과 같은 불편을 함께 털어놓아도 된다.

게시판에 「나는 … 에 화났어.」라는 문구의 목록 옆에 「내가 무엇을 할 수 있을까?」라는 제목의 두 번째 열을 추가한다. 예를 들어, 수학 시간에 학생 모두가 수학적으로 고민하는 상황이 확인되면, 학생들에게 그 상황이 어떻게 바뀌었으면 좋겠는지 질문한다.

"그 고민을 제거할 최선의 상황은 무엇일까요?"

일단 학생들이 공동의 목표를 세워 동기유발이 되면, 수학적으로 답을 찾기 시작한다.

다음은 학생이 좋아하는 것과 싫어하는 것을 이용하여 평균(중심경향치)를 지도하는 좋은 예시이다.

학생이 점심식사 줄이 길다고 교장선생님께 항의하고 싶어하는 상황을 설정한다. 아무래도 자신의 주장을 입증하기 위한 정보가 필요한데, 어떤 해결책을 이용할 수 있을지 고민 중이라고 언급한다. 그러면 이 상황을 해결하기 위해 날별로 점심식사 줄의 길이를 확인하고 어떤 날이 다른 날보다 줄의 길이가 긴 지를 알아내기 위해 조사를 해야 한다고 제안할 수 있다. 그리고는 규칙성이 있는지를 알아보기 위해 자료를 모아야 한다고 강조하면서, 점심시간 동안 각 학생이 줄을 서서 기다리는 시간을 정하고 일주일 동안 시간을 측정해보자고 제안할 수 있다. 그러고 나서는? 학생이 교장선생님께 자신이 얻은 모든 숫자를 있는 그대로 전달해야 할까? 이 숫자로 무엇을 증명할 수 있을까? 결국, 학생은 자신의 항의를 명확하게 증명하려면, 이 정보를 요약하기 위해 뭔가 조치가 취해져야 한다는 것을 깨닫게 될 것이다. 바로 평균을 이용해서 상황을 정리하는 것을 발견하게 된다. 그리고 교장선생님에게 다음과 같이 실제 보고서를 작성할 수 있다.

맥 & 치즈

슬로피 조이

점심시간은 12시 10분에서 12시 30분 사이입니다. 조사해보니, 슬로피 조이 음식이 나오는 날에는 평균 10분을 기다리지만, 맥&치즈가 나오면 평균 6분만 기다리면 됩니다.

교사가 수업을 계획할 때 학생이 무엇을 좋아하는지 또는 싫어하는지 떠올리는 게 쉽지 않다. 하지만 학생들의 모습을 주의 깊게 관찰하면, 노래, 사건, 뉴스 항목 그리고 학생들이 흥미를 가질 수 있는 무언가 등을 새롭게 알게 될 것이다.

지금부터 미래의 수업에 어울릴 수 있는 노래의 제목을 적어 놓거나, 학생이 관심을 가질 수도 있는 잠재적인 이슈(예를 들어 비 오는 날에 학생을 내려주려고 길게 줄을 지어 서 있는 자동차)를 기록해야 한다. 학생이 좋아하는 노래도 들어보고, 학생이 불평을 할 때 교사에게 직접 말하도록 격려해야 한다. 이렇게 조사한 목록이 길어지면, 목록과 관련된 수학 내용이 연결되면서, 비오는 날에 줄 지어 서 있는 자동차 상황이 수직선이나 그래프를 지도하는데 아주 좋은 동기유발자가 될 수 있구나 하면서 "아하!"하는 순간을 경험하게 될 것이다.

확인된 수학 아이디어 이용하기

학생이 높은 관심을 갖고 나는-지금here-me-now 활동에 참여하도록 동기유발 할 수 있는 기회는 교사 주위에 가득하다. 예를 들어, 특별한 날을 메모할 때 2021년 9월 10일 오전 6시 직후를 21/09/10 06:07:08처럼 기록할 수도 있다. 이처럼 여러 가지 현실세계 수학을 기록하고 수집하여 소개해보자. 수업을 계획할 때 이런 여러 가지 아이디어를 항상 가까이에 두어야 한다. 그러면 얼마나 자주 훌륭한 아이디어가 떠오르는지 감명을 받게 될 것이다. 다음은 지금이라도 바로 사용할 수 있는 몇 가지 전략들이다.

❖ 전략: 상품목록 이용하기

어린 학생은 문구점 목록지에서 만원으로 자신이 살 수 있는 품목을 선택하거나 만원을 넘지 않는 선에서 자신이 살 수 있는 가장 좋아하는 색상의 품목을 선택할 수 있다. 또는, "만약에 일주일에 5,000원을 번다면, 내가 갖고 싶은 물건을 사려고 돈을 모을 때 얼마나 걸릴까?"라고 질문할 수 있다. 고학년의 경우 "1시간에 잔디를 깎아 시간당 5,000원을 벌거나 아기를 돌보거나 눈을 치워 시간당 5,000원을 번다면? 일을 하면서 필요한 만큼의 돈을 벌 수 있는 다른 방법은 무엇일까?"라고 질문할 수 있다.

수학 교과서에도 상품목록과 유사한 문제를 찾을 수 있는데, 고학년 학생의 경우, 상품에 따른 세금(%)을 계산할 수 있다. 학생이 실제 상품목록에서 자신이 좋아하는 물건을 구매한다면, 더욱 동기부여가 되고 자신의 삶에서 수학의 가치를 확인할 수 있게 된다.

❖ 전략: 운동하기

학생 자신의 심장박동보다 나는-지금here-me-now이 될 수 있는 게 있을까? 학생이 자신의 맥박을 측정하고, 정해진 시간(초) 동안 제자리를 몇 바퀴 뛴 다음, 다시 자신의 맥박을 측정하여 두 값을 비교하거나 평균을 구해볼 수 있다. 좀 더 확장하면, 학생이 달리다 멈춘 후 1초당 맥박률을 확인하고 자신의 원래 휴식 수준으로 맥박이 돌아올 때까지 얼마나 시간이 걸리는지를 계산해본다. (맥박을 측정하는 것은 건강과 가장 상관관계가 있는 계산이며, 운동을 해야 하는 이유와도 관련된다. 따라서 교사는 학생들이 자신의 맥박 회복 시간을 꾸준히 기록하여 유산소 운동 훈련으로 건강유지를 성공하도록 격려해야 한다.)

❖ 전략: 빅 이벤트와 휴일 이용하기

빅 이벤트란 조깅 마라톤, 학교 축제, 학술 대회, 수학 경시대회, 스포츠 이벤트(지역, 국가, 국제)와 같은 학교 활동을 포함한다. 내가 2002년 올림픽[53] 성화 봉송에서 성화를 옮길 때, 학생들과 함께 길을 따라 뛰었었다. 이때, 학생들은 성화에 대해 모든 것을 알고 싶어 했다. 그래서 나는 성화 운반 지시사항을 설명한 적이 있었다.

"여러분은 성화를 똑바로 들고 있어야 합니다. 성화가 약 4파운드(1.8kg) 정도밖에 나가지 않지만, 4마일(6.4km) 정도를 달리는 동안 꽤 무거울 수 있습니다. 그러므로 자유롭게 손을 바꾸세요."

학생들은 4파운드 정도의 무게를 직접 찾아 들어보면서, 지시사항이 사실인 이유를 알고 싶어 했다. 성화 봉송은 그래프를 복습하거나 예습하는데, 입력출력표를 만드는 데 또는 무게를 상수로 하고 거리를 변수로 하여 대수 방정식을 세우는 데 시기적절했다. 물론, 이 활동을 위해 올림픽 성화가 필요한 것은 아니다. 학생들은 커다란 물통을 들고 성화 봉송을 경험할 수 있기 때문이다. 그런 다음 받침점을 움직여 다른 무게의 균형을 맞추려 하면서 받침점과 슬라이드 접시가 있는 저울로 실험을 할 수 있다.

53) 2002년 동계 올림픽(2002 Winter Olympics)은 2002년 2월 8일부터 2월 24일까지 미국 유타주 솔트레이크시티에서 개최되었다.

머셔 이름

내가 가르쳤던 5학년 학생은 여름 방학에 아이디타로드 경주의 한 머셔 소녀에 대한 책을 읽어야 했다. 우리는 머셔가 무엇인지 미리 알고 있으면 책을 읽기가 쉽기 때문에, 실제 경주의 날짜가 다가올 때 공식 웹 사이트에서 그 해의 머셔 이름과 숫자를 찾아보았다. 학생을 위한 활동을 계획했고, 대화형 수업과 「수업을 디자인하라」의 링크를 포함하여 「교사를 위한」 영역의 웹 사이트에서 더 많은 내용을 찾았다. 웹 사이트에서 확인한 80명의 머셔 이름을 적어 항아리에 넣은 뒤, 각 학생에게 항아리로부터 두 명의 머셔 이름을 선택하게 했으며, 초반에 포기한 머셔를 뽑은 학생을 위해 뽑고 남은 이름을 항아리에 그대로 남겨두었다.

우리는 "머셔의 16마리 개가 신고 있는 부티[54]의 수는 얼마인가요?"와 같은 간단한 계산으로부터 시작하여 다음과 같은 내용으로 확장해갔다.

아이디타로드 경주의 머셔와 개

54) 부티(bootee)란 복사뼈만 덮는 로우 부츠로 머셔의 개들이 신는 신발의 이름이다.

이동한 흔적의 거리 측정하기; 미터법 변환하기; 비율 개념을 지도하기 위해 거리와 시간 그래프 그리기; 더하기, 빼기, 막대 그래프, 음의 정수를 지도하기 위해 온도 변화 확인하기; 썰매에서 도형 찾기; 머셔의 위치에서 가장 가까운 가축병원까지의 비행거리를 계산하기 위해 피타고라스 정리 사용하기 등.

이때, 이동 코스의 온도와 자신이 배정받은 머셔 사이의 거리를 관련시키면, 평균, 중앙값, 최빈값, 범위는 가치있는 나는-지금here-me-now개념이 된다.

또한 자신의 머셔가 시속 2마일씩 속도를 높인다면 리드 머셔를 따라잡는데 얼마나 오래 걸리는지 비교해보거나, 동시에 리드 머셔가 시속 1마일씩 속도를 높이는 조건을 넣어 더 복잡하게 내용을 추가할 수 있다.

대통령을 존경하라.

돈은 동기를 부여한다. 대통령의 날[55] 주말 전날에, 1달러 지폐와 5달러 지폐를 교실에 (아주 높이) 걸어둔다. 학생이 신이나 있을 때, 다음과 같이 질문을 한다.

"이번 주에 어떤 대통령의 생일인가요?"

"지폐에 어떤 힌트가 있지요?"

---

55) 대통령의 날은 미국 초대 대통령인 조지 워싱턴(George Washington)의 생일인 2월 22일을 기념하는 날로 매년 2월 세 번째 월요일을 연방 공휴일로 지정해서 기념하고 있으며 2월 12일에 태어난 에이브러햄 링컨(Abraham Lincoln)과 그 밖의 대통령을 비공식적으로 기념하는 날이기도 하다.

그러고 나서는 숫자 활동을 이어서 할 수 있다. 예를 들어, 짝과 협력하여 숫자 1과 5를 사용하여 만들 수 있는 계산이 얼마나 많은지 확인해볼 수 있다. 고학년은 지수나 분수 그리고 여러 연산을 사용할 수 있다고 안내한다.

학생은 그 돈이 자신의 것이 아님을 알지라도 수업 시간에 1달러와 5달러 지폐를 보는 것만으로도 동기부여가 된다. 돈은 즐거움과 연관되기 때문에 학생이 돈을 직접 다루지 않아도 동기가 유발되는 것이다. 즉, 망상 활성계RAS 주의집중과 도파민 분비가 일어나고 있음을 의미한다.

시간을 날려 보내기

계절에 따라 시계를 한 시간 앞이나 뒤로 바꾸기도 한다.[56] 이때 학교 시계나 일부 학생의 시계가 재설정되지 않는 경우가 있다. 교사는 시간 바꾸는 걸 잊어버려서 일요일에 일하러 일찍 나가거나 지각한 사람이 있는지 물어보는 것으로 수업을 시작할 수 있다. 이런 도입으로 학생의 관심이 높아지면, 저학년에게는 시간 말하기 수업 중 하나를 계획할 수 있고, 고학년에게는 음의 정수와 수직선을 지도하기 위해 다른 시간대로 시간 계산하기를 계획할 수 있다. 이때, 인터넷에서 표준시 지도를 찾아 인쇄할 수 있고, 방문해 본 적이 있는 나라 또는 특정하게 관련이 있는 나라를 선택하여 시간 차에 대해 수준별 계산을 하도록 안내할 수 있다.

---

56) 일광 절약 시간제(日光節約時間制, 미국 영어: Daylight saving time, DST) 또는 서머 타임(영국 영어: summer time)이란 하절기에 표준시를 원래 시간보다 한 시간 앞당긴 시간을 쓰는 것을 말한다. 즉, 0시에 일광 절약 시간제를 실시하면 1시로 시간을 조정해야 한다.

현실세계 멀티미디어 어플리케이션의 유리한 점 활용하기

교과서 예시는 학생의 관심, 학교 활동, 키드와칭kidwatching 카드, 현재 사건 등과 관련된 의미있는 문제를 만들 때 본보기로 아주 적절하다. 그리고 더 많은 예들을 교과서 출판사 등이 준비한 웹자료실에서 찾아 활용할 수 있다. 더불어 컴퓨터 기반 프로그램과 기초기술 연습을 위해 고안된 재미있는 게임을 추가적으로 활용할 수 있다. 수학에서 컴퓨터 경험은 교사가 사용할 수 있는 추가적인 보너스이면서 동시에 학생이 21세기 경력과 관심을 만들기 위해 필요로 하는 학습, 연습, 기술 사용능력 개발에 가장 알맞은 방법이다.

❖ 전략: 컴퓨터 시뮬레이션 이용하기

교사는 학생의 학습강점, 선택, 수정 피드백, 교사평가를 위한 학생 성장 기록을 제공하기 위해 그리고 적절한 도전 기회를 제공하기 위해 우수한 컴퓨터 시뮬레이션을 사용할 수 있다. 인터넷 자료 부분(부록 1)에는 학생과 함께 성공적으로 사용했던 프로그램이 나열되어 있다. 혹시 프로그램이 바뀌고 인터넷에서 삭제되었을 수도 있으니 학생과 함께 사용하기 전에 각 웹주소를 확인해보아야 한다.

Lemonade Stand[57]는 고학년이 가장 좋아하는 게임 중 하나이다. 이 게임의 목표는 레모네이드 판매대 운영자가 30일 이내에 최대한 많은 수

57) www.coolmath-games.com

익을 올리는 것이다. 학생은 가격, 재고, 물품구매, 품질을 관리해야 한다(얼음을 너무 많이 넣으면 비용이 많이 들고 맛이 없다. 반대로 충분한 얼음을 넣지 않으면 더운 날에 문제가 된다. 따라서 게임에서 제공하는 일기예보 옵션을 확인하는 것이 중요하다). 이 게임이 너무 재미있어서 중학생의 경우 점심시간과 쉬는 시간에 게임을 하려고 교실로 들어오기도 한다!

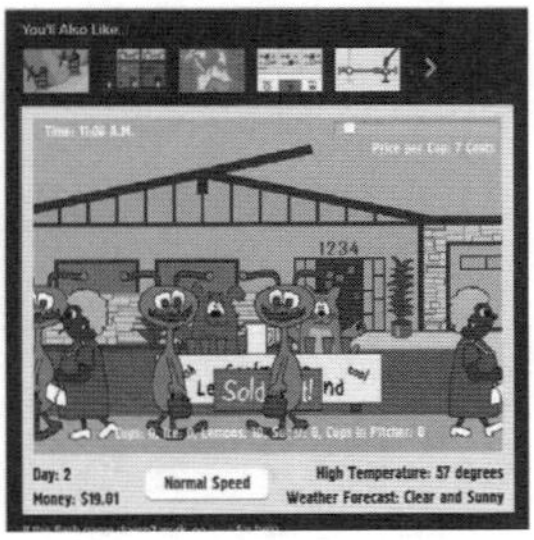

Cool Math Games 사이트에는 여러 학년 수준과 주제에 맞는 무료 현실세계 시뮬레이션이 많다. 일단 직접 확인해보고, 1년치 수업 계획을 위해 준비한 현실세계 링크 차트에 직접 추가해본다.

10대를 위한 멋진 게임은 추천하기가 더 어렵다. 왜냐하면 10대에게 매력적인 게임은 대개 폭력적이거나 피범벅인 장면이 포함되기 때문이다. 하지만 어떤 게임은 개념적이고 다원적인 분석을 거쳐 디자인되어 있으므로, 잘 살펴보고 학생에게 적합해 보이는 게임을 선택해야 한다.

그런 게임 중에서 가장 인기 있는 게임이 Dimenxian[58]이다. 이 게임은 세계의 생태계를 감염시키고 인류를 파괴하겠다고 위협하는 외딴 섬에 방사된 바이오디지털 바이러스로 시작된다. 바이러스를 분리하고 섬을 원래

58) http://dimenxian.en.softonic.com

환경으로 복원하고 돌연변이를 방어하기 위해서는 수학(선형방정식 분석, 그래핑, 응용)이 필요하다. 이 게임은 기초대수학 또는 초기 대수학을 적용한 프로그램이다. 팀워크로 프로그래밍 되어 있지만, 개별적으로 게임할 수 있도록 수정도 가능하다.

게임에는 새로운 상황에 목표를 성취하는 절차가 적용되어 있기 때문에 학생이 흥미를 느끼고 학습의 전이[59] 측면에서 정신적 조작이 이용된다(Din & Calao, 2001). Dimenxian 게임은 수학 시뮬레이션 게임에서 무엇을 탐색해보아야 할 것인가를 고민하는 좋은 예시가 되므로, 교사 자신도 직접 게임을 시도해볼 가치가 있다.

게임은 다감각적이고 그래픽을 다루며 상호작용을 유도한다. 그리고 문제를 해결하기 위한 대안적 방법을 찾을 수 있는 기회와 함께 피드백을 제공한다. 특히 게임을 하면서 범하는 오류를 확인하여 수정할 수 있는 기회가 가능하다. 또한, 게임은 평가도구로도 유용하다. 왜냐하면 게임에는 학생의 행동이 기록될 뿐만 아니라 오류패턴을 확인하기 위해 학생의 행동이 분석되기 때문이다. 이후, 학생에게 확인된 약한 영역을 연습하는 숙제를 제공할 수 있다.

❖ 전략: 주식시장 수학 이용하기

학생이 즐기는 또 다른 활동으로 주식시장 게임[60]이 있다. (미국) 연간 교육과정 계획에는 「주식시장 수학」이 연결되어 있으므로 매년 초에 학생

59) 전이학습(Transfer Learning)이란 기존의 만들어진 모델을 사용하여 새로운 모델을 만들시 학습을 빠르게 하며, 예측을 더 높이는 방법이다.

60) www.stockmarketgame.org

들과 함께 이 사이트를 확인하고 계획을 잡을 수 있다. 내 경우를 잠시 이야기해 보자면 학생과 함께 연간 계획을 확인해보는 편인데, 왜냐하면 학생이 교사가 세운 장단기 목표를 함께 확인하면서 자신의 목표를 조정할 수 있기 때문이다. 이러한 공동활동은 두뇌의 집행기능이 스스로 성장하는데 도움이 되는 모델링의 한 형태이다.

주식시장 수학은 3학년이나 4학년 학생 수준을 넘는 내용이 대부분이므로, 학생이 현재 배우는 주제를 완전히 터득한 이후에 공부하면 훌륭한 자주적 활동이 될 수 있다. 특히, 주식시장 프로그램에는 기본적으로 중계수수료 계좌를 사용할 수 있는데, 학년별 특정 수학 학습과 경제지식이 서로 전이될 수 있는 기회를 학생에게 제공한다. 중계수수료 계좌 프로그램은 소모둠활동으로 설정되어 있지만, 현재 수준에서 함께 활동할 수 있는 학생이 한두 명뿐이라면 개별 활동으로 수정할 수 있다. 개별 활동과 팀 참여 모두 비판적 분석능력과 의사결정능력을 통합하고 기술적 능력을 개발할 수 있으며 동시에 학생은 돈을 절약하는 것의 중요성과 투자에 대한 위험과 이익을 배우게 된다.

학생이 지역별 그리고 연령대별로 모의 거래를 실행하고 순위를 매기는 컴퓨터 시스템에 접속하는 것을 포함해 주식시장 수학 교육과정 모두에 참여할 수 있도록 학교에서는 모둠별로 약 17달러를 제공한다. 학기 말에는, 각 지역에서 가장 높은 수익을 올린 모둠에게 상장이나 상품권 또는 추가 가산점이 수여된다.

❖ 전략: 규칙성 수학 게임하기

학생은 추측하고 정확성을 향상시키는 게임을 재미있어 한다. 이런 종류의 활동은 뇌의 규칙성 기술을 연습하는데 효과적이며 이미 배운 지식과 새로운 입력을 통합함으로써 개념을 확장시키는데도 효과적이다. 또한 강화게임과 활동을 연습하면서 암기한 계산을 긍정적으로 유지할 수 있다. 이러한 규칙성 수학 활동은 소모둠활동이나 단원을 마무리하기 위한 활동으로 적합하다.

수학 기술과 개념을 지도하기 위해 활용할 수 있는 보드게임이나 조작게임으로 배틀십Battleship, 체커checkers, 체스chess, 커넥트포Connect Four, 도미노dominoes, 마스터마인드Mastermind, 오델로Othello, 펜테Pente, 집중카드concentration card 또는 보드게임board games, 젠가Jenga, 모노폴리Monopoly, 3-D 틱택토tic-tac-toe, 럼미큐Rummikub, 탱고tangrams 등이 있다. 이 게임들은 모두 논리적인 사고를 가르치고 수학적 추리를 실천하는 훌륭한 게임이다. 고 피쉬go fish, 크레이지 에잇crazy eights, 루미rummy, 솔리타이어solitaire, 하트hearts, 워war 등과 같은 카드 게임도 수학적인 추론을 포함한다. 워 카드 게임은 덧셈과 곱셈 게임에 주로 사용될 수 있다. 딜러가 카드를 모두 나눠주지만 선수는 카드를 볼 수 없다. 각 선수는 카드를 두 장씩 선택한다. 덧셈용 워 카드 게임은 합한 값이 가장 높은 사람이 승리하고 곱셈용 워 카드 게임에서는 곱한 값이 가장 높은 사람이 승리하며, 한 명의 선수가 더 이상 카드를 갖고 있지 않을 때까지 게임이 계속된다. 이런 게임은 수도쿠sudoku와 수학 퍼즐처럼 수학적 신경회로가 자유롭게 교감하며, 카드 트릭을 배우거나 발견하는 과정에서 뉴런 회로가 활발하게 작용하게 된다.

포커는 고학년에게 추천되는 게임인데, 선수가 자신의 손에 든 카드를 계산해야할 뿐만 아니라 상대편의 카드를 추론해야 하기 때문이다. 체스는 학생이 예측하기, 분석하기와 같은 비판적 사고 능력을 개발하는 데 도움을 줄 수 있다. 만약 학생이 체스 보드판의 수직 및 수평선과 번호 매기는 방법에 익숙하다면, 체스를 통해 지도와 그래프 좌표의 기초를 배울 수도 있다.

❖ 전략: 다양한 수준에 맞추어 비계 설정 게임하기

딜 또는 노 딜Deal or No Deal[61)]

게임 참여자는 두 개의 주사위를 번갈아 던지며, 계속해서 주사위의 값

---

61) 딜 또는 노 딜(Deal or No Deal)은 미국 NBC의 텔레비전 게임 쇼로, 26개의 철가방을 이용한 머니 심리게임 쇼이다. 우선, 참가자는 26가지의 금액이 각각 들어있는 철가방 중에 하나를 선택해 가져온다. 그 다음 매 라운드마다 무대에 있는 다른 철가방을 열어보면서 자신의 철가방 속에 있는 금액을 유추해 간다. 매 라운드가 끝날 때마다 협상금이 제시되는데, 딜(Deal)을 선택하면, 협상금을 받고 게임이 종료되며, 노 딜(No Deal)을 선택하면 게임이 계속된다. 게임이 끝나면 자신이 처음에 선택한 철가방을 열어 금액을 확인한다. 만약 중간에 딜(Deal)을 선택한 경우에는 자신의 철가방 속의 금액이 협상금보다 낮은지 혹은 높은지에 따라 굿 딜(Good Deal)의 여부가 결정된다. 끝까지 노 딜(No Deal)을 선택한 후에는 마지막으로 남은 2개 중 하나의 철가방을 선택할 수 있으며, 선택한 철가방 속의 금액을 획득하게 된다.

을 더해간다(연령과 능력에 따라 다르며, 암산 연습을 위해 암산으로 계산을 할 수 있고, 연산 연습을 위해 연필과 종이를 이용해 계산을 할 수도 있다). 100점을 넘지 않고 최대한 많은 점수를 얻는 게 목표이다. 이 게임의 포인트는 누가 100점을 넘기지 않고 100점에 가장 가까워지느냐이다.

팀 게임

반을 두 팀으로 나누어 게임을 한다. 한 참가자가 질문에 대한 정답을 맞히면 그 팀이 2점을 받는다. 만약에 팀원에게 도움을 요청하여 정답을 맞히면 그 팀은 1점을 받으며, 문제 풀이를 틀리면 점수를 받지 못한다. 단, 벌점은 없다. 이 게임은 어느 학년에서도 쉽게 진행될 수 있는데, 곱셈이란 무엇인가에서부터 음의 정수 곱셈까지 모든 것이 주제가 될 수 있다. 학생은 핫 질문, 매우 핫 또는 슈퍼 핫 질문을 할 수 있으며 그에 따라 점수를 얻을 수 있다.

학생은 주어진 주제에 대해 자신의 성취가능한 도전 수준의 모둠에서 게임을 한다. 이때 교사가 게임에 사용할 질문, 즉 학생에게 제공할 수준에 맞는 질문 만드는 걸 도울 수 있는데, 상위 수준의 모둠은 슈퍼 핫 질문을 만들게 된다. 모둠 내 학생이 개별적으로 질문을 만든 후, 동료 모두가 같은 답을 얻었는지 확인하기 위해 서로의 문제를 교환하고, 풀이를 비교하며, 만약 답이 다르면, 옳은 답을 얻기 위해 함께 문제를 수정하고 정정하게 된다. 각 수준을 두 모둠으로 나눌 정도로 학생이 충분히 많다면, 자신이 만든 질문에 답하는 일이 없도록 상대팀에 배치되어 있어야 한다. 특정 수준의 학생수가 부족하다면, 학생이 질문을 만들기보다 이전에 사용했던 질문을 부분적으로 수정하여 사용할 수도 있다. 난이도를 고려하기 위해 질문 카드를 미리 부호화하는데, 응답자가 최종 답변을 제시하기 전에 도움을 줄 수 있는 팀원과 상의하여 추가 지원을 받을 수 있다.

수학 빙고

학생은 1번부터 25번까지의 숫자로 빙고 카드를 작성한다(어린 학생은 더 작은 숫자를 사용할 수 있다). 주사위 세 개를 굴려 얻은 세 숫자를 칠판에 적으면, 모둠 또는 개별적으로, 세 개의 숫자와 +, −, ×, ÷과 같은 연산(즉시 자신이 선택한다.)을 이용해 자신의 빙고 카드의 행, 열 또는 대각선을 채운다. 규칙으로는 학생이 세 개 숫자를 모두 사용해야 하며, 세 개 숫자 중 어떤 것도 한 번 이상 사용할 수 없다. 고학년은 제곱근, 지수, 괄호 등을 사용할 수 있는 선택사항을 정할 수 있다. 도움이 필요한 학생에게는 세 개의 숫자 대신에 한 개나 두 개만을 사용하도록 허용한다. 대다수의 학생이 새로운 숫자를 원하면, 주사위를 던져 숫자 세 개를 다시 선택할 수 있다.

학생이 적극 참여하도록, 그리고 성공과 재미를 위한 기회를 늘리기 위해, 학생은 둘씩 짝을 지어 게임을 진행한다. 그리고 교사는 빙고 숫자를 계산하기 위해 주사위 값을 어떻게 사용했는지 어느 짝에게 언제든지 질문할 수 있다는 규칙을 정한다. 즉, 두 사람 모두 서로가 무엇을 하고 있는지 설명할 수 있어야 한다는 것이다.

핫 포테이토[62)]

대여섯 명의 학생이 한 모둠이되어 둥그렇게 앉는다. 그리고 빈 종이 한 장을 준비한다. 수업이 끝날 때쯤, 「덧셈(또는 뺄셈, 곱셈, 나눗셈 등)을 의미하는 단어를 쓰시오.」와 같은 주제가 소개되고 자기 모둠 차례가 되면 빈종이 위에 그 주제에 대해 기억나는 것을 적으면 된다. 빈 종이에 글을 적는 시간은 학생의 연령과 모둠의 학생 수에 따라 1~2분 정도 소요된다.

모둠에서 학생 한 명을 지정하여 종이를 채울 경우, 그 학생이 추가할 것을 전혀 생각할 수 없을 때, 모둠에 도움을 요청할 수 있다. 하지만 그 학생이 독립적으로 기억나는 것을 써야 한다. 그래야만 그 학생이 복습을 하는 동시에 기록된 자료를 기억할 수 있기 때문이다. 이 게임에서 학생 자신이 빈 종이에 직접 답을 써야 하기 때문에 참여와 성취감을 충분히 느끼게 된다.

지정된 시간이 끝나면, 다른 모둠에서 작성하지 않은 자료나 가장 정확한 자료가 포함된 모둠이 이긴다. 학생이 선택형 목록의 항목을 세어보는 활동을 하는 게 아니므로, 답을 읽으면서 자신의 답과 상대의 답을 검토하게 되며 상대방의 대답을 듣고 자신의 점수를 계산하는데 동기가 유발된다. 각 모둠의 대표는 자기 모둠이 기록한 모든 항목을 발표하되, 다른 모둠에서 이미 발표한 항목은 뛰어 넘는다. 누구나 기록된 자료의 정확성에 이의를 제기할 수 있으나 최종 판정은 교사가 내린다.

62) 핫 포테이토(Hot Potato) 게임이란 뜨거운 감자를 잡았다고 생각하며, 빠르게 전달하는 게임이다. 즉 감자처럼 작은 물건을 음악이 재생되는 동안 주고 받다가 음악이 멈췄을 때 그 물건을 잡고 있는 사람이 문제를 맞추면 된다.

본 장에서는 경험할 수 있는 현실세계 상황에 근거한 다양한 전략과 활동을 소개하였다. 이러한 친숙한 문맥은 학생에게 나는-지금(here-me-now) 관점에 기초한 수학 학습에 동기를 부여할 수 있는 멋진 기회를 제공한다. 이때, 학생의 나는-지금(here-me-now)은 자신의 삶에서 수학적인 노력을 들일 만큼 가치가 있는 상당히 중요한 관점이다. 교사가 앞서 소개한 전략을 직접 시도해보면, 계획하고 준비하는게 그렇게 복잡하지 않다는 것을 알게 된다. 그리고 매년 몇 가지 전략을 추가하면, 동기가 가득한(의미있는) 수업을 개발하는 자신의 기술도 함께 신장된다는 것을 느끼게 된다.

CHAPTER

08

수학, 한번 해볼까?

장애물이란 목표지점에서 눈을 돌릴 때 보이는 것이다.
목표에 눈을 고정하면 장애물은 보이지 않는다.

헨리 포드

LEARNING TO LOVE MATH

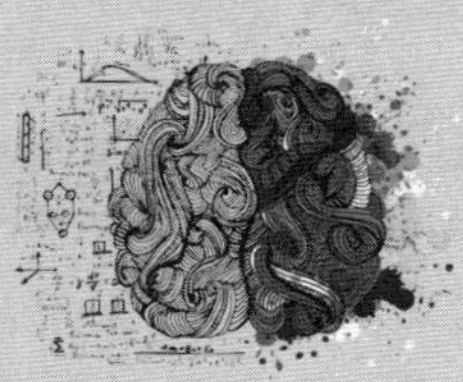

대부분의 학생이 20대가 되기 전까지, 뇌는 장기목표를 향한 동기 유지하기, 도전을 통해 인내하기, 만족을 지연하는 능력 갖추기 등이 부족하다. 그러나 학생은 장기적이고 목표지향적인 행동을 우연이나 기대가 아닌 전전두엽 피질prefrontal cortex, PFC에서 처리하는 집행기능으로 실천하고 촉진해야 한다.

학생이 장기목표를 추구하려면 두뇌가 만족을 지연하면서 자신의 학습 내용을 반영하도록 동기가 유발되어야 한다. 그 결과 학생은 단기적인 집중학습이 가능해지며, 장단기목표 모두를 추구할 때 이용가능한 내적 보상을 경험하게 된다. 교사가 학생의 관심사를 연결하고, 성취가능한 도전 수준을 준비하며, 선택의 기회를 제공하고, 더 큰 목표를 향한 단기 성장을 확인하며, 도움이 되는 피드백을 제공하고, 학생의 낙관성을 높이는 방법 등을 반영하여 지도하면, 학생의 동기유발과 인내력에 엄청나게 큰 영향을 미치게 된다. 이 장에 소개된 동기유발 방법은 학생이 선택, 관심, 노력과 관련된 목표를 달성하기 위한 것이며, 올바른 행동과 마음가짐을 개발하도록 안내하는 실용적인 전략적 개입과 관련된다.

단원 목표와 핵심 개념을 위한 동기유발

학습 단원을 시작하면서 K.W.L. 차트(3장에 소개)를 작성하면, 학생은 자신이 궁금해 하는 과목의 여러 측면에 대해 질문하고 확인할 수 있기 때문에 주인정신이 신장되고, 자신이 배우고 싶은 것에 대한 목표를 스스로 세울 수 있게 된다. 그리고 자신이 새로운 주제와 관련된 많은 정보를 이미 알고 있다는 것을 알게 되면서, 스트레스가 낮아지고 낙관성이 높아진다. 다음에 소개되는 전략은 학습을 위해 학생이 의미있는 목표를 개발하도록 동기를 유발하는 여러 아이디어들이다.

❖ 전략: 처음부터 학생이 관심 갖게 하기

한 단원에서 배울 주제를 미리 확인하는 수업에서 대분수 또는 가분수와 같은 명칭을 붙이면서 수학절차를 설명하기보다 학생 개인의 수준과 능력에 맞는 예제 문제를 선택하여 설명하도록 한다. 학생은 최근에 다른 과목에서 공부한 내용과 관련되는 정보와 이전에 배워 익숙한 개념과 연관되는 정보를 통합해야 한다. 토론, 시연, 놀랍고 호기심을 불러일으키는 영상, 사진이나 사실, 주제와 관련된 유머 등을 이용해 학생의 생활에 다양하게 연결하면서 단원을 시작해 본다.

예를 들어, 백분율 단원을 지도하는 과정에서, 이자를 계산하기 위해 백분율을 사용한다는 개념을 소개하면서 개인 은행을 시뮬레이션 해볼 수 있다. 학생에게 백지수표, 금전출납기 그리고 입금 전표를 제공한 다음, 자신의 통장 안에 있는 돈을 사용할 수 있는 상황을 설정한다. 학생은 얼마인지 알고 있는 물건을 구매하기 위해 또는 교사가 준비한 쇼핑 목록표에서 품목을 선택하기 위해 돈을 모을 수 있고, 매일매일 자신의 통장에 돈을 입금하고 잔고를 갱신할 수 있다.

모든 학생은 똑같은 금액이 입금된 통장을 갖고 있다. 저학년은 백분율을 사용하거나 이자를 계산할 줄 모르지만, 물건을 구입하기 위해 자연수를(가능하면 금액을 반올림하여) 뺄 수 있을 것이다. 이때 교사는 물건을 구매하기 위해 그 만큼의 돈을 통장에 보유하고 있어야 한다고 강조하며, 원금과 이자 개념에 익숙해질 수 있도록 돕는다. 또한 수업 초반에 선택사항의 수준을 높여 수학을 지루해하는 학생이 처음부터 동기유발되도록 한다. 예를 들어, 학생은 자신의 예금통장을 당좌예금통장[63]으로 바꾸어 이자를 계산할 수 있다.

백분율과 이자를 계산하는 내용에서, 학생은 인터넷이나 신문을 이용하여 여러 은행의 금리를 비교하고 어느 것이 가장 좋은지를 결정할 수 있다. 그리고 수학이 경제학으로 확장됨을 경험하고, 이후에 다양한 은행의 계획과 정책에 따른 차이점, 장점, 불이익에 대한 정보를 공유하기 위해 이 정보를 기록한다. 그 결과 학생은 정보에 근거하여 자신에게 맞는 은행을 선택할 수도 있다.

한 시간 수업 또는 두 시간 수업이 연결되는 블록 타임block time 수업 동안 암기해야 할 지식이 가득 차 있다면, 학생이 그 단원에 포함될 호소력

63) 당좌예금이란 기업 등이 은행을 지급 장소로 수표나 약속어음을 발행하고 그 지급시무를 은행에 위임하는 예금이다. 수표나 어음으로 입출금을 대신해 주어 가입자의 비용과 시간을 절약하게 하는 것이 주목적이다.

있는 활동을 기대하도록 어떻게 도울 수 있을지 생각해본다. 예를 들어, 암기해야 하는 표준법-미터법을 지도할 때, 학생에게 요리책에서 조리법 하나를 바꾸는 숙제가 제공될 거고, 함께 준비하고 싶은 조리법을 투표할 것이라고 설명하여 그 활동을 기대할 수 있도록 도울 수 있다.

단원을 시작할 때 학생에게 동기를 부여하는 또 다른 방법으로, 본 수업에 참여하는 학생이 자신보다 낮은 학년의 학생을 지도할 것이라고 말하는 것이다. 자신이 배우는 수학 개념을 몇 살 어린 동생에게 가르칠 것이라는 것을 미리 안다면, 그 개념을 완전히 익히는데 더 많은 노력을 기울이고 연습할 때 정신을 집중한다. 교사는 가르치는 시범을 보여 학생이 교사를 모델로 따라해 보도록 기회를 제공하며, 가르쳐야 하는 절차나 개념을 현실세계 및 어린 동생의 주변세계와 연관시키는 방법을 찾도록 안내한다. 더 높은 성취가능한 도전으로, 단원에 제시된 개념을 적용하는 발전된 예시를 선택하거나 수업 시간에 친구 앞에서 그 개념의 일부를 직접 가르치는 기회(만약 다른 사람 앞에서 자신의 지식을 보여주기가 불편한 경우라면 교사 앞에서라도 가르치는 기회)를 가질 수 있다.

❖ 전략: 개별화된 목표 개발하기

학생은 새로운 단원의 학습목표와 자신이 정한 개인적 목표 둘을 연결하는 기회를 가져야 한다. 학생이 개인적으로 달성하고 싶은 목표를 세우면, 자신이 가치 있다고 생각하는 것을 단원 목표와 관련시키고, 집중력을 강화하여 학습 단원에 접근하며, 긍정적인 기대로부터 도파민-쾌락 반응을 얻게 된다.

두뇌 필터가 위협이나 쾌락을 촉진하는 감각입력을 우선 받아들일지라도, 학생은 의미있는 목표에 도달하는 것과 같은 내적 만족을 통해 즐거움을 키울 수 있다. 처음에 학생이 단기 목표를 세워도, 교사가 적절한 지원과 성취가능한 도전을 제공해줌으로써 내적 만족을 달성하기 위해 만족을 지연하면서 더 큰 인내심을 갖게 된다.

학생은 학습내용에 집중하고 인내할 수 있는 능력을 키우기 위해 관심, 강점, 재능을 사용하면서 자신의 성공으로부터 자신감을 쌓게 된다. 이처럼 자신의 역량에 대한 감각이 높아지면 장애물이 발생하여도 인내할 수 있게 된다. 계속적인 성공과 함께 스스로 더 높은 목표를 설정하고 성취하는 능력을 개발하게 되며 동시에 참을성, 회복력, 좌절에 대한 더 큰 인내심이 신장된다.

이 과정이 교실에서 어떻게 적용될 수 있는지 설명하기 위해, 중학교 1학년 심화 〈대수Algebra〉 수업에 참여한 발레를 전공하는 한 소녀를 소개하려 한다. 이 소녀는 수학의 문제해결, 개념, 연산을 잘 알기에 자신의 수학 지식으로 중학교 1학년 수학을 잘 계산했다. 하지만 그래픽 계산기 사용을 어려워했고, 심화 〈대수〉 수업에서 그래픽 계산기를 사용해야 했다.

이 소녀가 그래픽 계산기 사용을 편안해하고 관심을 갖도록 돕기 위해, 계산기를 CRV 레인져처럼 생각하는 접근을 시도했다. 여기서 CRV 레인져란 이동 물체의 속도와 거리를 측정하는 휴대용 장치로, 고속도로 순찰대의 스피드 건과 유사하다. 나는 CRV 레인져 시스템이 간단한 댄스 스텝을 그래프로 기록하는데 어떻게 사용될 수 있는지를 보여주었다. 그 결과, 소녀가 그래픽 계산기에 관심을 갖게 되면서, 그래픽 계산기의 작동법을 배우는 것에 흥미를 갖게 되었다. 일단 개인적으로 관심이 생기고 성공을 경험하기 시작하면서 초기의 주저함이 사라졌고, 그래픽 계산기를 능숙하게 사용하는 데에 필요한 다른 기술을 배우는 게 편안해졌다.

학생은 즉각적인 즐거움이 제시될 때 집중하게 되므로, 도입 부분에는 즐거운 결과물을 담은 단기목표가 필요하다. 개인의 성취가능한 도전 목표뿐 아니라 학급 전체 목표 달성을 축하하는 방법도 고려해야 한다. 예를 들어, 목표를 성공적으로 달성한 학생은 그 날의 도우미가 되거나, 작은 네임 카드에 자신의 성공을 기록해서 「오늘 나는 나의 목표에 달성했어!」라는 제목의 수업 게시판에 이 카드를 붙일 수도 있다.

❖전략: 동기를 부여하는 선택의 힘 사용하기

학생 스스로 학습목표를 선택하게 되면, 수학에 대한 부정적 태도의 결과인 무력감이 줄고, 학습목표에 대한 주인된 마음가짐을 갖게 된다. 자신의 목표에 맞추어 무엇을 언제 공부해야 하는지 선택할 수 없더라도 자신의 의도에 맞추어 단원을 학습하게 된다는 생각만으로 자신의 능력을 정서적으로 가치롭다고 느끼게 된다. 학생의 선택이 부분적일지라도 참여와 성공에는 상당히 큰 차이가 확인되었으며, 선택은 두뇌의 자연스러운 호기심을 자극하고 내적 목표의 동기를 증가시켰다(Cordova & Lepper, 1996).

교사가 학생에게 선택권을 제공하기 시작하면, 학생은 개인적으로 또는 학급 내에서 자신의 위치가 어떠하며, 확인해야 할 게 무엇인지 이해하게 된다. 또한 스스로 학습을 선택하면서 책임감이 생기고 판단과 의사결정에 대한 집행기능이 신장된다. 이때 지도판독가형 학생은 자신이 옳게 행동하지 못할 거라고 두려워하면서, 너무 많은 자유를 갖는 것에 대해 불안감을 느낄지도 모른다. 그러나 처음에는 작은 선택부터 시작하게 되고, 그러면서 점점 적절하고 즐겁게 선택하는 기술을 개발하게 된다. 다음은 학생이 선택의 기회를 가짐으로써 얻을 수 있는 추가적인 이점들이다.

- 자신이 선택한 문제로 숙제를 하거나 시험을 보게 되므로 안심하게 된다. 그 문제를 어떻게 접근해야 하는지 안다고 느끼고, 자신감을 갖게 되면서 낙관주의, 도파민, 집중력, 인내심도 길러지며, 긍정적이고 자신감 있게 시작한다.
- 자신이 선택한 문제로 숙제를 할 때, 자신의 학습 강점과 가장 성공적인 개인 전략을 이용해 숙제에 접근할 수 있다.
- 나는–지금here–me–now인 현실세계와 연결되는 선택을 하면, 자신에게 가치있는 무언가를 한다는 만족감 때문에 내적 보상이 증가한다.

교사로서, 학생의 선택을 관찰하고 주목하면서 앞으로 개별 학생을 어떻게 동기유발할 수 있는지에 대해 더 배우게 된다. 학생이 어떤 단원을 특히 어려워한다면, 학생기록부에서 과거의 선택과 선호도를 확인하고, 수업을 시작할 때 이를 직접 포함시킬 수 있다. 특히, 심화 수준 학생이 과거에 무엇을 선택했는지 확인하여, 좀 더 풍부한 활동이 되도록 준비할 수 있다.

다음은 동기를 유발하도록 선택하는 몇 가지 구체적인 방법들이다.

- 학생이 자신의 노트에 스케치, 샘플 문제 또는 다양한 그래픽 오거나

이저를 사용하도록 권장한다.

- 학생이 자신의 숙제에서 홀수 번 문제, 짝수 번 문제 또는 3의 배수 번호 문제를 선택하여 해결하도록 한다.
- 학생이 다양한 프레젠테이션 형식으로 파워포인트, 웹 페이지, 다이어그램, 비디오, 스키트[64], 차트, 오버헤드 프로젝트, 책(어린 학생들을 위해 쓰여 진 책), 그래프, 엑셀 스프레드시트 중에서 선택하도록 한다.

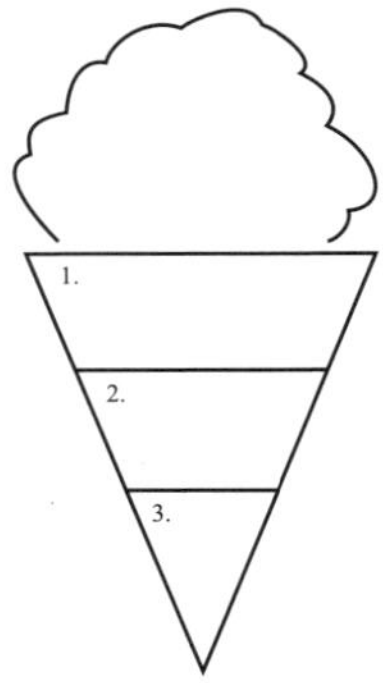

그래픽 오거나이저의 예

- 학생이 자신의 도전 수준, 관심 또는 준비도에 기초하여 활동을 선택할 수 있도록 한다.
- 학생이 수업 중에 하고 싶은 수학 관련 게임이나 활동을 스스로 선택하도록 한다.

개인별로 장기목표 설정하기

교사가 학생의 성취가능한 도전 수준, 학습 강점, 관심 등에 대해 더 많이 알고 있을수록, 학생의 뇌가 만족을 더 지연시키고 높은 목표 달성을

64) 스키트(skit)는 (무엇을 모방하며 조롱하는) 촌극; 희문(戲文)을 뜻한다. 촌극은 아주 짧은 단편적인 연극이나, 사람들의 이목을 끄는 우발적이고 우스꽝스러운 일을 비유적으로 이르는 말이며, 희문은 장난삼아 쓴 글을 말한다.

위해 내적 즐거움을 더 늘려 학생이 독립적인 학습자로 계속 성장할 수 있도록 도울 수 있다. 저학년의 경우, 전전두엽 피질PFC 안에 만족을 지연시키는 연결선이 충분하지 않아, 한 수업이나 짧은 단원에 맞게 목표를 설정하는 것보다 장기 목표를 세우게 하는 게 더 어렵다.

교사가 모범이 되어 직접 보여주는 모델링 활동은 학생이 장기목표를 설정하고 계획하는 방법을 배우는데 매우 중요하다. 따라서 처음부터 한 단원의 학습목표를 함께 확인하고, 숙제, 프로젝트, 평가와 같은 진행 단계가 목표 달성에 어떻게 도움이 되는지 설명해야 한다. 일단 학생이 교사가 기대하는 결과물을 얻기 위해 어떻게 시작하고 진행 과정이 어떻게 평가될 계획인지 알면, 목표에 대한 계획이 어떠한지 확신이 서기 시작한다.

교사가 학생이 자신만의 목표를 설정하려고 선택, 개인적 관심, 학습강점, 집행기능을 통합하도록 돕는 만큼, 학생도 몇 가지 알아야 할 것들이 있다. 우선 학생은 학생이 배웠으면 하고 기대하는 교사의 목표를 알아야 한다. 특히 고학년은 교사의 수업 계획이 교육과정의 성취 기준을 통합한 것임을 알아야 하며, 교사가 개인적으로 목표를 정하는 게 아님을 알게 된다. 교사가 목표 선정 과정에 대한 의견을 학생과 나누면, 학생은 자신이 좋아하지 않아도 반드시 달성해야 하는 목표가 있음을 깨닫게 되고, 이런 종류의 문제나 목표에 대해서 교사도 가능하면 좋은 마음으로 가르치려고 노력한다는 것을 알게 된다. 그 결과, 자신만 이런 부정적인 기분을 갖고 있는 게 아님을 터득하면서, 설사 어떤 것이 즐겁지 않더라도 바람직한 최종 목표를 위해서라면 어려움도 헤쳐 나갈 수 있어야 한다고 생각하게 된다.

학생이 고차적 사고력 두뇌인 상뇌와 정보를 주고받기 위해 망상활성계reticular activating system, RAS 입력이나 편도체의 지휘자를 통제하려면 개인적으로 많은 노력이 필요하다. 이때, 교사가 보여주고 함께 이야기한 단원의 내용과 교사의 목표에 대한 정보에 기초하여 자신이 성취하고 싶은 목표를 개발해야 한다.

뇌 속으로 _ 목표지향적 행동 키우기

성공한 학생의 모습에서 보건데, 대부분의 목표지향적인 행동은 두뇌의 전전두엽 집행기능과 깊이 관계한다. 학생이 지지적인 피드백을 자주 받고, 적절한 수준에서 도전하며, 선택을 스스로 하는 등의 낮은 스트레스 환경에서 공부할 수 있다고 해보자. 그러면 망상활성계RAS와 편도체는 두뇌가 새로운 정보를 받아들이고, 기존의 저장된 기억과 이 정보를 연결하며, 그 후에 목표지향적 행동의 더 높은 인지 기능을 위해 활용 가능한 연관기억[65] 패턴을 형성하도록 가장 최적화 될 수 있다.

또한 학생이 집중력, 우선순위 선정, 조직력, 비판적 분석, 감정의 해석, 판단력 등의 집행기능을 꾸준히 연습하고 교사가 이를 강화하면, 자기점검self-monitoring과 자기관리self-discipline를 위한 기술도 신장된다.

그리고 학생이 학습목표에 강한 매력을 느낀다면, 그 목표에 달성하려는 동기유발이 증가될 뿐 아니라 자신의 가치있는 목표를 각 단원의 목표에 통합하고 싶어 한다.

65) 연관기억(Relational memory)이란 시상과 해마에서 처리되는 수많은 감각 자극과 기억이 연관되어 형성되는 형태의 기억이다.

❖전략: 목표를 개별화하기

성공적으로 수학 단원과 수학 시간을 보내기 위해 마련해야 하는 게 무엇일까? 학생이 목표를 설정하고 이를 달성할 수 있도록 자신에게 맞는 계획을 세우는 것이다. 이미 경험해본 바와 같이, 개별화된 목표 설정으로 학생은 더 많이 관심을 갖고 더 많이 참여하게 된다. 교사가 학생의 학습목표 만들기에 적극 참여하면, 학생도 자신의 노력과 그 노력의 결과 사이에 상관관계가 있음을 더욱더 인식하게 되고 더 많은 관심을 가지게 된다. 따라서 학생이 수업의 학습목표와 관련된 개인적 관심 목표를 찾을 수 있도록 적극 안내해야 한다. 그러고 나서, 학생에게 제공되는 지식이 이 목표 달성을 구축하고 실천하는데 가치가 있는 지식임을 깨닫도록 돕는 것이 중요하다. 이러한 개입을 통해 학생은 이전 몇 년 동안 단지 시험 문제에 답하기 위해 수학적 사실과 절차를 외우고 사용하는, 피상적인 수준의 결과로 수학 지식을 쌓으면서 갖게 된 수학에 대한 부정적 태도를 제거하게 된다.

일단 교사가 장기목표를 위해 멋진 도입부를 제시하면, 학생도 한때 가졌던 긍정적인 수학 감정과 호기심을 다시 갖게 된다. 이때, "지금까지 배웠던 단원이나 지식 중에서 정말 재미있었거나 관심이 컸다고 경험했을 때가 있었다면 이야기해 주세요."라고 질문하여 함께 나누는 시간을 갖는다. 그리고 "이번 단원 수업에서도 여러분이 이런 흥미와 관심을 갖도록 돕고 싶어요."라고 학생들에게 알려준다.

학생은 K.W.L. 차트 작성을 시작하고 나서, 이전 학습 경험으로부터 기억나는 긍정적 느낌을 서로 나눈다. 교사는 "여러분들이 수학을 즐겁게 배웠던 경험을 되살릴 수 있는 방법을 찾도록 도와줄게요."라고 안내하면서, 정직하고 분명히 "앞으로도 모든 것이 재미있지만은 않아요. 하지만 이전의 학습 경험 중에서 지루하거나 좌절을 느꼈지만 결국에는 가치가 있었던 적이 있었을 거에요. 우리 함께 이야기해봅시다."라고 질문한다.

추가로, 학생들과 강아지(또는 애완동물) 키우기를 이야기해본다. "강아지를 키워본 적이 있나요? 집에서 강아지를 키우기 위해 무엇을 준비해야 하나요? 강아지를 어떻게 돌보는지에 대해 무엇을 배워야 하나요? 이른 아침에 강아지를 산책시키거나 강아지 주위를 청소하는 등 진짜 재미없는 일이지만 강아지를 위해 해야 하는 일이 있었나요? 가치로운 일이었나요?" 이제, 이런 경험들을 새로운 수학 지식 습득과 관련 지어보는 시간을 갖는다. 학생은 수학 개념을 이해하는데 필요한 기초 지식을 얻기 위해 공부하는 것과 강아지 돌보는 것을 비교하면서, 처음에 열심히 공부하면 이런 기초 지식을 평생동안 소유하게 된다는 것을 알게 된다. "아, 그냥 작은 강아지 똥일 뿐이야."라고 농담하면서 도전과 반복연습의 지루함에 꾸준히 도전하는 모습을 보이게 될 것이다.

❖전략: 낙관적으로 목표 설정하기

일단 교사가 나는-지금here-me-now에 맞춘 현실세계 가치를 담은 주제를 이용하면서 수업을 시작하면, 그래서 학생이 단원으로부터 무언가를 배우고 싶다는 마음이 든다면, 자신의 목표와 꿈을 모둠에서 토론하는 시간을 갖는다. 고학년은 글로 작성해보는 것도 좋다. 이때, 학생의 목표와 꿈을 지금의 현실로 제한해서는 안 된다.

그러고 나서 학생들은 자신의 목표와 꿈을 달성하기 위해 본 단원에서 무엇을 배우고 싶은지 토론해본다. 이때, K.W.L. 차트를 활용하면 힌트를 얻을 수 있다. 자신의 생각을 글로 적어본 다음, 자신의 목표와 단원목표를 달성하기 위해 계획에 무엇이 포함되어야 하는지를 토론한다. 학생에게 "선생님은 여러분이 언젠가는 자신의 목표나 꿈을 이룰 것이라고 본답니다. 여러분이 자신의 목표를 달성하기 위해 농구코트에서, 학교 운동장에서, 밴드부에서, 빵을 판매하면서 열심히 노력하고 있다는 것을 알아요. 반드시 목표에 달성할 거라는 걸 압니다."라고 의견을 소개하면서 교사의 낙관적인 마음을 공유한다.

학생에게 자신의 꿈을 몇 자로 적어보거나 그림으로 그려보도록 한다. 그리고 자신의 글이나 그림을 「우리의 꿈」, 「우리의 동기」라는 제목으로 게시판에 올리고, "앞으로 참고 인내해야 할 때마다 여러분들의 꿈을 보세요."라고 응원도 함께 한다.

학생이 낙관적인 마음으로 학습에 참여하면, 학습 성공에 긍정적인 영향을 미치며, 그 결과 도파민이 증가되고 더 많은 학습이 가능해지며, 현재 배우는 단원에 대해 더욱 긍정적으로 기대하게 된다. 또한 이러한 긍정적인 태도는 학생의 뇌 신경화학 반응을 변화시킨다. 도파민 분비가 촉진되면서 새로운 학습 자료에 대한 학생의 반응과 기억력도 증가한다.

❖전략: 목표 설정에 성취가능한 도전 적용하기

학생이 자신의 목표를 설정하고 그 목표를 달성하는데 필요한 사항들을 확인했다면, 이제 성취가능한 도전을 개별적으로 계획하기 위해 학생과 만남의 시간을 가져야 한다. 교사는 개별 프로젝트, 탐구, 조사, 기본 기술 요건, 숙제 등을 구체적으로 계획하면서 학생과의 만남을 준비할 수 있다. 학생과 만나서, 학생이 성취가능한 도전 경로를 계획하기 위해 스스로 세운 목표, 강점, 관심사, 기존 기초 지식 등을 확인하도록 안내하면서 성취가능한 도전에 성공하기 위한 구체적인 계획을 세우도록 돕는다. 또한, 다음과 같은 질문을 이용해 학생의 집행기능 기술을 확장하고 계획 세우기에 전념하도록 도울 수 있다.

"자신이 세운 목표로 발전하고 있다는 것을 어떻게 알 수 있나요?"

"자신이 성장하고 있음을 증거를 들어 설명할 수 있나요?"

교사는 학생의 성취가능한 도전과 연결된 목표 달성을 위해 학생과 협력하고 있으며, 학생은 자신에게 의미있는 개별 목표를 갖고 있다. 따라서 수행평가표[66]에 따라 준비된 성취가능한 도전의 경로는 학생이 목표 달성 계획을 좀 더 체계화하도록 안내할 수 있다. 수행평가표는 학생이 자신의 숙제를 성공적으로 완수하고 목표를 달성하기 위한 방향을 제공하는 틀이므로, 숙달해야 할 기술과 개념에 대한 수준별 숙련 수준을 제공한다. 교사는 학생이 수행평가표에 구분되어 있는 성취 측정 단계 중에서 자신에게 적절한 도전 수준을 선택하도록 안내해 주며, 학생은 자신의 목표 달성을 위해 계획을 세우면서 그 계획의 구조와 계획을 위한 선택사항을 확인하게 된다.

수행평가표를 기준으로 성적을 처리하면 도달 수준을 높게 그리고 도전 수준을 적절하게 유지하는데 상당히 유용하다. 수행평가표에 공부의 질, 조직, 과제 지시를 따르는 능력, 마감일을 맞추는 능력, 노력, 창의성,

우선순위 정하기, 판단력, 분석력, 적절한 자원 활용 등과 같은 다양한 범주가 포함된다는 점에서 유연한 평가가 이루어질 수 있다.

그리고 학생은 더 많은 연습이 필요한 약점 영역이 어디인지 확인할 수 있고, 자신의 가장 높은 성공수준을 달성하기 위해 자신의 강점을 적용할 수 있는 영역이 어디인지도 체크할 수 있다. 즉, 수행평가표는 단원 전체에 걸친 학습 과정에 대한 방향성을 제공한다. 동시에 발전하는 모습, 특정한 강점 영역, 이후 학습에 필요한 도전 등에 대한 구체적인 피드백도 제공한다.

66) 수행평가표(루브릭, Rubric)

- 전통적인 평가에서 사용하는 점수(score) 또는 등급(grade)에 상응하는 개념으로서 학습자가 수행과제에서 드러낸 수행 결과물(작품, 글쓰기, 문제해결, 토론 등)이 어느 수준에 있는가를 규명하고 판단하기 위하여 사용되는 수행평가에서 개발된 채점 방법이면서 결과 표현 방법인 평가도구이다.
- 평가 영역이 세부적으로 제시되며, 학생의 학습결과는 점수가 아니라 단계로 표현되고, 각 단계에는 학생들의 수행이 갖는 질적인 특징을 서술적으로 설명해 놓은 진술문이 제시된다.
- 수행평가를 위한 채점기준은 두 가지, 총체적 채점기준(holistic rubric)과 분석적 채점기준(analytic rubric)으로 구분된다(Nolet & McLaughlin, 2000). 총체적 채점기준은 과제의 전반적인 인상에 기초하여 총점을 산출하는데 활용되며, 분석적 채점기준은 과제의 여러 가지 수행항목들 각각의 점수를 합산하여 최종점수를 결정하는데 사용된다.

▶ **10점짜리의 경우 (예시)**

	평가요소	배점		
		상	중	하
평가기준	① ~~ 핵심을 잘 표현했는가?	3	2	1
	② ~~ 전개가 논리적인가?	3	2	1
	③ ~~ 자기의 의견, 주장이 뚜렷한가?	4	3	2
점수				

〈장점〉	〈단점〉
▶ 요소간(①②③) 중요도를 반영한다. ▶ 각 요소내에서 정도의 차이를 반영한다. ▶ 채점이 쉽고 정확도가 높다. ▶ 급간이 균등하고 다양하다(10, 9, 8, 7, 6, 5, 4점 모두 나옴). ▶ 억지 요소(기준)을 만들지 않아도 된다. ▶ 간결하여 교사의 일이 줄어든다.	▶ 평가요소를 잘 선택해야 한다.

특히, 수행평가표에는 최고 수준을 의미하는 범주를 하나 정도 넣을 수 있는데, 심화 수준 학생이 *아주 우수* 또는 *최고*라는 라벨이 붙는 수준에 도전하도록 기회를 주기 위해서이다. 즉, 수행평가표는 모든 학생에게 동일한 기회를 주는 동시에 수학의 여러 요소에서 개별적인 성취가능한 도전도 강조하는 유연한 방법이다. 그리고 수행평가표의 결과로부터 학생의 학업, 태도, 노력 및 성장과 성취를 구체적으로 확인할 수 있기 때문에, 뇌의 예측가능성과 규칙가능성을 이용하여 수행과정을 얼마나 달성했는지 더욱 정확하게 확인할 수 있다.

목표지향적인 학습을 위해 동기유발하기

학생은 이후의 더 가치로운 결과를 위해 즉각적으로 느끼는 만족이 아닌 만족을 오래 유지할 수 있는 능력을 갖추어야 한다. 이렇게 자신의 만족을 지연하는 능력은 수학에의 성공 그리고 이후의 모든 학업 성취와 관련이 있다(Mischel, Shoda, & Rodriguez, 1989). 학생이 수학에 부정적인 태도를 갖게 되면 만족지연능력delayed gratification[67]에 따른 보상, 특히 수학에 들인 노력에 대한 보상을 경험하지 못할 수 있다. 학생이 자신이 원하는 목표와 노력–목표 그래프를 함께 완성하면서 목표지향적 학습을 통합한

67) 만족지연능력(delayed gratification)이란 즉각적인 보상에 대한 유혹을 견디고 이후의 보상을 기다리는 능력으로, 장래의 더 큰 성과를 위해서 자신의 충동과 감정을 통제하는 눈앞의 욕구를 참는 능력이다.

다면, 노력과 성장의 연결을 경험할 수 있다. 즉, 수학 수업은 학생이 학교 밖의 상황에서 이용하고 평생 동안 지속할 수 있는 목표지향적 동기유발, 조직 기술, 인내심을 기르는 장소가 될 수 있다.

뇌 속으로 _ 마시멜로 실험

마시멜로 실험은 더 큰 보상을 받기 위해 미취학 아동의 만족을 지연시키는 능력을 측정한 실험이다. 4살짜리 아이에게 마시멜로를 주고, 이 마시멜로를 20분 동안 먹지 않고 기다린다면 또 다른 마시멜로를 받을 수 있다고 알려준다. 맛있는 마시멜로에 대한 만족을 미루고 두 번째 마시멜로를 기다릴 수 있는 아이는 더욱 신뢰할 수 있는 청소년으로 성장했고, SAT에서 더 높은 점수를 받았다(Shoda, Mischel, & Peake, 1990).

본 실험에서는 첫 번째 받은 마시멜로를 먹지 않아 두 번째 마시멜로를 받은 아이를 절제자resisters라 부르고, 첫 번째 받은 마시멜로를 먹은 아이를 충동자impulsives라고 불렀다. 충동자는 더욱 문제가 많고, 고집스러우며, 우유부단하고, 불신이 가득하며, 더 적은 자신감을 갖고 있고, 여전히 만족을 지연할 수 없는 어른이 되는 것으로 밝혀졌다. 충동자가 이후에 교육을 받는 동안, 장기적인 목표를 달성하기 위해 즉각적인 충동을 지연하는데 어려움을 겪었고, 심지어 시험을 준비하기 위해 공부하거나 보고서를 써야 한다는 것을 알면서도 즐거운 활동으로 쉽게 관심을 돌렸다. 성인이 되어서는, 결혼 성공률이 떨어졌고, 더 낮은 직업 만족도와 수입을 보였으며, 건강이 더 나빴고, 생활에서 더 많은 좌절감을 느꼈다고 보고했다. 반면에, 절제자는 성공적인 학생이 되었고, 성취감이 높은 성인으로 자랐다.

추가로, 만족지연에 대한 마시멜로 실험은 이후 SAT 점수를 두 배나 더 정확하게 예측하는 변수로 확인되었고, 절제자는 SAT 시험에서 (총점 1,600점 중) 평균 210점을 더 받았다(Sethi, Mischel, Aber, Shoda, & Rodriguez, 2000).

후속 분석 결과, IQ 테스트보다도, 지속적인 업무 능력, 집중력, 노력, 목적의 견고성, 지속력 등의 특성을 공통적으로 보인 학생은 과학, 수학, 스포츠, 음악 분야에서 모범적인 학생이었음이 밝혀졌다. 이 관계는 단순 상관관계가 아닌 인과관계임이 확인되었다(Ericsson, 1996).

심리학자 안젤라 덕워스(Angela Duckworth)는 한때 대수를 지도하는 교사였으며, 심리학자가 된 후에 마시멜로 실험과 비슷한 분석을 실시했다. 그 결과, 교사가 자제력 없이 학생을 가르치는 것은 실망스럽고 헛된 일이라는 결론을 내렸다. 또한, 만족을 지연하는 능력(8학년 학생은 지금 1달러를 받을지 다음 주에 2달러를 받을지 선택을 해야 함)이 IQ보다 학업성취도를 훨씬 잘 예측하는 변인임을 확인하였고, 지능이 중요하지만 자기통제력만큼 중요한 것은 아니라는 결론을 내렸다(Duckworth & Seligman, 2005).

❖전략: 노력-목표 그래프 이용하기

학생이 노력과 성공 사이의 관계에 대해 배우고 나면, 최고의 성취자가 되며, 시간을 관리하는 기술과 새로운 자료를 이해하는 기술을 배운 학생보다 더 성공할 수 있게 된다(Van Overwalle & De Metsenaere, 1990). 학생이 노력-목표 그래프를 그리면, 자신의 노력이 개인적 목표를 달성하는 쪽으로 나아갈 것이라는 구체적인 방향을 확인하게 된다. 이때 학생이 그래프의 스타일과 색을 선택해 자신만의 그래프를 그리는 게 가장 좋다. 그러나 유치원생처럼 어린 학생이라면 교사가 만들어준 색칠된 그래프를 활용할 수 있다. 노력-목표 그래프를 그리는 목적은 시간과 연습이 자신의 목표를 향해 나아가며 결국에는 성취로 이어진다는 것을 자신이 자주 확인하기 위해서이다.

학생은 (필요한 경우 부모님의 도움을 받으면서) 수학을 공부한 시간이나 매일 복습하는 자료의 양과 한 주간 공부한 총량 등을 꾸준히 기록하고 막대 그래프를 만든다. 그리고 총량에 대한 그래프 옆으로, 공식적 및 비공식적인 주간 평가에 근거하여 자신의 성적을 그래프로 그린다.

학생이 규칙적으로 연습을 하는 특정 기초 개념이나 절차에서 실력이 부족하다고 확인되면(아마도 그 분야에서 뒤쳐져 있기 때문일 것이다), 그 개념이나 절차에 대한 연습시간 또는 공부한 양, 시험에서 확인된 정답의 수 등을 포함하여 그래프를 그린다. 점차적으로 학생은 자신의 그래프로부터 성공을 시각적으로 확인하게 되고, 이해력이 증가하면서 더욱더 편안해짐을 느끼게 된다. 특히 수학에서 낮은 자존감을 갖고 있는 학생은 자신의 변화를 더욱 긍정적으로 확인하게 된다. 교사는 학생이 노력과 목표 달성 사이에 상관관계가 있음을 알 때까지 그들의 동기유발을 지속시켜야 하며, 이를 위해 추가적인 피드백을 제공하여 내적 동기를 촉진할 수 있다.

학생은 학교 내의 학습에 대한 노력-목표 그래프를 그리기 전에, 학교 밖의 경험에서 노력에 따른 성장 개념을 관련지을 수 있도록 농구 골인 연습하기, 악기 연습하기, 키보드 연습하기, 컴퓨터 게임 연습하기와 같은 예에 대해서도 그래프를 그려본다. 나의 경우, 내가 가르치는 해에 악기를 배우기 시작한 학생이 연주한 것을 녹음하곤 했다. 학생은 자신의 연주를 1년에 3번 정도 녹음하고, 자신이 연습한 시간의 양도 계산했다. 그 다음 해에 이 녹음테이프를 들려주면 그 효과는 극적이다. 나는 신학기에 수업을 시작하는 참신한 방법으로 (어떤 설명을 덧붙이지 않고) 이 녹음을 자주 사용한다. 이 녹음된 음악을 듣는 학생들은 도대체 이게 뭐지하면서 예측하다 "똑같은 학생이 세 차례 연주한 거랍니다."라고 들었을 때 엄청 놀란다.

그런 다음 그림 그리기, 자전거 타기, 수영하기 또는 컴퓨터 사용하기 등과 같은 사례에서 노력-목표 성공에 대한 자신의 경험을 함께 이야기한다. 이러한 사례는 대부분의 학생이 비슷하게 경험하고 특정 기술도 아니라고 생각하기 때문에, 노력과 성공을 연결하지 않는 경향이 있다.

추가적으로, 두뇌에서 이러한 상관관계와 예측을 담당하는 부분은 전전두엽 피질PFC인데, 전전두엽 피질PFC은 20세까지 계속적으로 성장하면서 가장 마지막에 성숙되는 뇌의 부분이다. 아이의 두뇌는 아직 미성숙하기 때문에 어른에게 분명해 보이는 것을 패턴으로 인식하지 못한다.

따라서 처음에는 최종 목표에 도달하는 과정을 작은 성장 과정으로 분해하여 목표를 준비해야 한다. 그래야만, 학생이 작은 성장 과정을 경험하면서 도파민-보상 피드백을 받게 되며, 인내심을 갖고 자료를 기억하려 노력하고 추가적으로 공부도 한다. 학생이 자신의 노력에 대한 결과를 직접 확인하고 친구가 얼마나 오랫동안 노력해왔는지 그 경험을 들으면, 두뇌는 수년 동안 부정적인 경험을 통해 쌓아온 자동적인 기본 경로를 대체할 새로운 신경 경로를 개발하기 시작한다.

음악가의 음악 연습 사례와 같은 성장 과정에 대해 듣고 자신의 노력 성공 경험도 스스로 인정하게 되면, 노력-목표 그래프 그리기를 시도해봐야겠다는 동기를 갖게 된다. 학생이 노력-목표 그래프를 그리고 이해하도록 데이터를 수집하고 시간을 들이는 것이 처음에는 부담스럽지만, 분명히 투자할 가치가 있다. 교사는 학생이 그래프를 통해 확인하게 된 결과들 및 자신이 발견한 것에 대한 개인적인 반응을 공유하도록 격려해야 한다.

그래프에 무엇을 포함시켜야 할까?

고학년의 경우, 노력과 성장 사이에 중요한 상관관계를 직접 확인하기 위해 추가적인 데이터가 유용하게 활용될 수 있다. 도전영역과 목표에 대해, 자신의 수준에 맞는 목표를 선택할 수 있으며 학습 시간에 대한 노력과 효율성, 수업의 편안함에 대한 수준, 사용된 전략 등에 대한 코멘트를 받을 수 있다. 추후에 어떤 전략이 가장 성공적이었는지, 무슨 효과가 있었는지를 기록할 수 있고 더 나아지기 위해 무엇을 해야 하는지에 대해서도 기록할 수 있다. 실수 줄이기 수학 카드와 같은 도구를 사용하여 계산능력을 신장시킨다면, 학생의 반응에 대한 데이터는 퀴즈 결과뿐만 아니라 속도와 정확도도 포함되어야 한다.

그 결과, 학생의 노력-성장 그래프는 특정한 수학 목표를 위한 최선의 전략과 가장 성공적인 피드백의 종류에 대한 규칙을 드러낼 것이다. 이런 지식은 미래의 목표와 목표달성 전략을 성공적으로 계획하는데 상당히 중요하다. 더불어 학생이 수학일기 쓰기, 포트폴리오에 글을 써서 모으기, 자신이 관찰한 것과 긍정적인 느낌을 부모님에게 편지로 쓰기 등으로부터 추가적인 긍정적 결과를 얻을 수 있다. 또 내년 수업에 참여할 예비 학생을 위해 편지를 쓸 수도 있다. 그 결과 학생은 편지를 받는 예비 학생을 위한 동기유발자가 되며, 편지를 쓰는 필자라는 성공을 강화받게 된다.

학생은 노력–성장 그래프를 확인하면서, 자신의 성공수준을 스스로 통제하고 있음을 이해하게 된다. 교육부의 발표에 따르면, 숙달이 필요한 내용을 완전히 익히려 노력한 학생은, 좋은 성적을 받거나 다른 학생을 능가하는 것이 목표인 또래보다 수학에서 더 나은 장기적 학습 발전을 보여준다고 한다(U.S. Dept. of Education, 2008).

학생은 낮은 점수에 창피해하거나 높은 점수에 으쓱할 필요 없이 자신의 성공을 음미하고 인정할 수 있다. 왜냐하면 평가란 특정한 숫자가 아니라 목표를 향한 성장이기 때문이다. 이제 경쟁적인 점수 목록에 의해서가 아니라 개별 목표에 대한 성취도 퍼센트를 이용해 학생을 평가해야 한다. 두 명의 학생이 곱셈표의 5의 배수와 9의 배수 완성을 목표로 선택했을 때, 그 내용은 다르지만 성취율은 100%를 달성한 것이다.

학생의 성장을 어떻게 지원할 수 있을까?

일단 학생이 목표를 향해 노력하기 시작하면, 끝까지 인내심을 갖기 위해 교사의 도움이 반드시 필요하다. 이때, 정기적인 모임, 피드백, 노력의 인정, 자부심에 대한 강화, 그리고 〈두뇌 사용 설명서〉(부록 2 참고)에 근거한 수업 등으로 도움을 줄 수 있다.

교사는 학생이 단원에 대해 수학 목표를 세우고 누락된 배경지식을 교정할 수 있도록 돕기 위해, 학생을 개별적으로 만나서 공식적, 비공식적인 형성평가를 제공할 수 있다. 학생의 학습을 자주 평가하고 학생의 성장 과정에 피드백을 수정하여 제공할 경우, 학생은 단원이나 프로젝트를 완료하거나 시험을 보기 전에 자신의 최종 목표의 경로를 조정할 수 있게 된다.

학생을 만날 때면, 제일 먼저 현재까지의 진행 상황을 스스로 반성하도록 다음과 같이 질문할 수 있다.

"자신에게 변한 게 있다면 무엇인가요?"

"한때는 어려웠지만 지금은 쉬워진 내용은 무엇인가요?"

"최고의 답을 얻는 방법에 대해 알게 된 것은 무엇인가요?"

이제, 교사는 관찰한 부분과 강점에 근거해 피드백을 제공하며, 목표로 나아가는 가장 효과적인 방법들도 제시하고 기억하도록 돕는다.

교사가 학생의 노력을 어떻게 인정하느냐는 학생이 자신의 성공을 기대하는데 영향을 준다. 교사가 학생이 목표를 향하여 노력하는 모습을 칭찬하면 학생은 계속해서 이 노력을 유지하려 한다. 미니목표(장기목표를 향한 단계로 학생이 반드시 달성할 수 있는 단기목표)를 활용하면서 학생의 노력을 인정하면, 학생도 일찍부터 자신의 성장이 인내심과 관련이 있다는 것을 알게 된다. 그 과정에서, 학생은 도전을 통해 인내심을 가지려 노력해야 하고 자신이 배운 것을 새로운 문제에 적용하려고 계속적으로 노력해야 한다는 동기를 갖게 된다. 그리고 점차 회복력을 기르고 도전의 즐거움까지 만들어 간다.

이 시간 동안, 교사는 학생이 최종 목표에 달성하는지 점검하는 것뿐 아니라 학생의 성장을 구체적이고 진심 어린 마음으로 지지해주는 관심과 반응을 보여주어야 한다. 마무리는 학생의 성장이 담긴 그래프에 대한 교사의 견해를 전달해주면 된다. 예를 들어,

"정말 멋지네, 네가 해냈어. 난 네가 너무도 자랑스러워!"

라고.

무엇을 알게 될까?

노력-성장 그래프는 학생이 만족지연능력을 키우는 첫 번째 단계이다. 학생이 노력과 성공을 연관지을 수 있게 되면, 자신의 수학 미래를 예측하고 관리하는 방법도 함께 알게 된다. 아마 생전 처음으로, 자신의 행동에 따라 좋은 결과를 얻었을 수도 있다. 시간이 지남에 따라 노력이 결실을 맺는다는 것을 이해하게 되면서 더 큰 동기가 부여되고, 실패에 따른 좌절과 암기 위주의 교육과정에 대한 불만도 더 잘 견디게 된다.

장기적인 목표를 달성하기 위해 거쳐야 하는 중간 단계, 새로운 기술 습득, 연습을 연결하는 신경회로가 개발되려면 시간과 참을성이 필요하다. 학생이 실패의 사이클을 경험하게 되면 부정성의 네트워크가 강해지고, 실패가 더 많아지면 더욱 강력한 자기 충족 예언[68)]으로 자리잡게 된다. 반면에 반복적인 자극과 신경가소성을 통해 새롭고 긍정적인 네트워크가 강화되면, 이 네트워크가 기본값이 되면서 학생은 회복탄력성을 확

---

68) 자기 충족 예언(self-fulfilling prophecy)

- 머턴(R. Merton)이 사용한 용어로, 자성예언(自成例言), 피그말리온 효과(Pygmalion effect), 플라세보 효과(placebo effect) 등과 동일한 의미이다.
- 어떤 행동이나 학습을 함에 있어 학습자가 보이는 학습 수준이 기대 수준에 부합되게 일어나는 현상이다.
- 영향력있는 타인의 기대 수준이 학습자의 수행 능력에 미치는 영향력이다. 개인은 타인이 바라보는 자기 자신에 대한 이미지에 맞추어 행동을 하려는 경향이 있기 때문에 기대에 따라 학습자의 수준이 달라지는 것이다.
  (예) 학교 현장에서 교사가 학생의 학업 성취에 어떤 기대 수준을 갖느냐에 따라 이들의 학업 수준은 달라질 수 있다.
- 스스로에게도 자성예언을 할 수 있다. 그 결과 자신에 대한 기대감을 스스로에게 주어 학습 능력을 높일 수 있다. 일종의 자기 암시 효과이다.

인할 수 있는 능력을 갖게 된다.

이제 교사는 학생이 자신의 전전두엽 피질PFC의 집행기능을 확장할 준비가 되어 있다는 것과 더 많은 개인적 책임감, 감정적 반응에 대한 통제력, 기술 계획하기, 문제해결 기술 그리고 자기 동기유발 등을 개발할 준비가 되어 있다는 것을 알게 된다. 그리고 학생이 자신의 노력과 성장 사이에서 새로운 측면을 꾸준히 발견한다는 것도 확인할 수 있다. 또한 이미 습득한 지식과 경험으로부터 규칙과 연결성을 찾으면서, 자신의 행동 결과를 기대하면서, 미래를 계획하고 예측하면서, 조직적인 기술을 사용하면서 그리고 목표를 달성하기 위한 노력을 적용하면서 자신의 행동을 조절하는 것을 계속 배우도록 도울 수 있다.

앞에 소개된 단락을 다시 읽어보자. 만약 이 단락을 학생의 자기주도적 통제와 연관 지으며 읽었다면, 이번에는 수학 문제 풀이와 관련지으며 읽거나, 읽으면서 수학 문제 풀이와 연관을 지어보자. 나는 다음의 의견에 매력을 느끼는데, 당신은 어떠한가?

“수학에서 성공을 이끄는 개념과 두뇌가 주요 수학적 아이디어와 규칙을 처리하도록 프로그램된 방식 이 둘은 인간의 집행기능과 개인적 책임감이 발달하는 방식과 본질적으로 동일하다.”

이 모든 것이 당신의 교실에서 함께 확인될 수 있다!

교사는 수학이 얼마나 중요한지 그 이유를 안다. 그러나 교사에게 중요하다고 해서 학생에게도 반드시 중요한 것은 아니다. 학생이 분리된 지식만을 알고 있다면, 통찰과 결정을 알려주는 예측력을 가진 기억 패턴을 만들지 못했거나 분리된 지식을 관련짓는 연결고리를 형성하지 못하고 있었을 것이다. 학생의 전전두엽 피질(PFC)이 미성숙하고 보통의 학생보다 개념 성장이 느릴 때, 해마가 새로운 정보를 적절한 사전 지식에 연결하지 못한다는 것을 기억해야 한다.
교사는 학생에게 수학에 대해 긍정적인 태도를 가진 유일한 사람일지 모른다. 학생이 교사를 존경할 때, 교사처럼 되고 싶어 한다. 따라서 교사가 수학적 사고를 가치있어 하고, 수학을 사랑하는 이유와 왜 수학을 나누고 싶어하는지를 말과 행동, 감정을 통해 보여주어야 한다.

Conclusion
결론

LEARNING TO LOVE MATH

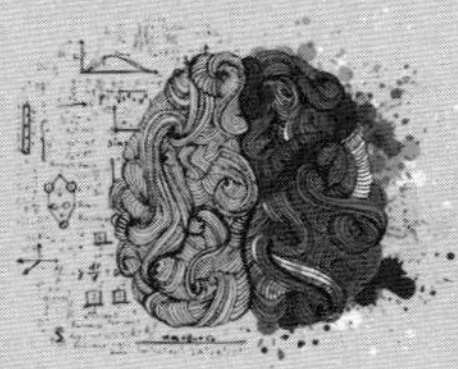

지금까지, 두뇌 연구로부터 얻은 지식이 학습에 적용되었을 때, 학생의 마음에 에너지를 주고 마음을 활기차게 하는데 도움을 줄 수 있다는 것을 배웠다. 교사는 학생의 향상된 기억력, 집중력, 조직력, 목표 설정과 같은 삶의 기술을 쌓도록 도울 수 있다. 학생의 학습 강점에 가장 적합한 두뇌-친화적 전략을 사용하면, 수학(그리고 모든 학교 교과)에 적성과 자신감을 쌓고 자신이 배운 것을 현실세계 상황에 적용할 수 있는 평생 학습자가 될 것이다.

어린 학생이 수학을 사랑하기 전에, 우선은 수학에 편안함을 느껴야 한다. 만약 수학을 위협적인 것으로 인식하면, 저항하게 된다. 교사가 학생의 학습 강점을 활용할 수 있도록 함께 노력할 것이라는 믿음을 갖도록 도울 때, 학생은 의미 있는 목표를 달성하기 위하여 계속해서 노력하고, 도움을 주는 교실 안에서 안전하게 느끼며, 자신의 실수를 배움의 기회로 삼게 될 것이다.

편안한 수업 일정과 존중하는 교실 행동(모두가 편도체에 좋은 행동)을 보이고, 또한 신선하고 즐거운 활동(모두가 망상활성계RAS와 도파민 분비에 좋은 활동)에 참여하면서, 수학 교실의 학습 환경이 안정적이고 친숙할 때, 학생들은 수학에 편안해하고 재미있어 할 것이다. 수업이 흥미롭고, 개인적으로 의미가 있으며, 성취가능한 도전을 제공하는 수준으로 진행되면, 학생의 수학 불안과 공포는 자신감으로 바뀔 것이며, 수학에서 성공을 경험한 학생은 교사의 기대에 부응하기 위해 더 성공하게 될 것이다

어린 학생이 표준화된 시험을 준비하기 위해 수동적으로 정보를 수용하여 반복하기만 할 때, 진정한 학습을 경험하는 것은 거의 불가능하다.

학생은 두뇌가 정보를 처리하여 장기 기억 은행에 저장할 수 있도록 정보를 적극적으로 조작해야 한다. 따라서 교사는 학생이 더 높은 수준의 사고 기술을 사용하여 조사, 분류, 범주화, 비교, 대조 또는 도전 문제 해결의 기회를 갖도록 도와야 한다. 교사가 다중감각 경험, 개인화 그리고 성취가능한 도전 과정이 담긴 정보를 제공하면, 이 정보는 학생의 미래 학습에 영향을 미치는 긍정적인 방법으로 수학과 학생을 연결한다.

학생이 자신만을 위한 목표를 세우면 더욱 적극적으로 수업에 참여하게 되며, 자신의 학습목표를 만드는데 직접 참여하게 되면 자신의 노력과 목표 달성 결과 사이의 상관관계를 인식하고 관심을 가질 가능성이 더 높아지고, 수업의 학문적 목표와 관련되는 자신의 흥미-관련 목표를 찾도록 안내할 기회를 갖게 된다. 학생은 시험문제에 답하기 위해 지식과 절차를 외우고 사용하는 피상적인 수준을 넘어 새로운 상황에 적용하고 변형할 수 있는 개념적 이해를 발달시키게 된다.

마지막으로 교사인 당신에게 남기고 싶은 조언이 있다. 아주 간단하다.

학생의 기술, 전략, 높은 수준의 사고 달성을 개발하도록 도울 때, 학생은 점점 더 학교 안과 밖에서 배움에 참여하게 된다. 그 결과 자신감은 신장되

고, 장애물과 좌절에 부딪혔을 때 더 많은 회복력이 생긴다.

이제 학생은 마음만 먹으면 무엇이든 성취할 수 있다는 것을 안다. 왜냐하면 수업에서 그렇게 해봤기 때문이다. 교사는 학생의 삶을 변화시키는데 헌신해왔고, 그렇기 때문에 미래를 변화시키고 있다.

부록 1 : 인터넷 자원

다음 자료들은 출판 당시에 정확했으나, 시간이 지나면서 바뀌거나 삭제되었을지 모른다. 따라서 학생이나 학부모, 동료들에게 이 자료들을 추천하기 전에, 직접 확인해 보는 것을 권한다.

❖ 교사를 위한 활동, 프로젝트, 학습지

A to Z Teacher Stuff®

http://atozteacherstuff.com

CSI: Mathematics, Curriculum Support Information

www.ceismc.gatech.edu/CSI

Education Planet®

www.educationplanet.com

Education World®

www.educationworld.com

The Educator's Reference Desk℠: Lesson Plans

http://askeric.org/Virtual/Lessons

Learner.org

www.learner.org

LessonPlanz.com™

www.lessonplanz.com

Math Worksheet Generator

www.mccollam.com/math

National Council of Teachers of Mathematics: Illuminations

http://illuminations.nctm.org

RubiStar (printable rubric templates)

http://rubistar.4teachers.org

Teacher Planet®: Lesson Plans for Teachers

www.lessonplans4teachers.com

❖ 게임자료

A to Z Investments: History of Wall Street and the Stock Markets

www.atozinvestments.com/more-wall-street-history.html

AAA Math (K-8 interactive arithmetic lessons)

www.aaamath.com

Aplus Math (K-8 interactive arithmetic games and worksheets)

http://aplusmath.com/Games/index.html

British Nutrition Foundation (conversion tables and recipes)

www.foodafactoflife.org.uk/Sheet.aspx?siteId=12&sectionId=49&contentId=131

Cool Math® **(K-8 interactive arithmetic games)**

www.coolmath.com

Cool Math 4 Kids® **(8-12 interactive arithmetic games)**

www.coolmath4kids.com

DimensionM **(online multiplayer video games where K-12 students compete and collaborate with other players)**

www.dimensionu.com/math

Discovery Education®: Brain Boosters

http://school.discoveryeducation.com/brainboosters/#number

Explore Learning: Gizmos™ **(interactive online simulations for grades 3-12)**

www.explorelearning.com

Interactivate: Activities **(K-8 interactive arithmetic games and worksheets)**

www.shodor.org/interactivate/activities

Interactivate: Area Explorer **(interactive activities about area calculation)**

www.shodor.org/interactivate/activities/AreaExplorer

Kinderweb Educational Children's Games **(PreK-6 interactive arithmetic games)**

http://kinderwebgames.com

Knowledge Matters: Virtual Business Challenge **(business and financial literacy simulations)**

http://vbc.knowledgematters.com/vbc/sports/about

Learner.org: Cooking by Numbers (metric recipes)
www.learner.org/interactives/dailymath/meters_liters.html

The MAA Mathematical Sciences Digital Library (links to math news, events, and free game sites)
http://mathdl.maa.org

Math Cats: Tessellation Town (tessellation activities)
www.mathcats.com/explore/tessellationtown.html

Math Fact Cafe™: The Fact Sheet Factory (K-8 math games, flash cards, and worksheets)
www.mathfactcafe.com

The Math Forum @ Drexel (sports-themed activities)
http://mathforum.org/library/topics/sports

Math Jokes
www.sonoma.edu/Math/faculty/falbo/jokes.html

Mathletics! (sports-related math games)
http://chalk.richmond.edu/education/projects/webunits/math/sport.html

Natural Math (math and nature activities)
www.naturalmath.com

NCTM Illuminations (math games for grades 6-8)
http://illuminations.nctm.org/Activities.aspx?grade=3

PBS Kids Lesson Plan: Play the Market (stock market math game)

http://pbskids.org/bigapplehistory/parentsteachers/business_lesson7.html

Puzzle Pixies (K-8 interactive games)

www.puzzlepixies.com/medium/medium/sherlocks-secret-code.html

SuperKids® Math Worksheet Creator (math worksheets, games, quotes, and vocabulary)

www.superkids.com/aweb/tools/math

Tessellation World of Makoto Nakamura

http://makoto-nakamura.sakura.ne.jp/home.index.html

Tessellations.org

www.tessellations.org

Texas Instruments: Classroom Activities (math activities for children in grades K-12; calculator activities for all ages)

http://education.ti.com/educationportal/sites/US/sectionHome/classroomactivities.html

U.S. Department of Education: Helping Your Child Learn Mathematics (activities that parents can use with children from preschool through grade 5 to strengthen math skills and build strong positive attitudes)

www.ed.gov/parents/academic/help/math/index.html

Universal Currency Converter

www.xe.com/ucc

Wolfram MathWorld™ **(links to math games, terms, lessons for grades 8-12)**
http://mathworld.wolfram.com/about

❖ 그래픽 오거나이저

edHelper Graphic Organizers **(printable graphic organizers)**
www.edhelper.com/teachers/graphic_organizers.htm

Education Place Graphic Organizers **(Houghton Mifflin Harcourt) (printable graphic organizers)**
www.eduplace.com/graphicorganizer

Freeology.com **(printable graphic organizers)**
http://freeology.com/graphicorgs

Graphic.org Graphic Organizers **(printable graphic organizers)**
www.graphic.org/goindex.html

Kidspiration®: Grades K–5 **(visual learning to build conceptual understanding in math)**
www.inspiration.com/kidspiration

National Library of Virtual Manipulatives **(visual learning opportunities for math)**
http://nlvm.usu.edu/en/nav/topic_t_5.html

NCES Kids' Zone: Create a Graph **(elementary school graphing activities)**
http://nces.ed.gov/nceskids/createagraph/default.aspx

TeacherVision®: Lesson Plans, Printables, and More (printable graphic organizers and lesson plans)

www.teachervision.fen.com/graphic–organizers/printable/6293.html

❖ 지도 및 평가

ALEKS® (system for math practice and corrective feedback)

www.aleks.com

CTB/McGraw–Hill: Acuityル (formative assessment tool)

www.acuityforschool.com

❖ 비디오 자료

The Futures Channel® (videos and lessons for real-world math and science applications)

www.thefutureschannel.com/hands–on_math.php

부록 2: 두뇌 사용 설명서

나는 학기가 시작되면 첫 4주 동안 학생에게 〈두뇌 사용 설명서〉에 대한 15분짜리 수업을 3회 정도 진행한다. 〈두뇌 사용 설명서〉의 각 부분을 설명해주고 두뇌 구조에 대한 모델, 그림 또는 실제 이미지를 보여준다. 대개 학생들은 궁금한 사항을 질문하면서 두뇌의 구조를 더 깊이 있게 이해하는 적극적인 모습을 보인다. 이때, "왜 뉴런(두뇌의 신경세포)은 피부세포나 혈액세포처럼 재생되지 않을까요?[69]"와 같은 호기심을 자극하는 질문을 한다. 학생 대부분은 이 질문에 대해 어리둥절해하면서도 깊은 관심을 갖게 되고, 정보가 뉴런에 저장되어 기억이 되기 위해서는 학습과 연습이 필요하다는 것을 마침내 인식하게 된다. 학생이 두뇌 기능에 대해 배울 때, 수상돌기dendrite의 성장을 그림으로 그리거나 점토 모형을 만들기도 한다. 모든 학생은 두뇌에 대한 이 새로운 정보가 학습에 대한 태도, 공부 습관, 지능을 바꾸는 능력에 어떻게 영향을 미치는지 토론하거나 글로 쓰

69) 신경세포는 세포주기를 멈춘 세포로서 더 이상 세포분열을 하지 않는다. 어린 학생에서 어른으로 자라면서 신경세포가 더 많이 생성되는 것이지 기존의 세포가 분열하는 것이 아니다. 즉, 뉴런 하나가 뉴런 두개로 되는 것이 아니라는 의미이다. 그러나 뉴런은 세포분열을 안 할 뿐이지 생장은 할 수 있다. 근육세포와 비슷하다. 근육세포도 신경세포와 같이 세포분열을 하지 않지만 운동을 하면 복근이 생기고 알통이 튀어나오는 것처럼 크기가 커지고 생장하는데, 신경세포도 그렇게 생장한다. 단, 뇌신경 세포는 아직까지 재생이 안 되는 것으로 알려져 있지만, 말초신경, 망막신경 세포 등은 재생이 되는 것으로 알려져 있다.

게 된다. 1년 내내, 수업 전략 안에 두뇌 기능 내용이 포함되는데, 예를 들어, 덴드-라이트dend-writes(전날 배운 수학 수업에 대한 요약) 쓰기의 장점을 소개하면서, "우리가 배우고, 연습하고, 사용하는 새로운 정보가 기억으로 굳어질 때 신경망에서 더 많은 수상돌기가 성장합니다."고 강조한다. 학생이 숙제하는 것을 불평하면, "(숙제 노트를 읽거나 도표를 소개하면서) 숙제를 하면 자신의 두뇌가 새롭게 배운 정보를 연습하고 수상돌기가 성장하는 자극의 기회가 된다는 의견을 친구들에게 이야기해 줄 사람 있나요?"하면서 질문하곤 한다.

두뇌가 학습 능력에 어떻게 작용하는지 설명할 때, 학생은 동기가 강화되고 흥미가 증가되며, 자신이 이용할 수 있는 다양한 학습 전략의 가치를 이해하는 등 많은 이점을 경험하게 된다. 다음은 초등학교 고학년이나 중학교 수준의 학생에게 제시할 수 있는 두뇌와 관련된 정보이다.

> 학습은 일련의 전기적 작용, 화학적 작용을 통해 이루어진다. 우리가 배우는 모든 것은 감각을 통해 뇌로 전달된다. 뇌 자체는 고통을 느끼는 감각 신경을 가지고 있지 않다(그렇기 때문에 뇌 수술 시, 의사가 손상된 뇌 부분을 안전하게 제거할 수 있는지 확인하기 위해 깨어있는 환자와 대화를 하면서 수술이 고통없이 진행될 수 있는 것이다[70]). 피부, 근육, 위, 눈, 귀, 코, 미뢰의 감각 신경은 모두 뇌에 정보를 보낸다. 그 결과 우리가 보고, 듣고, 느끼고, 냄새를 맡거나, 맛을 본다.
>
> 뇌로 정보가 유입될 때 장벽을 거치는데, 이 장벽은 뇌가 과부하되는 것을 보호해 주는 필터이다. 뇌는 놀라운 기관이지만, 매초마다 입력되는 수십억 비트의 감각 정보를 처리할 수는 없다! 뇌가 침착할 때, 그리고 두

려움, 분노, 좌절, 슬픔과 같은 감정으로 스트레스를 받지 않을 때, 주변 환경으로부터 두뇌로 입력된 정보가 의식적인 반영적 뇌reflective brain로 더 많이 이동한다. 두뇌의 입력 센터인 망상활성계Reticular Activating System, RAS가 편안하고 집중하면, 뇌는 망상활성계 필터를 통해 어떤 감각 데이터를 선택할지 관리할 수 있다. 수십억 비트의 감각 정보로부터, 초당 2,000비트만이 망상활성계 필터를 통과할 수 있으며, 좀 더 주의집중한 정보는 상뇌Higher Brain로 옮겨가게 된다. 망상활성계 필터를 통해 입력된 감각정보가 얼마나 잘 저장되느냐는 감각정보를 듣고 보고 경험할 때의 감정 상태에 영향을 받으며 이미 알고 있는 것에 대한 기억을 활성화시켜 새로운 정보를 받아들일 수 있도록 뇌를 준비하는 방식에 영향을 받는다.

스트레스 수준이 낮고 흥미가 높을 때 망상활성계 필터가 최적으로 작동하면서, 가장 가치 있는 정보가 자신의 기억과 사고 뇌로 전달된다. 그러나 불안하거나, 걱정하거나, 슬프거나, 좌절하거나, 혼란스럽거나 또는 지루할 때, 망상활성계 필터는 감각 정보를 반응적 뇌reactive brain로 전달한다. 이 반응적, 자동적인 뇌 시스템은 정보에 대해 투쟁-도피-경직 반응, 즉 부정적인 경험에 맞서 싸우도록 신호를 보내거나(투쟁, fight), 불

70) 이원준/뉴스1, 美여성 맨정신 뇌수술 페이스북 생중계 … 수술 중 의사와 대화도(2019-10-31). 〈http://news1.kr/articles/?3758199〉
(상략) 30일(현지시간) 진행된 수술은 페이스북을 통해 생중계됐다. 병원측에 따르면 수천 명이 동시에 지켜봤다. 수술하는 동안 제나는 맨정신으로 깨어 있었다. 수술 중 집도의가 모니터에 나타난 병변 부위를 설명해주고 제나와 대화도 나눴다. 집도의 랜덜 그레이햄은 수술 후 가진 기자회견서 “모든 것이 환상적으로 이뤄졌다.”고 말했다.

쾌한 경험에서 도망치도록 공상이나 딴 생각을 하거나(도피, flight), 하던 걸 그만 두면서 무시하는(경직, freeze) 반응을 선택할 수 있다. 자신의 감정과 강점을 더욱 잘 인식하게 되면, 환경으로부터 들어오는 가장 중요한 감각입력 정보에 효과적으로 반응할 수 있게 된다. 배운 것(정신적 조작을 포함)을 연습하고, 복습하며 이 지식과 관련 있는 것을 연결하면 뇌의 기억 회로는 더욱 강해진다. 그 결과, 배운 것은 장기 기억long-term memory 안에 저장되고, 그 지식을 사용하여 문제를 해결하고 창조적으로 행동할 수 있게 된다.

우리의 뇌는 RAD이다

다음은 뇌가 정보를 통제하는 열쇠인 세 가지 주요 뇌 구성 요소를 소개한다. 나는 이 세 가지 요소를 RAD라고 부르는데, 망상활성계**R**eticular Activating System, RAS, 편도체**A**mygdala, 도파민**D**opamine을 줄인 단어이다. 이 세 가지 요소는 눈 바로 위와 뒤쪽의 얇은 뉴런neuron 층인 전전두엽 피질prefrontal cortex, PFC에서 이루어지는 고차적 사고력과 추론능력에 의해 작동된다.

Reticular Activating System(RAS) 망상활성계

Amygdala 편도체

Dopamine 도파민

❖ 망상활성계(RAS)

정보는 듣고, 보고, 냄새 맡고, 만져보고, 맛보면서 감각 데이터로 입력되어 뇌로 들어간다. 이때, 먼저 망상활성계를 통과해야 하고, 이후에 변연계Limbic system를 통해 인식되고, 패턴이 부호화되면서 궁극적으로 장기기억 속에 저장된다. 망상활성계는 뇌의 아래쪽(뇌간brainstem)에 위치한 주의-교환 시스템Attention-Switching System이다. 신체의 감각 신경은 눈, 귀, 입, 얼굴의 다른 부분, 피부, 근육, 내부 장기에 있는 감각-반응 신경Sensory-Response Nerve 끝에서 척수Spinal Cord로 모이는데, 망상활성계는 이렇게 모인 신체의 감각 신경으로부터 입력되는 메시지를 받는다. 이 감각 메시지가 제일 먼저 망상활성계를 통과하면서 ①더 고차적이고, 이성적이며, 전전두엽 피질 두뇌로 진입하거나 또는 ②자동적이고, 반사적이며, 감정적인 반응 센터로 전송된다.

성공적으로 학습하고 정서를 통제하기 위해서는, 자신의 전전두엽 피질로 들어갔으면 하는 정보가 전전두엽 피질로 흘러가도록 망상활성계 필터를 열어두는 것이 목표이다. 스트레스를 더 많이 느낄수록 주의집중하기, 반영적 뇌에 기억을 창조하기, 시험을 잘 보고 창조적인 문제해결자가 되려고 배운 지식을 사용하기 등이 더욱 어려워진다. 만약 감정에 압도당하고 통제력을 잃게 되면, 반응적 뇌가 작동하여 자신이 경험하고, 집중하고, 기억하는 것을 통제하지 못하게 된다. 만약 지금 이 순간에 가장 소중하고 중요한 감각입력에 자신의 주의력을 집중할 수 있는 힘을 기른다면, 이런 어려움을 통제할 수 있게 된다. 반영적 뇌와 반응적 뇌 사이의 차이점은 이 세상에 능동적으로 대처하느냐 수동적으로 대처하느냐의 차이와 같다. 다시 말하면, 외부의 영향을 통제하느냐 외부의 영향에 통제되느냐이다. 우리는 집중하면서, 자기 관찰을 실천하면서 그리고 자신의 노력이 목표에 도달하는 능력에 어떻게 영향을 미치는지를 알아차리면서, 뇌가 주변을 감지하는 방식을 선택하는 능력을 강화할 수 있다. 자신이 배운 것을 복습하고 연습하기로 결심하면, 기억한 것이 영구적이 되는 것을 담당하는 뇌가 성장한다.

❖ 편도체 – 심장이 마음을 만나는 곳

뇌는 엽Lobes으로 나뉘어져 있는데, 각각의 엽은 특화된 기능을 담당하며 다른 엽과도 연결된다. 이러한 연결은 더욱 복잡한 두뇌 활동을 위하여 세포 간에 의사소통을 하는 네트워크를 만든다. 보고, 듣고, 느끼고, 냄새 맡고, 만지는 감각 정보가 망상활성계를 통해 전달되면, 이 정보는 뇌의 감각 수용 센터로 이동한다. 새로운 정보가 처음으로 뇌에 들어갈 때 가장 활동적인 영역은 뇌의 각 전문화된 엽에 위치한 감각피질 영역이다. 각각의 엽은 하나의 감각으로부터 데이터를 분석하도록 전문화[71]되어 있다. 그런 다음, 뇌는 새로운 정보를 이미 저장되어 있던 뉴런 네트워크와 일치시키면서 이 새로운 감각입력을 확인하고 분류한다. 예를 들어, 레몬을 눈

---

71) 좌우 대뇌반구는 4개의 엽(lobe)으로 크게 구분되며, 각각을 전두엽(frontal lobe), 두정엽(parietal lobe), 측두엽(temporal lobe), 및 후두엽(occipital lobe)이라고 한다. 각 엽마다 특수 감각피질(specific sensory cortex)이 있는데, 전두엽은 움직임을 조절하는 운동기능을 담당하고, 두정엽은 촉각감각, 공간감각 등을 지각하며, 측두엽은 청각감각과 후각감각을 지각하고, 그리고 후두엽은 시각감각을 지각한다. 그래서 전두엽을 운동피질, 두정엽을 감각피질, 측두엽을 청각피질과 후각피질 그리고 후두엽을 시각피질이라고 한다.

으로 보면 후두엽의 시각피질에 저장된 패턴과 연결되면서, 색을 인식하고 두정엽에 있는 감각 인식 네트워크가 레몬 맛의 느낌을 인식한다.

새로운 정보가 전전두엽 피질에 도달하기 위해서, 망상활성계를 통과한 감각 데이터는 이제 뇌의 변영계, 특히 편도체와 해마hippocampus를 통과해야 한다. 예를 들어, 레몬의 시큼한 맛은 레몬 셔벗에서는 맛있지만 달지 않은 레몬 쥬스에서는 맛이 없다. 일단 감각 데이터가 수신되면, 이러한 감정 필터는 생존 가치와 쾌락 가치를 평가한다.

정보가 편도체를 잘 통과하도록 돕기

엉망진창으로 시작한 아침을 떠올려보자. 늦잠을 자서 아침 식사 시간도 없고, 학교 가기 전에 할 일도 많다. 학교에 갔지만 친구가 함께 점심식사를 하지 않을까봐 걱정을 하거나, 반 친구가 상처 주는 말을 할까봐 근심이 밀려온다. 이때 잠을 충분히 못 잤고 영양가 있는 아침식사도 하지 못하면 몸만 힘든 게 아니라 뇌도 스트레스를 받는다는 것을 기억해야 한다. 그래서 집중력도 떨어지고 학교에서 하루를 힘들게 보내게 된다. 그 이유는, 스트레스 때문에 망상활성계와 편도체로 통하는 경로가 차단되어 전전두엽 피질의 반영적 사고와 기억 쪽으로 정보가 이동될 수 없기 때문이다.

예를 들어, 나눗셈을 어떻게 계산하는지 이미 알고 있기 때문에 수업이 지루해지거나 이해하기 어려운 단어들 때문에 혼란스러워 좌절을 느낄 때, 편도체의 필터는 활용 가능한 영양소와 산소를 엄청나게 사용하면서 스트레스에 반응을 한다. 뇌는 이미 생존 모드에 있는 것이다. 그 결과, 정보는 사고력을 관장하는 두뇌 안으로 유입되지 못하며, 입력된 지식은 절대로 전전두엽 피질까지 도달하지 못하게 된다.

편도체 필터는 기차 선로 위의 스위치 장치와 같다. 만약 스트레스를 받거나 매우 혼란스럽고 좌절하면, 뇌는 생존모드가 되고, 편도체는 정보를 자동적, 반응적 뇌로 보낸다. 그러나 차분하고, 섬세하며, 집중력을 발휘하면, 편도체 필터는 그 정보를 전전두엽 피질의 사고력 두뇌로 보내자고 결정한다.

더불어, 학습 상황이 즐겁고 수업 시간 동안 기쁘면, 편도체는 정보가 오랫동안 기억에 저장되어 머무르는 힘을 강화할 수 있는 신경 화학적 반응을 향상시키는 기능, 컴퓨터의 메모리 칩과 같은 기능을 추가한다. 긍정적인 감정 상태에서는 듣고 읽는 것을 더 많이 배우고 기억하게 되며, 자신의 감정, 추론, 창조성을 더 잘 통제할 수 있게 된다.

장기기억 만들기

변연계에는 편도체 옆에 해마라는 기관이 있다. 해마는 기억 저장고에서 뽑아낸 과거 경험에 대한 기억, 이미 알고 있는 것과 새로운 감각입력을 연결하는 코딩 센터 내에 있다. 새로운 정보가 기존 기억과 연결되면서 새롭게 코딩된 관계적 기억은 이제 전전두엽 피질에서 처리될 준비가 된다.

전전두엽 피질에는 창조적이고, 반영적이며, 현명한 사고가 일어나는 고도로 발달된 신경 의사소통 네트워크가 있다. 망상활성계 필터가 듣고, 보고, 느끼고, 다른 방법으로 감지한 감각 정보를 차단하지 않는다면, 그 정보는 고차원의 두뇌 기능이 이루어지는 전전두엽 피질 영역에 도달할 수 있다. 이런 고차원적인 반영적 네트워크는 판단, 분석, 조직, 문제해결, 계획, 창의성 등의 집행기능Executive Functions을 통해 새로운 정보를 처리한다.

또한 전전두엽 피질의 집행기능 네트워크 내에서는 새로운 정보의 단기기억, 암호화된 기억이 장기기억이 될 수 있다. 자기 자신에게 섬세하게 집중하고 자신을 반성하여 감정 상태를 평가하고 통제할 때, 전전두엽 피질은 새로운 정보를 적극적으로 처리할 수 있고 집행기능은 성공적으로 새로운 정보를 장기 지식으로 조직하게 된다.

연습이 영구적으로 만든다.

자신이 배운 것을 복습하고, 되새기고, 연습할 때마다, 기억의 네트워크 내에 있는 신경 세포끼리 더욱 활발하게 연결된다. 규칙적으로 운동을 할 때 근육이 더욱 강해지는 것처럼 반복적으로 기억을 자극하게 되면 기억의 네트워크가 더욱 강해지는 것, 즉 연습이 영구적으로 만든다Practice makes Permanent. 우리가 기억한 것을 연습할 때, 뇌에는 수상돌기라 불리는 새로운 싹이 하나의 신경세포에서 다음 신경세포로 가지처럼 자란다. 수상돌기가 더 많이 연결되고, 기억을 해야 하는 자극을 더 자주 받을수록, 기억력이 강력해지고 기억이 뇌 안에 오래 머물게 되며, 필요할 때 기억하기가 더 쉬워진다.

충분히 연습하면, 메모리 네트워크의 가지들이 커진다. 이 가지는 뉴런으로부터 정보를 전달하는 축삭돌기axon이며, 여러 층의 세포막으로 감싸는 수초myelin를 갖는다. 수초는 전기적 신호를 축삭에서 좀 더 빠르고 효율적으로 전달할 수 있도록 돕는데, 전기를 더 잘 전도하는 전선의 절연체와 같다. 신경회로가 더 강할수록 수상돌기가 많고 축삭을 감싸는 수초가 더 두껍다. 그 결과 기억력은 더욱 영구적으로 유지된다. 자전거 타는 방법을 기억하는 것이나, 곱셈표를 영구적이고 자동적으로 기억하는 게 얼마나 멋진지 상상해 볼 수 있다.

우리가 무언가를 창조하기 위해, 문제를 해결하기 위해 또는 다른 과목에 적용하기 위해 지식이나 절차를 이용하는 적극적 방법으로 새롭게 학습한 것을 검토할 때, 신경 경로가 강화되고 뇌가 더 효율적으로 연결된다. 이 과정을 신경가소성neuroplasticity이라 부르며, 신경가소성은 활용 가능한 두뇌 네트워크를 자극하는 연습이 실제로 두뇌 네트워크를 더 강하고 더욱 효과적으로 만든다는 것을 의미한다.

만족을 지연하기, 목 표달성을 위해 노력하기, 가장 성공적일 때 사용한 전략을 평가하기 등과 같은 모든 형태의 집행기능(고차적 사고) 내에서 정신적으로 노력하면, 뇌는 더욱 효율적이고 성공적으로 조절할 수 있는 도구로 신장된다. 우리는 주의를 집중하면서, 장기 기억 속에 정보를 간직하면서, 학문적·정서적 삶의 새로운 문제를 해결하기 위해 필요한 지식을 상기하면서 뇌의 전전두엽 피질 신경회로의 조각가가 된다. 전전두엽 피질 네트워크 안에는 감정조절과 지적 사고가 상당 부분 겹쳐져 있기 때문에, 이런 겹쳐진 네트워크를 자극하고 연습하면, 다음이 가능해짐을 확인할 수 있다.

자신의 감정을 수학 문제나 축구기술 분석하듯이 평가하지 마라. 그러면 전전두엽 피질 신경회로가 좌절, 혼란 또는 지루함과 같은 감정을 더욱 효율적으로 관리할 수 있게 될 것이다. 이런 감정들에 끌려다니지 않게 될 것이다.

❖ 도파민과 즐거움

도파민은 뇌의 가장 중요한 신경전달물질 중 하나이다. 뇌의 다른 신경전달물질로는 세로토닌serotonin, 트립토판tryptophan, 아세틸콜린acetylcholine, 노르에피네프린norepinephrine이 있다. 대뇌피질의 뉴런들은 서로 거의 닿을 정도로 위치하며 가지(축삭돌기와 수상돌기)를 통해 메시지를 전달하는데, 축삭돌기는 뉴런으로부터 정보를 받게 되며, 수상돌기는 다음 뉴런으로 메시지를 전달한다. 이때, 각 뉴런이 다른 뉴런들과 관련되기 위해 엄청나게 많이 연결되어 있기 때문에, 뉴런의 모든 정보가 완전히 기억될 수 있는 것이다.

축삭돌기와 수상돌기 사이에는 시냅스synapse라는 틈이 있다. 뉴런에서 다른 뉴런으로 전달되는 메시지는 잔류처럼 이동하는데, 이 메시지가 이동하기 위해서는 전선이 필요하다. 그런데 시냅스 사이에 전선이 없으므로, 전기 메시지는 화학 신경전달물질(도파민, 세로토닌, 아세틸콜린 등)이 전달한다. 즉, 이런 신경전달물질은 정보를 전달하는 뇌 단백질이다.

이때, 여분의 도파민이 분비되어 뇌의 더 많은 부분으로 이동하면, 기분 좋은 느낌이 커지면서 더 많은 뉴런들이 활성화된다. 만약 우리가 집중력을 잃거나, 화가 나거나 또는 스트레스를 받으면, 코티졸과 같은 신경전달물질과 화학물질이 뇌를 통해 퍼지면서 부정적인 감정을 강하게 느끼게 되는 것이다.

뇌에서 도파민 수치를 증가시키기 위해 할 수 있는 몇 가지 활동이 있다. 즉, 자신이 즐기는 신체적 활동하기, 친구와 교류하기, 웃기, 어떤 일을 잘 해낸 것에 대해 내면으로 보람을 느끼기, 개인적 목표 달성하기, 누군가가 읽어주는 걸 듣기, 친절하게 행동하기 등을 통해 도파민이 증가하게 된다.

뇌에는 보상 네트워크인 중격측좌핵nucleus accumben, NAc이 있다. 중격측좌핵은 좌우뇌 각각의 깊숙한 곳에 위치하며, 전전두엽 피질로 도파민을 분비한다. 전전두엽 피질에서 도파민 수치가 높을수록 만족감과 즐거움이 높아진다. 특히, 뇌가 정확한 예측을 한 결과로 만족감과 즐거움이 높아지면, 실수를 하거나 답을 찾는게 어려워도 개인적 강점, 재능, 창의력, 인내하려는 동기가 증가한다.

이 보상 네트워크로부터 분비되는 도파민 수치가 높아지면, 즐거움이 증가될 뿐만 아니라 또렷함, 집중력, 기억력, 전전두엽 피질의 집행기능을 증가시키는 아세틸콜린과 같은 신경전달물질도 증가하게 된다. 그러면 두뇌는 비이성적이고 자동적이며 투쟁-도피-경직 반응을 하기보다 스스로 모든 걸 책임져야 하므로, 자신의 판단력과 의사결정 두뇌력을 사용할 수 있게 된다.

이제 즐거운 학습 활동 중에 도파민이 분비되면, 주의집중을 조절하고 학습한 것을 장기기억으로 저장할 수 있는 자신의 힘이 진짜로 증가된다는 것을 알게 되었다. 그렇다면, 보상으로 더 많은 즐거움을 느끼도록 뇌가 더 많은 도파민을 분비하기 위해 우리는 무엇을 해야 할까? 자신이 기억하고 싶은 것에 주의를 집중하여 기억하는 능력을 신장하기 위해 무엇을 해야 할까?

어떤 경험이나 활동이 도파민 분비와 관련된 성취감과 즐거움을 주는지 생각해보면 도움이 된다. 자신의 개인적 강점을 찾아본다. 예를 들어 예술적 능력, 리더십, 운동적 기술, 음악적 능력, 감사하는 본성, 낙천성, 친절, 지구력, 창의력, 문제해결력 또는 큰 그림을 볼 수 있는 능력, 세부 사항을 알아차리는 능력, 친구나 동료의 갈등 해결을 돕는 능력 등이다. 자신이 잘하고 싶은 것을 하려면 이런 강점을 잘 활용해야 한다. 학교에서 마음만 먹으면 할 수 있는 스포츠, 예술, 음악 또는 학업과 같은 것에서의 성장을 인정하기 위해 노력과 시간을 투자해야 한다. 이러한 활동과 반성이 이루어지는 동안 도파민이 분비되면서 주의력, 집중력, 창의력, 문제해결력이 더욱 증가된다. 즉, 윈win–윈win 상황이다. 기분도 좋아지고 더 똑똑해진다!

우리는 뇌에서 도파민과 아세틸콜린이 분비되어 자기만족의 즐거움을 경험하면서 기분이 어떠한지 느끼는 시간을 가져야 한다. 그 순간에, 이러한 신경전달물질은 편도체 옆에 있는 기억 부호화 센터인 해마 안에서 함께 작용하며, 새로운 정보를 암호화된 메시지로 바꾸기 시작하여 전전두엽 피질의 장기기억으로 만들 준비를 한다. 바로 이 과정을 학습에 적용할 수 있다. 예를 들어, 만약 어휘를 연습하면서 단어의 의미를 연극으로 표현하거나 그림을 그리는 등 즐거운 신체 활동을 함께 한다면, 뇌는 어휘 연습과 즐거움을 연관시키는 것을 배우고, 더욱 효율적이고 쉽게 그리고 빠르게 공부한다. 그리고 기억한 것을 더욱 영구적으로 유지한다.

결론

우리는 자신의 강점 그리고 가장 잘 이용하는 전략과 도구를 사용하여 개인적으로 중요한 목표를 달성하려는 노력을 함으로써, 더욱 지적이고 창조적이며 강력한 두뇌의 설계자가 될 수 있다. 여기에 추가적으로 자신의 감정과 주변 사람의 감정을 잘 알아차리면, RAD 시스템을 통해 중요한 학습 정보에 집중할 수 있게 된다. 그러면 그 정보는 전전두엽 피질에 도달할 수 있고, 장기기억을 만들며, 고차적 사고 능력(반영적 뇌)을 사용하는 시험이나 어떤 일에 필요한 정보를 재생할 수 있게 된다. 이제 드디어 두뇌 필터를 통해 어떤 정보가 전달되는지, 그리고 영구적으로 기억하기 위해 정신적으로 새로운 학습을 어떻게 다루어야 하는지에 대한 키를 쥐게 되었다. 행동하기 전에 생각하고, 가치있는 전략을 연습하고, 전전두엽 피질의 집행기능과 감정 조절 경로를 연습한다면, 자신이 하고 싶은 일을 성공하기 위해 두뇌를 바꿀 수 있고, 학업과 사회적 추구에서 더 많은 즐거움을 경험할 수 있을 것이다. 학교에서 도전적인 시험을 보거나 친구와 사회적 갈등을 겪을 때에도, 투쟁–도피–경직 반응을 하는 대신 반영할 수 있게 되었다. 더 많이 연습할수록 뇌는 더욱 강력한 도구가 되어 가장 최고의 배움이 가능해지고 창의적인 잠재력을 발휘할 수 있게 됨을 알게 되었다. 자신이 원하는 현명하고 자상한 사람이 되어 모든 인류에게 가장 좋은 세상을 만드는 데 도움을 주기 위하여 자신의 꿈을 이룰 수 있게 되었고, 선생님, 부모, 친구, 책 그리고 자신의 주변 세계로부터 배운 정보를 유지할 수 있게 된 것이다.

용어 해설

가지치기 pruning

사용하지 않는 뉴런을 제거하는 과정이다. 아기의 뇌는 뉴런과 뉴런 사이의 연결부(시냅스)를 생산한 뒤 3살 무렵부터 가지치기를 시작한다. 제2의 시냅스 형성은 사춘기 직전에 발생하며, 또 다른 가지치기 단계가 뒤따른다. 가지치기는 사용하지 않는 뉴런과 시냅스를 제거하고 더 자주 사용하는 뉴런 네트워크를 중심으로 수초를 감싸 안정화시키고 강화함으로써 뇌가 학습을 통합할 수 있게 한다.

감각운동 피질 somatosensory cortexes

4개의 엽에 하나씩 위치하고 있으며, 각 감각 수용기(듣기, 만지기, 맛보기, 보기)로부터 입력된 것이 처리된다.

강화 학습 이론 reinforcement learning theories

뇌는 더욱 원하는 자극을 찾아서 특정한 단서와 원하는 자극이나 목표들 사이에 연관성을 만든다는 가정에 근거한 이론이다.

관계적 기억 relational memory

학생들이 무언가를 이미 익힌 것에 추가하여 배울 때 일어나는 기억의 한 형태로, 이미 뇌에 존재하는 스키마(schema)를 이용하거나 확장하게 된다.

근접발달영역(ZPD) zone of proximal development

레프 비고츠키가 제시한 개념으로, 아동이 독립적으로 수행할 수 있는 실제적 발달 수준과 주변의 도움을 받아야 수행할 수 있는 잠재적 발달 수준의 사이이다. 근접발달영역은 아동이 아직 이해하지 못하지만 지도를 통해 학습할 수 있는 능력을 가지고 있는 지식의 집합체라 할 수 있다.

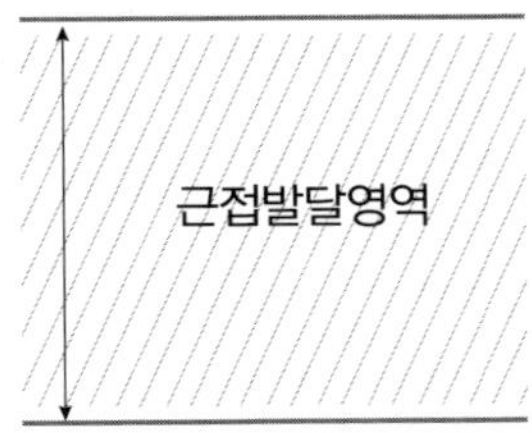

기계적 기억(암기) rote memory

기억할 내용의 의미나 구조를 따지지 않고 단순히 맹목적으로 반복 연습하여 기억하는 것이다. 반복적으로 리허설을 하여 암기하며 보통 잊어버리게 된다.

기능성 뇌영상 functional brain imaging(neuroimaging)

다양한 기법을 사용해서 직접 또는 간접적으로 뇌의 구조, 기능, 약리학 구조를 영상화 하는 것을 모두 포함한다. 의학, 신경과학, 심리학 등의 학문에서 배우는 교과목이다. 구조적 영상은 뇌의 전반적인 구조를 드러내는 반면, 기능성 뇌영상은 뇌로 들어오는 정보의 처리를 시각화한다. 이러한 과정은 신진대사 증가, 혈류, 산소 사용량 증가 또는 포도당 흡수를 통해 뇌의 영역이 밝아짐에 따라 시각적으로 확인된다.

기능성 자기공명영상(fMRI) functional magnetic resonance imaging

혈액 내 산소를 운반하는 헤모글로빈의 파라마그네틱 특성을 이용하여 다양한 수행 및 인지 활동 중에 어떤 뇌 구조가 어느 정도 활성화되는지, 어느 정도까지 활성화되는지 등을 측정하는 기술이다. 뇌의 어떤 부위가 사용될 때 그 영역으로 가는 혈류의 양도 함께 증가한다는 사실을 이용하여 어떤 부위의 신경이 활성화되었는지를 측정하는 기술이다. 대부분의 기능성 자기공명영상(FMRI)연구는 연구대상자가 시각, 청각, 촉각 또는 감정 자극에 노출되어 있고 입력에 능동적으로 또는 수동적으로 반응하는 동안 스캔한다.

내측두엽(MTL) medial temporal lobe

전두엽 피질과 연결되는 각 측두엽의 내측 부위로 선언적 기억이나 장기 기억에 중요한 구조들인 편도체, 뇌간, 해마체와 해마 주변의 비주위(perirhinal)영역, 내비(entorhinal)영역 등을 포함한다. 해마는 기억 형성에 결정적인 기능을 하며, 해마 주위의 내측두엽 피질은 이론상 기억 저장에 중요한 역할을 한다.

뇌 지도 작성 brain mapping

뇌파(EEG) 반응 시간을 이용하여 신경 경로를 따라 뇌 활성화를 나타내는 전기적 활동을 측정하는 신경과학 기술이다. 이 기술은 사람이 정보 입력, 패터닝, 저장, 검색의 다양한 단계에서 정보를 처리할 때 뇌의 어떤 부분이 활동하는지 추적할 수 있게 해준다. 특히 뇌 영역의 활성화 수준은 정보처리 강도와 관련이 있다.

뇌파검사(EEG) electroencephalography

뇌 피질 표면에서 발생하는 신경 세포들의 동기화된 활동으로 인하여 발생하는 생체 내부의 전류 흐름을 두피에 부착된 전극(electrode)을 이용하여 측정하는 전기 신호이다.

뉴런 neurons

신경계와 신경조직을 구성하는 기본 세포로, 나트륨 통로, 칼륨 통로 등의 이온 통로를 발현하여 전기적인 방법으로 신호를 전달한다. 인접한 다른 신경세포와는 시냅스라는 구조를 통해 (화학적) 신호를 주고 받음으로써 다양한 정보를 받아들이고, 저장하는 기능을 한다. 인간의 두뇌에는 대뇌 피질에만 약 100억개의 신경세포가 존재하는 것으로 추산되고 있다.

뉴런 회로 neuronal circuits

뉴런이 서로 암호화된 통신을 보내는 전기화학적 연결이다. 같은 신경세포 그룹 내의 특정 자극 패턴이 반복적으로 자극되면 이들의 연결 회로가 더욱 발달하고 효율적인 자극과 반응에 접근성이 높아진다. 연습(뉴런 회로의 집단화된 뉴런 연결부의 반복적인 자극)을 통해 더 성공적으로 기억을 저장하고 상기하게 되는 이유이다.

뉴로트로핀 neurotrophins(nerve growth factor)

신경세포의 성장, 발달 그리고 적절한 기능 수행을 도와주는 단백질이다. 수면 중이나 운동을 하면 뉴런의 성장과 뉴런 간의 더 많은 연결을 촉진하는 뉴로트로핀이 두뇌에 더 많이 분비된다.

대뇌피질 cerebral cortex

대뇌의 가장 바깥쪽 층이며, 신경섬유 접합부보다 색이 어두운 뉴런의 비율이 가장 높아 이 층을 "회백질"이라고도 한다. 전두엽 대뇌피질은 계획, 문제해결, 우선순위, 판단, 위험분석, 개념적이고 추상적인 사고 등 주요한 집행기능을 처리한다.

대사 과다자극 metabolic hyperstimulation

신경 세포에 연료를 공급하기 위한 산소 또는 포도당의 신진대사 증가(생물학적 사용)를 의미한다. 변연계, 특히 편도체는 높은 스트레스로 인해 지나치게 자극되면, 불안과 근심, 걱정이 유발되면서 새로운 정보가 뇌의 더 높은 추론 부분(전전두엽 피질 등)으로 통과할 수 없게 된다.

덴드-라이트 dend-write

학생들이 자신의 말로 새로운 정보를 요약하고 기록하는 활동의 별칭이다. 이 단어는 새롭게 배운 지식이 수상돌기(dendrite)라고 불리는 신경세포 사이에 더 많은 연결의 성장을 동반한다는 사실을 반영하여 만든 별칭이다.

도파민 dopamine

만족, 즐거움, 본질적인 보상 자극 학습과 가장 관련이 있는 신경전달물질이다. 뇌영상은 유머, 움직임, 선택, 긍정적인 상호작용, 음악, 그리고 소리 내어 읽는 이야기를 듣는 것에 반응하여 도파민 방출이 증가한다는 것을 발견했다.

두정엽 parietal lobes

대뇌반구의 위쪽 후방에 위치하며, 자세, 촉각, 시각-공간 기능, 읽기, 계산 및 운동명령 기능을 처리한다.

디코딩 감각 입력 decoding sensory input

뇌가 들어오는 정보를 받아 들이고 이해하는 방법이다. 어떤 새로운 정보나 학습도 하나 이상의 감각(듣기, 보기/시각화, 만지기, 맛보기, 냄새, 정서적 느낌)을 통해 뇌에 들어온다. 이렇게 먼저 특정 감각 수용체에 의해 정보가 입력되면 정보는 척수 바로 위에 있는 망상활성계로 이동하게 되며, 이 곳에서 인정되거나 편집된다.

망상활성계(RAS) reticular activating system

후뇌에서 시작하여 상부의 중뇌, 전뇌에 이르도록 신경이 망형 구조로 펴져있는 영역으로, 뇌의 정문에 있는 검문시스템이다. 감각기관으로 쏟아져 들어오는 수많은 정보들 중에 중요한 것에만 관심을 집중시키고 기억할 수 있도록 해주는 관심집중장치이다.

메타인지 metacognition

자신의 정보처리에 대한 지식과 학습에 대해 인지하는 능력이다. 즉, 자신이 인지 과정에 대해 한 차원 높은 시각에서 관찰하고, 발견하며, 통제하는 정신작용이다. 수업이나 평가 후에 학생들이 자신이 사용한 성공적인 학습 전략을 성찰하도록 유도하는 것은 효과적인 전략을 강화하고 미래 학습을 최적화하는 데 도움이 된다.

변연계 limbic system

대뇌피질과 시상하부 사이의 경계에 위치한 부위로, 겉에서 보았을 때 귀

바로 위쪽(또는 측두엽의 안쪽)에 존재한다. 해마, 편도체, 선조체, 시상앞핵, 변연엽, 후각신경구 등으로 이루어져 있어 감정, 행동, 동기부여, 기억, 후각 등의 여러 가지 기능을 담당한다.

세로토닌 serotonin

단백질을 구성하는 아미노산의 한 종류인 트립토판에서 만들어지는 신경전달물질이다. 세로토닌은 뇌에서 행복감과 안정감을 주는 역할을 해 행복 호르몬이라고 불리기도 한다. 이처럼 기분을 조절할 뿐만 아니라 식욕, 수면, 근육수축과 관련한 기능에 관여하고 기억력, 학습에도 영향을 미치며 지혈과 혈액응고에도 영향를 끼친다.

소뇌 cerebellum

뇌간(Brain Stem)의 뒤쪽에 붙어있는 기관으로, 우리 몸의 운동기능(somatic motor function)을 자동적으로 조정하며, 근육의 긴장도를 조절하고 평형을 유지하는 역할을 한다. 다른 엽보다 전두엽과 가장 많이 연결되어 있다.

수상돌기 dendrites

신경세포(뉴런)에서 뻗어나온 나뭇가지 모양의 짧은 돌기로, 다른 신경세포에서 보내는 전기화학 신호를 받아들여 신경세포체에 전달하는 역할을 한다. 하나의 뉴런은 수천 개의 수상돌기를 가질 수 있다. 수상돌기는 경험, 정보 저장 및 연습하고 학습한 기술에 대응하여 크기와 수가 증가한다. 뉴로트로핀이라고 불리는 단백질은 수상돌기의 성장을 자극한다.

수초 myelin

뉴런의 줄기인 축삭을 둘러싸고 있는 지방 단백질 층으로, 신경 섬유를 보호하고 뇌의 연결 속도를 높여 정보 처리 능력을 촉진한다. 수초는 움직임, 지각 등과 연관이 있는 피질에서 먼저 발달해 두껍게 형성된다.

시냅스 synapses

정보 전달에 관여하는 축삭, 수상돌기, 뉴런 사이의 간격이다. 시냅스에서 신경전달물질은 한 뉴런의 축삭으로부터 다음 뉴런의 수상돌기 방향으로만 정보를 운반한다.

시상 thalamus

대뇌의 안쪽이면서 중뇌의 앞부분에 위치하며, 후각을 제외한 시각, 청각, 체감각계는 시상을 거쳐 대뇌피질로 전해지고, 운동신호의 조절에 대한 모든 감각 신경로가 시상에서 모였다가 해당 감각 피질로 전달된다. 그리고 선별된 입력은 시상하부를 통해 편도체의 뉴런으로 전달된다.

시상하부 hypothalamus

시상(thalamus)에 위치해 있으며, 뇌간(brain stem) 바로 위에 있다. 가장 중요한 기능으로 뇌하수체(pituitary gland)를 경유하여 신경계(nervous system)와 내분비계(endocrine system)를 연결한다. 몸의 항상성을 유지하는 핵심기관으로, 자율신경계와 호르몬 분비 등을 조절하며, 대사의 조절, 체온과 하루주기 리듬의 유지, 갈증, 굶주림, 피로의 조절 등 기초적인 신체 대사를 유지한다.

신경 아교 세포 glia

뇌에서 뉴런의 활동을 위해 영양 공급, 지원, 보완 등을 담당하는 뇌 속에 가장 많이 분포되어 있는 전문 세포이다. 신경 아교 세포의 크기는 신경세포의 $\frac{1}{10}$ 정도이나 수적으로는 약 10배정도로 수천억 개가 될 것으로 추정된다. 별 아교 세포(astrocyte)는 뻗어 있는 많은 돌기 때문에 별처럼 보이는 신경 아교 세포로 뇌와 척수에 존재한다. 혈뇌장벽(혈액-뇌 장벽)의 안쪽 세포들을 생화학적으로 도와주는 역할을 하며 혈관벽에 돌기가 붙어있어 신경세포에 영양분을 공급하는 역할을 한다. 희소돌기 아교 세포(Oligodendrocyte)는 말초신경계에서 슈반 세포(schwann cell)에 의해 수행되는 기능과 같이 척추동물의 중추신경계에서 축삭을 지지하고 절연하는 역할을 한다.

신경가소성 plasticity(neuroplasticity)

외부의 자극, 경험, 학습, 기억 등에 의해 뇌의 신경세포 및 뉴런들이 구조적, 기능적으로 환경에 적응해 가는 변화현상이다. 신경가소성은 일생동안 끊임없이 변하며, 신경망의 반복적인 활성화와 관련된 신경의 성장을 증가시킨다. 수상돌기 형성과 수상돌기 및 뉴런의 가지치기(pruning)는 뇌가 이러한 경로의 사용 증가 또는 감소에 대응하여 수상돌기-뉴런 연결망을 새롭게 재구성할 수 있게 한다.

신경전달물질 neurotransmitters

신경계에서 뉴런과 뉴런 사이나 뉴런과 근육 사이의 메세지를 전달하는데 사용되는 천연 화학물질이다. 뉴런은 축색을 따라 전기 신호를 보내고 뉴런과 뉴런 사이의 시냅스는 신경전달물질로 연결하여 뇌신경회로망을 만든다. 신경전달물질은 운동, 통증, 스트레스, 감정, 인지, 에너지, 갈망 등을 담당하며, 주로 중추신경계에서 기능하고 뇌와 신체의 땀샘 사이에서 의사소통한다. 뇌의 신경전달물질에는 세로토닌, 아세틸콜린, 도파민 등이 있다. 신경회로를 통해 이동하는 정보가 너무 많아 신경전달물질이 끊임없이 전달 되어 고갈되면 신경을 따라 전달되는 속도는 효율성이 떨어지는 수준으로 느려진다.

아세틸콜린 acetylcholine

해마, 뇌간, 전두엽 등 여러 뇌중추를 자극하는 신경전달물질이다.

양전자 방출 단층촬영(PET) positron emission tomography

방사능 물질이 화학적으로 결합되어 있는 유사 포도당을 정맥 주사하여 축적된 방사성 물질의 방출 강도 차이를 3차원 영상화함으로써 뇌 속의 에너지 대사를 관찰하는 신경영상촬영기법이다. 양전자 방출 단층촬영(PET)의 가장 큰 단점은 방사능이 빠르게 감소하기 때문에 짧은 작업을 모니터링하는 데 국한된다는 점이다.

인식 cognition

인간이 자신의 주변을 알아차리고 그 정보를 사용하여 문제를 해결하고 세상을 이치에 맞게 판단하는 정신적 과정이다.

작업기억 working memory

감각 기관으로부터 들어오는 정보를 머리 속에 잠시 보관하고 조작할 수 있는 단기 기억이다. 정보는 약 1분 정도만 작업기억 속에 저장된다.

전전두엽 피질(PFC) prefrontal cortex

뇌 전두엽의 앞부분으로 집행 기능, 장기 기억력, 감정 조절 등을 담당한다. 좀 더 반성적이고 인지적인 정보 처리와 관련이 있다.

정량적 뇌파검사(qEEG) quantitative electroencephalography

뇌에서 발생하는 전류 및 특정 자극과 관련되는 뇌전위 아날로그 신호를 측정하여 이를 디지털 신호로 전환한 뒤, 이 자료를 가지고 분석하는 방법이다. 뇌의 전기적 신호를 측정하는 것이므로 자기 공명 영상이나 컴퓨터 단층촬영(CT)과 같은 뇌 구조 확인 검사에서 알아낼 수 없는 뇌의 신경생리적 이상 유무를 측정할 수 있다. 평가시 뇌파를 측정하는 전극이 달린 모자를 쓰고 앉은 자세로 검사자와 간단한 지시에 따라 반응하면 된다.

정서적 필터 affective filter

학생들이 새로운 정보를 처리, 학습 및 저장하지 못하는 동안 그들의 정서적 스트레스 상태를 가리키는 말이다. 정서적 필터는 편도체의 신경 영상화에 대한 객관적 물리적 증거로 나타난다. 편도체는 높은 스트레스 기간 동안 신진대사적으로 과잉반응하게 되며, 이 과잉자극상태에서는 새로운 정보가 편도체를 통과하여 뇌의 전두엽 피질 정보 처리 센터에 도달하지 못한다.

주의집중을 위한 생존 수준 survival level of attention

정보를 처리하고 유지하기 위해 필요한 가장 낮은 수준의 주의집중을 의미한다. 학생이 과도한 스트레스를 받으면 생존모드에 들어간다.

중격측좌핵 nucleus accumbens

사람의 감정에서 동기, 혐오, 보상, 학습강화를 담당하는 대뇌피질의 앞 영역으로, 중격측좌핵에 도파민이 작용하면 욕구를 자극해서 원하는 것을 얻고자 하는 행동이 강해진다.

중추신경계 central nervous system

척수와 뇌로 구성된 신경계의 부분이다.

집행기능 executive function

전두엽 피질에서 이루어지는 정보의 인지 처리 기능이다. 자신의 행동을 스스로 조절하고 제어하는 두뇌 처리 중 하나로, 조직, 분석, 분류, 연결, 계획, 우선순위, 순서 지정, 자기 모니터링, 자가 교정, 추상화, 문제해결, 주의집중, 정보를 적절한 행동과 연계하는 것 등이 포함된다.

청킹 chunking

학생들이 더 많은 콘텐츠를 성공적으로 기억할 수 있도록 하는 학습 전략이다. 작업기억의 즉각적인 상기 능력은 관련 없는 5개에서 9개 항목으로 제한되어 있기 때문에, 많은 개별적인 정보들을 외우려고 노력하기 보다는 정보를 그 수의 청크(Chunk)로 분류하는 것이 학생들이 자료를 더 효과적으로 내면화하는 데 도움이 된다.

축삭 axon

세포체로부터 다른 표적 세포(예: 뉴런, 근육, 분비샘)로 자극을 전달하는 뉴런의 작은 섬유 가지이다.

측두엽 temporal lobes

대뇌반구의 양쪽 가에 있는 부분으로 청각연합영역과 청각피질이 있어 청각정보의 처리를 담당한다.

컴퓨터 단층 촬영(CT 스캔, CAT 스캔) computerized tomography(CT scan, CAT scan)

비침습적인 검사방법으로서 신체의 각 부분이나 장기의 3차원적 영상을 얻기 위해, 인체의 여러 각도에서 방사선을 투과하면서 연속적으로 X-선 단층촬영을 하여 인체단면에 대한 방사선 흡수치를 구하고 정상과 비정상적인 해부학적, 병리학적 정보를 컴퓨터로 분석하고 이를 영상으로 나타내어 주는 진단검사이다. 장기의 염증, 궤양, 혈종, 천공, 암 등의 비정상 유무를 알아보기 위해 시행하고 있으며 X-선 상에서 볼 수 없었던 부조직(혈액, 뇌척수액, 회질, 백질, 종양 등)의 병변을 확인할 수 있다.

패턴화 patterning

뇌가 새로운 지식을 먼저 배운 지식과 연결하거나 낱개로 흩어진 정보들을 묶어서 기존에 사용하던 인식 패턴에 새로운 정보를 통합함으로써 패턴을 재구조화하는 과정이다. 학습은 학생들이 사용하고, 인식하고, 소통할 수 있는 패턴을 증가시키는 것과 관련이 있다. 패턴을 보고 작업하는 능력이 확대되고, 관계를 보는 방식으로 새로운 소재가 제시됨에 따라, 더 큰 뇌세포 활동(즉, 새로운 신경 연결의 형성)이 발생하고 장기 기억 저장과 검색을 위한 더 성공적인 패턴화가 가능해진다.

편도체 amygdala

뇌의 측두엽에 있는 변연계의 일부분이다. 처음에는 불안과 공포에만 반응하는 두뇌의 중심지 역할을 한다고 여겨졌다. 즉, 편도체가 위협이나 높은 스트레스를 감지하면 과잉 활성화가 된다는 것으로, 양전자 방출 단층촬영(PET)와 기능성 자기공명영상(fMRI) 스캔으로부터 편도체에서 방사능 포도당과 산소 사용이 크게 증가함에 따라 나타나는 높은 대사 활동이 확인되었다. 이러한 결과는 학생들이 무력감을 느끼고 지루함에 스트레스를 받고 불안감을 느낄 때 나타난다. 편도체가 스트레스, 두려움, 불안으로 인한 과잉활동 상태이거나 배운 것이나 읽은 것을 이해하지 못해서 오는 좌절의 상태에 있을 때, 뇌의 감각입력 기관을 통해 들어오는 정보는 편도체를 통해 전두엽 피질 쪽으로 향하는 접근이 제한된다. 대신, 입력된 정보는 투쟁-도피-경직 반응과 같은 행동 결과와 함께 반응성이 낮은 하뇌로 향한다.

해마 hippocampus

인간의 뇌에서 기억의 저장과 상기에 중요한 역할을 하는 기관으로, 뇌의 변연계 안에 있다. 해마는 언어적 기억, 의식적 기억, 특히 쾌감을 담당하는 소기관과 편도체(amygdala)라는 감정적 기억, 무의식적 기억으로 공포나 분노를 담당하는 소기관으로 분류된다. 해마는 측두엽의 양 쪽에 2개가 존재하며, 좌측 해마는 최근의 일을 기억하고 우측 해마는 태어난 이후의 모든 일을 기억하는 것으로 알려져 있다. 시상하부의 기능을 조절하는 역할도 있다.

회백질 gray matter

대뇌의 신경세포체와 모세혈관으로 이루어져 갈색을 띠는 부분으로, 신경세포의 돌기인 축삭(axon)이 모여 형성된 대뇌 안쪽의 백질과 구분된다. 백질은 축삭을 싸고 있는 수초(myelin sheath)의 성분인 미엘린(myelin) 때문에 백색으로 보인다.

후두엽(시각적 기억 영역) occipital lobes(visual memory areas)

일차적인 시각 정보가 전달되어 시각인지가 일어나고 예전에 본것을 기억해 내는 뇌의 후엽이다.

저자 소개

주디 윌리스는 UCLA 의과대학에서 의학 학위를 받고, UCLA에서 수석 레지던트를 포함한 의료 레지던트와 신경외과 레지던트를 마친 후 약 15년 동안 신경과에 있었다. 이후 샌타바버라의 캘리포니아 대학에서 교사 자격증과 교육학 석사학위를 취득한 뒤, 약 10년 동안 초등학교와 중학교에서 학생들을 가르쳤다. 주디 윌리스 박사는 학습과 뇌를 함께 다루는 뇌 연구의 권위자로 전문 교육 저널에 폭넓게 글을 쓰고 있으며, 교실 교수 전략에 정신, 뇌, 교육 연구를 적용하기 위한 6권의 책을 썼다. 교육출판인협회(Association of Educational Publishers)는 윌리스 박사를 2007년 교육 작품 우수공로상(Distinguished Achievement Award) 수상자로 추대하였다. 윌리스 박사는 교육 컨퍼런스의 발표자이고, 신경과학연구와 관련된 수업 전략에 대해 국내외적으로 전문적인 개발 워크숍을 개최하고 있으며, ASCD 전국 컨퍼런스에서 우수 발표자(Distinguished and Featured Presenter)로 활동해 왔다. 윌리스 박사의 저서로는 학습동기를 위한 연구-중심 전략(Research-Based Strategies to Ignite Student Learning), 뇌친화적 수업전략(Brain-Friendly Strategies for the Inclusion Classroom), 뇌기반 독서 교수전략(Teaching the Brain to Read), 중학생 마음을 자극하기(Inspiring Middle School Minds), 그리고 가장 잘 배우는 법(How Your Child Learns Best)가 있다.

윌리스 박사는 Hawn Foundation의 연구 자문위원이자 이사회 멤버이고, 교실에서 사려 깊은 교육적 프로그램을 시행하는 데 사용할 수 있는 교육과정을 만들었다. 2010년 미국 신경학 아카데미(American Academy of Neurology)는 윌리스 박사가 학습에 적용가능한 신경과학 연구의 교육자 접근을 신장하는데 공헌했다고 인정했다. 윌리스 박사의 공헌은 저널 Neurology Now의 특집기사에 소개되어 있다. 윌리스 박사는 교육, 기고, 상담, 발표 등이 없으면, 가정 와인 메이커로서 매주 와인 칼럼을 쓴다. 이메일 jwillisneuro@aol.com으로 윌리스 박사에게 연락하거나 웹 사이트 www.RADTeach.com를 방문하면 윌리스 박사의 여러 활동에 참여할 수 있다.

참고 문헌

AP-AOL News Poll. (2005, September 19). The most unpopular school subject. Available: http://diamondskyinc.com/research.asp?sid=3&cid=102&aid=73

Bender, W. (2005). *Differentiating math instruction.* Thousand Oaks, CA: Corwin Press.

Bishop, P., & Pflaum, S. (2005). Student perceptions of action, relevance, and pace. *Middle School Journal, 36*(4), 4–12.

Bransford, J., Brown, A. L., & Cocking, R. R. (Eds.). (2000). *How people learn: Brain, mind, experience, and school* (Expanded ed.). National Research Council, Committee on Learning Research and Educational Practice. Washington, DC: National Academies Press.

Britton, P. (2008). *Tutor training manual. AVID Region VIII curriculum guide.* San Diego, CA: AVID.

Brown, D. (2003). Urban teachers' use of culturally responsive management strategies. *Theory into Practice, 42*(4), 277–282.

Comer, J. (1993). *School power: Implications of an intervention project.* New York: Free Press.

Cordova, D. I., & Lepper, M. R. (1996). Intrinsic motivation and the process of learning: Beneficial effects of contextualization, personalization, and choice. *Journal of Educational Psychology, 88*(4), 715–730.

Crone, E. A., Donohue, S. E., Honomichl, R., Wendelken, C., & Bunge, S. A. (2006). Brain regions mediating flexible rule use during development. *The*

Journal of Neuroscience, 26(43), 11239–11247.

Csikszentmihalyi, M. (1991). *Flow: The psychology of optimal experience.* New York: HarperColllins.

Din, F. S., & Calao, J. (2001). The effects of playing educational video games on kindergarten achievement. *Child Study Journal, 31*(2), 95–102.

Duckworth, A., & Seligman, M. (2005). Self-discipline outdoes IQ in predicting academic performance of adolescents. *Psychological Science, 16*(12), 939–944.

Dweck, C. (2000). *Self-theories: Their role in motivation, personality, and development.* New York: Psychology Press.

Ericsson, K. A. (1996). The acquisition of expert performance: An introduction to some of the issues. In K. A. Ericsson (Ed.), *The road to excellence: The acquisition of expert performance in the arts and sciences, sports and games* (pp. 1–50). Mahwah, NJ: Lawrence Erlbaum Associates.

Eriksen, C., & Schultz, D. (1979). Information processing in visual search: A continuous flow conception and experimental results. *Perception and Psychophysics, 25*(4), 249–263.

Fredrickson, B. L., Tugade, M. M., Waugh, C. E., & Larkin, G. (2003). What good are positive emotions? A prospective study of resilience and emotions. *Journal of Personality and Social Psychology, 84*(2), 365–376.

Gardner, H. (1983). *Frames of mind: The theory of multiple intelligences.* New York: Basic Books.

Gardner, H. (2000). *Intelligence reframed: Multiple intelligences for the 21st century.* New York: BasicBooks.

Gee, J. P. (2003). *What video games have to teach us about learning and literacy.* New York: Palgrave Macmillan.

Goleman, D. (1995). *Emotional intelligence.* New York: Bantam.

Guthrie, J. T., & Wigfield, A. (2000). Engagement and motivation in reading. In M. L. Kamil, P. B. Mosenthal, P. D. Pearson, & R. Barr (Eds.), *Handbook of reading research: Volume III* (pp. 403–422). New York: Lawrence Erlbaum Associates.

Harris, S. (1977). *What's so funny about science? Cartoons from American Scientist.* New York: William Kaufmann.

Hembree, R., & Dessart, D. J. (1986). Effects of hand-held calculators in pre-college mathematics education: A meta-analysis. *Journal for Research in Mathematics Education, 17*(2), 83–99.

Hillman, C., Pontifex, M., Raine, L., Castelli, D., Hall, E., & Kramer, A. (2009). The effect of acute treadmill walking on cognitive control and academic achievement in preadolescent children. *Neuroscience, 159*(3), 1044–1054.

Hopko, D., Ashcraft, M., & Gute, J. (1998). Mathematics anxiety and working memory: Support for the existence of a deficient inhibition mechanism. *Journal of Anxiety Disorders, 12*(4), 343–355.

Hunkin, N. M., Mayes, A. R., Gregory, L. J., Nicholas, A. K., Nunn, J. A., Brammer, M. J., Bullmore, E. T., & Williams, S. C. R. (2002). Novelty-related activation within the medial temporal lobes. *Neuropsychologia, 40*(8), 1456–1464.

Kienast, T., Hariri, A., Schlagenhauf, F., Wrase, J., Sterzer, P., Buchholz, H., Smolka, M., Gründer, G., Cumming, P., Kumakura, Y., Bartenstein, P., Dolan, R., & Heinz, A. (2008). Dopamine in amygdala gates limbic processing of aversive stimuli in humans. *Nature Neuroscience, 11*(12), 1381–1382.

Kinomura, L., Larsson, J., Gulyas, A., & Roland, L. (1996). Activation by attention of the human reticular formation and thalamic intralaminar nuclei. *Science, 271*(5248), 512–514.

Lawrence, N. S., Ross, T. J., Hoffman, R., Garavan, H., & Stein, E. A. (2003). Multiple neuronal networks mediate sustained attention. *Journal of Cognitive Neuroscience, 15*(7), 1028–1038.

LeDoux, J. (1994). Emotion, memory and the brain. *Scientific American, 270*(6), 50–57.

Li, S., Cullen, W. K., Anwyl, R., & Rowan, M. J. (2003). Dopamine-dependent facilitation of LTP induction in hippocampal CA1 by exposure to spatial novelty. *Nature Neuroscience, 6*(5), 526–531.

Malone, T. (1982). What makes computer games fun? *ACM SIGSOC, 13*(2–3), 143.

McCandliss, B. D., Cohen, L., & Dehaene, S. (2003). The visual word form area: Expertise for reading in the fusiform gyrus. *Trends in Cognitive Sciences, 7*(7), 293–299.

Merabet, L. B., Hamilton, R., Schlaug, G., Swisher, J. D., Kiriakopoulos, E. T., Pitskel, N. B., Kauffman, T., & Pascual-Leone, A. (2008). Rapid and reversible recruitment of early visual cortex for touch. *PLoS ONE, 3*(8), 3046–3049.

Mischel, W., Shoda, Y., & Rodriguez, M. (1989). Delay of gratification in children. *Science, 244*(4907), 407–413.

Neild, R., Balfanz, R., & Herzog, L. (2007). Early intervention at every age. *Educational Leadership, 65*(2), 28–33.

Organization for Economic Co-operation and Development. (2004, August). *Policy brief: Internationalisation of higher education.* Available: http://www.oecd.org/dataoecd/33/60/33734276.pdf

Palmer, B., Codling, R., & Gambrel, L. (1994). In their own words: What elementary students have to say about motivation to read. *The Reading Teacher, 48*(2), 176–178.

Phillips, G. W. (2007). *Chance favors the prepared mind: Mathematics and science indicators for comparing states and nations.* Washington, DC: American Institutes for Research.

Sethi, A., Mischel, W., Aber, J. L., Shoda, Y., & Rodriguez, M. L. (2000). The role of strategic attention deployment in development of self-regulation: Predicting preschoolers' delay of gratification from mother-toddler interactions. *Developmental Psychology, 36*(6), 767–777.

Shoda, Y., Mischel, W., & Peake, P. K. (1990). Predicting adolescent cognitive and self-regulatory competencies from preschool delay of gratification: Identifying diagnostic conditions. *Developmental Psychology, 26*(6), 978–986.

Subramaniam, K., Kounios, J., Bowden, E., Parrish, T., & Jung-Beeman, M. (2009). Positive mood and anxiety modulate anterior cingulate activity and cognitive preparation for insight. *Journal of Cognitive Neuroscience, 21,* 415–432.

U.S. Department of Education. (2008). *The final report of the National Mathematics Advisory Council.* Washington, DC: Education Publications Center, U.S. Department of Education. Available: http://www2.ed.gov/about/bdscomm/list/mathpanel/report/final-report.pdf

Van Duijvenvoorde, A., Zanolie, K., Rombouts, S., Raijmakers, M., & Crone, E. (2008). Evaluating the negative or valuing the positive? Neural mechanisms supporting feedback-based learning across development. *The Journal of Neuroscience, 28*(38), 9495–9503.

Van Overwalle, F., & De Metsenaere, M. (1990). The effects of attribution-based intervention and study strategy training on academic achievement in college freshmen. *British Journal of Educational Psychology, 60*(3), 299–311.

Vigneua, F., Caissie, A., & Bors, D. (2006). Eye-movement analysis demonstrates strategic influences on intelligence. *Intelligence, 34*(3), 261–272.

Walker, H., Colvin, G., & Ramsey, E. (1995). *Antisocial behavior in school: Strategies and best practices.* Pacific Grove, CA: Brooks/Cole.

Wang, J., Rao, H., & Wetmoree, G. (2005). Perfusion functional MRI reveals cerebral blood flow pattern under psychological stress. *Proceedings of the National Academy of Sciences, 102*(49), 17804–17809.

Yazzie-Mintz, E. (2007). *Voices of students on engagement: A report on the 2006 High School Survey of Student Engagement.* Bloomington, IN: Center for Evaluation & Education Policy, Indiana University. Retrieved April 16, 2008, from http://ceep.indiana.edu/hssse/pdf/HSSSE_2006_Report.pdf